Heidelberger Taschenbücher Band 109

Otfried Madelung

Festkörpertheorie II
Wechselwirkungen

Mit 53 Abbildungen

Springer-Verlag
Berlin · Heidelberg · New York 1972

Prof. Dr. Otfried Madelung
Fachbereich Physik
der Universität Marburg/Lahn

ISBN: 978-3-540-05866-3   e-ISBN-13: 978-3-642-65413-8
DOI: 10.1007/978-3-642-65413-8

Das Werk ist urheberrechtlich geschützt. Die dadurch begründeten Rechte, insbesondere die der Übersetzung, des Nachdruckes, der Entnahme von Abbildungen, der Funksendung, der Wiedergabe auf photomechanischem oder ähnlichem Wege und der Speicherung in Datenverarbeitungsanlagen bleiben, auch bei nur auszugsweiser Verwertung, vorbehalten. Bei Vervielfältigungen für gewerbliche Zwecke ist gemäß § 54 UrhG eine Vergütung an den Verlag zu zahlen, deren Höhe mit dem Verlag zu vereinbaren ist.

© by Springer-Verlag Berlin · Heidelberg 1972

Die Wiedergabe von Gebrauchsnamen, Handelsnamen, Warenbezeichnungen usw. in diesem Werk berechtigt auch ohne besondere Kennzeichnung nicht zu der Annahme, daß solche Namen im Sinne der Warenzeichen- und Markenschutz-Gesetzgebung als frei zu betrachten wären und daher von jedermann benutzt werden dürften.

Herstellung: Zechnersche Buchdruckerei, Speyer.

Vorwort

Der Besprechung der in einem Festkörper definierbaren elementaren Anregungen im ersten Band folgt nun eine Diskussion der möglichen Wechselwirkungen zwischen diesen Anregungen. Die drei wichtigsten Gruppen von Wechselwirkungen eröffnen den Zugang zu drei großen Teilgebieten der Festkörperphysik: Transport, Optik, Supraleitung. Eine Vollständigkeit in der Behandlung aller möglichen Phänomene und theoretischen Modelle wurde nicht angestrebt. Eine Beschränkung des behandelten Stoffes liegt auch darin, daß nur der unendlich ausgedehnte, störungsfreie Festkörper betrachtet wird. Allen mit Gitterstörungen, Grenzflächen und ungeordneten Phasen verbundenen Erscheinungen ist der abschließende dritte Band gewidmet.

Der Nutzen gruppentheoretischer Betrachtungen wurde schon im ersten Band an zahlreichen Stellen deutlich. Symmetrieuntersuchungen liefern qualitative Aussagen über die Eigenschaften elementarer Anregungen und erleichtern quantitative Berechnungen wesentlich. Der Anhang B enthält deshalb eine kurze Einführung in die gruppentheoretischen Hilfsmittel der Festkörpertheorie und Beispiele zu ihrer Anwendung.

Meine Mitarbeiter Prof. Dr. U. Rössler und Dr. K. Maschke haben wieder das gesamte Manuskript vor der Drucklegung gelesen und mir mit vielen Ratschlägen geholfen. Für die schnelle und reibungslose Herstellung des Bandes bin ich dem Springer-Verlag, besonders Frl. M. Schröder dankbar.

Marburg/Lahn, im Juli 1972   Otfried Madelung

Inhaltsverzeichnis

VIII Elektron-Phonon-Wechselwirkung: Transportphänomene

A. Wechselwirkungsprozesse 1
48. Einführung 1
49. Wechselwirkung von Elektronen mit akustischen Phononen 3
50. Elektron-Phonon-Wechselwirkung in polaren Festkörpern, Polaronen 9

B. Die Boltzmann-Gleichung 15
51. Einführung 15
52. Die Boltzmann-Gleichungen für das Elektronensystem und das Phononensystem 16
53. Die Relaxationszeit-Näherung 21
54. Das Variationsverfahren 24

C. Formale Transporttheorie 26
55. Einführung 26
56. Die Transportgleichungen 26
57. Die Transportkoeffizienten (ohne Magnetfeld) 30
58. Die Transportkoeffizienten (mit Magnetfeld) 34

D. Transportphänomene 38
59. Einführung 38
60. Die elektrische Leitfähigkeit 38
61. Transportkoeffizienten in Relaxationszeit-Näherung . . . 47
62. Gültigkeitsgrenzen und Erweiterungsmöglichkeiten der benutzten Näherungen 51

IX Wechselwirkung mit Photonen: Optik

A. Grundlagen 57
63. Einführung 57
64. Photonen 58
65. Polaritonen 59
66. Die komplexe Dielektrizitätskonstante 65

B. Elektron-Photon-Wechselwirkung 68

67. Einführung. 68
68. Direkte Übergänge 71
69. Indirekte Übergänge. 76
70. Zwei-Photonen-Absorption 81
71. Exziton-Absorption 83
72. Vergleich mit experimentellen Absorptions- und
    Reflexionsspektren 87
73. Absorption freier Ladungsträger. 95
74. Absorption und Reflexion im Magnetfeld 98
75. Magnetoptik freier Ladungsträger 103

C. Photon-Phonon-Wechselwirkung. 109

76. Einführung. 109
77. Ein-Phonon-Absorption 111
78. Multi-Phonon-Absorption 116
79. Raman- und Brillouin-Streuung 119

X Elektron-Elektron-Wechselwirkung durch Austausch virtueller Phononen: Supraleitung

80. Einführung. 123
81. Die effektive Elektron-Elektron-Wechselwirkung . . . 124
82. Cooper-Paare. 127
83. Der Grundzustand des supraleitenden Elektronengases . . 130
84. Angeregte Zustände 135
85. Vergleich mit dem Experiment 138
86. Der Meissner-Ochsenfeld-Effekt 144
87. Weitere theoretische Ansätze 149

XI Phonon-Phonon-Wechselwirkung: Thermische Ausdehnung und Gitterwärmeleitung

88. Einführung. 151
89. Frequenzverschiebung und Lebensdauer von Phononen . . 152
90. Die anharmonischen Beiträge zur freien Energie,
    thermische Ausdehnung 157
91. Gitterwärmeleitung 159

Anhang B: Gruppentheoretische Methoden in der Festkörperphysik

1. Grundbegriffe der Theorie endlicher Gruppen 165
2. Darstellungen 167
3. Charaktere 169

4. Gruppentheoretische Diskussion der Lösungen der
   Schrödinger-Gleichung 172
5. Symmetrieeigenschaften der Bandstruktur im kubisch-
   primitiven Gitter 177
6. Bandstruktur „freier Elektronen" in einem kubisch-
   primitiven Kristall 182
7. Berücksichtigung des Spins, Doppelgruppen 184
8. Gitterschwingungen 186
9. Festkörperoptik 188

Liste der verwendeten Symbole 189

Literaturverzeichnis 193

Sachverzeichnis 199

VIII Elektron-Phonon-Wechselwirkung: Transportphänomene

A. Die Wechselwirkungsprozesse

48. Einführung

Elektronen im Festkörper sind Quasi-Teilchen, die die Ein-Elektronen-Zustände des Bändermodells besetzen. Sie werden durch Bloch-Funktionen $|n, k, \sigma\rangle$ beschrieben, wobei n der Bandindex, k der Wellenzahlvektor und σ der Spin des Elektrons bedeuten. In diesem Kapitel werden uns fast ausschließlich die Elektronen eines Bandes, des Leitungsbandes, interessieren. Wir brauchen demgemäß den Bandindex nur in wenigen Fällen explizit angeben. Da bei Übergängen innerhalb des Leitungsbandes der Elektronenspin meist erhalten bleibt, werden wir häufig das Elektron allein durch seinen Wellenzahlvektor beschreiben.

Phononen sind Kollektivanregungen des Gitters. Die Anzahl der Phononen in den einzelnen durch den Wellenzahlvektor q und den Zweig j des Dispersionsspektrums $\omega_j(q)$ gegebenen Zuständen charakterisiert den Schwingungszustand des Gitters.

Der Elementarakt der *Elektron-Phonon-Wechselwirkung* ist die Erzeugung (Emission) oder Vernichtung (Absorption) eines Phonons (q, j) unter gleichzeitiger Änderung des Zustandes des Elektrons von $|k, \sigma\rangle$ nach $|k \pm q, \sigma\rangle$. Diese beiden Wechselwirkungsprozesse sind in der ersten Zeile der Abb. 57 dargestellt.

Die beiden Graphen der Phonon-Emission und Phonon-Absorption beschreiben gleichzeitig zwei weitere Prozesse, wenn man sie etwas umzeichnet (zweite Zeile der Abb. 57). Denkt man sich in die Graphen von links nach rechts eine Zeitachse gelegt und betrachtet in der Zeit rückwärts laufende Elektronen als (in der Zeit vorwärtslaufende) Löcher, so beschreiben diese Graphen die Rekombination eines Elektron-Loch-Paares unter Erzeugung eines Phonons bzw. die Erzeugung eines Elektron-Loch-Paares unter Vernichtung eines Phonons.

Diese vier Elementarprozesse lassen sich quantenmechanisch durch eine Störungsrechnung erster Ordnung beschreiben. Aus ihr folgen Erhaltungssätze für die Gesamtenergie und die Summe der Wellenzahlvektoren der an den Prozessen beteiligten elementaren Anregungen.

Die Beiträge der Störungsrechnung höherer Ordnung lassen sich als Mehrstufen-Prozesse beschreiben, die aus zeitlich aufeinanderfolgenden Elementarprozessen aufgebaut sind. Die Zwischenzustände sind im Gegensatz zu Anfangs- und End-

⟶ : Elektron
⟵ : Loch
∿⟶ : Phonon

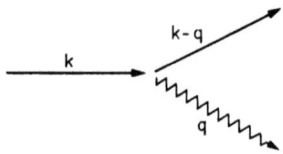

Phonon-Emission

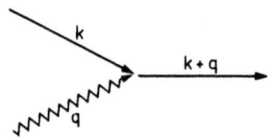

Phonon-Absorption

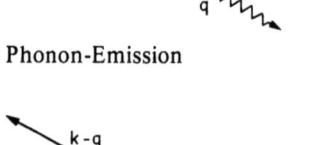

Rekombination eines Elektron-Loch-Paares unter Emission eines Phonons

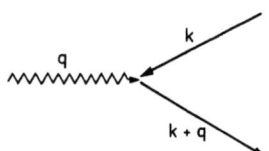

Elektron-Loch-Paar-Erzeugung durch ein Phonon

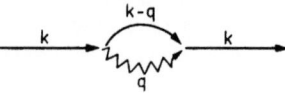

Emission- und Reabsorption eines (virtuellen) Phonons

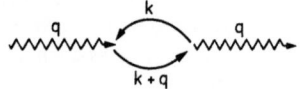

Umwandlung eines Phonons in ein (virtuelles) Elektron-Loch-Paar

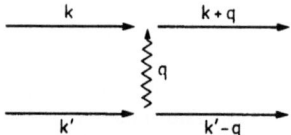

Elektron-Elektron-Wechselwirkung durch Austausch eines (virtuellen) Phonons

Abb. 57. Graphen zur Elektron-Phonon-Wechselwirkung (Umklapp-Prozesse, bei denen das Elektron zusätzlich eine Bragg-Reflexion erleidet, sind hier nicht berücksichtigt, vgl. Abb. 58)

zustand keine realen Zustände des betrachteten Systems. Sie werden in so kurzer Zeit „durchlaufen", daß wegen der Energie-Zeit-Unschärferelation der Energieerhaltungssatz nur zwischen Anfangs- und Endzustand gilt. Man bezeichnet solche Zwischenzustände als *virtuell*. Von Bedeutung sind hier die drei weiteren durch Graphen dargestellten Prozesse zweiter Ordnung der Abb. 57: Die virtuelle Emission und Reabsorption von Phononen durch Elektronen bedeutet eine Renormierung der Elektronenmasse durch die Elektron-Phonon-Wechselwirkung. Das Elektron schleppt eine Wolke virtueller Phononen mit sich. Elektron + Phononenwolke können als ein neues Quasi-Teilchen eingeführt werden. Einen ähnlichen Fall hatten wir schon kurz bei der Behandlung der Plasmonen gestreift (Elektron + virtuelle Plasmonenwolke, Abschnitt 12).

Entsprechend bedeutet die Möglichkeit der Erzeugung virtueller Elektron-Loch-Paare durch Phononen eine Renormierung der Eigenschaften des Phonons. Der Austausch eines virtuellen Phonons zwischen zwei Elektronen beschreibt eine effektive Elektron-Elektron-Wechselwirkung, die neben der Coulomb-Wechselwirkung in Betracht gezogen werden muß.

Wir werden in den nächsten beiden Abschnitten diese Wechselwirkungsprozesse näher studieren. Im Abschnitt 49 werden wir am Beispiel der Wechselwirkung von Bloch-Elektronen mit akustischen Phononen die normalen Emission- und Absorptionsprozesse kennenlernen und die Übergangswahrscheinlichkeit für ein Elektron aus einem Zustand in einen andern berechnen.

Am Beispiel der relativ starken Kopplung von Elektronen mit optischen Phononen in polaren Festkörpern werden wir die Renormierung der Elektronenenergie und -masse betrachten und dabei den Begriff des *Polarons* als eines neuen Quasi-Teilchens einführen. Am Ende dieses Abschnittes 50 kommen wir noch einmal in allgemeiner Form auf die Renormierung der Elektronen- und Phononenzustände durch die gegenseitige Wechselwirkung zurück.

Die Elektron-Elektron-Wechselwirkung durch virtuellen Phononenaustausch stellen wir zunächst zurück. Sie ist der grundlegende Mechanismus bei der Supraleitung und wird deshalb getrennt in Kapitel X betrachtet.

49. Wechselwirkung von Elektronen mit akustischen Phononen

Bei der Aufteilung des Hamilton-Operators des Vielkörperproblems hatten wir in Abschnitt 2 neben den Anteilen der Elektronen und der Ionen die Elektron-Ion-Wechselwirkung in Gl. (2.4) als Summe über die Beiträge der einzelnen Gitterionen angesetzt:

$$H_{\text{el-ion}} = \sum_{l,i} V_{\text{el-ion}}(\boldsymbol{r}_l - \boldsymbol{R}_i). \tag{49.1}$$

$\boldsymbol{r}_l$ ist dabei der Ortsvektor eines Elektrons, $\boldsymbol{R}_i$ der eines Ions. In (2.6) hatten wir diesen Operator aufgeteilt in die Wechselwirkung der Elektronen mit in ihren

Gleichgewichtslagen befindlichen Ionen und der Korrektur dieses Anteiles durch die Gitterschwingungen:

$$H_{\text{el-ion}} = H^0_{\text{el-ion}} + H_{\text{el-ph}}. \tag{49.2}$$

Der erste Anteil beschreibt die in der Ein-Elektronen-Näherung des Bändermodells mitberücksichtigte Wechselwirkung der Elektronen mit dem periodischen Potential. Der zweite Anteil ist die *Elektron-Phonon-Wechselwirkung*, die das Elektronensystem mit den Gitterschwingungen koppelt.

Zur expliziten Darstellung dieses Anteils schreiben wir zunächst anstatt $R_i(t)$ genauer $R_{n\alpha} + s_{n\alpha}(t) = R_n + R_\alpha + s_{n\alpha}(t)$ (vgl. Abschnitt 30), teilen also den Ortsvektor der Ionen auf in die Gleichgewichtslage des α-ten Ions in der n-ten Wigner-Seitz-Zelle und in die momentane Auslenkung dieses Ions aus der Gleichgewichtslage.

Bei dem Ansatz (49.1) benutzen wir eine Näherung, die wir später mit anderen möglichen Ansätzen vergleichen werden: Wir nehmen an, daß das Wechselwirkungspotential nur vom Abstand des Elektrons vom Ion abhängt, daß also das Ion bei der Schwingung um seine Gleichgewichtslage *starr* verschoben wird (*rigid ion model* von Nordheim). Die im folgenden abgeleiteten Aussagen sind jedoch von dieser Näherung unabhängig.

Unter der Annahme kleiner $s_{n\alpha}$ entwickeln wir das Potential (das für die verschiedenen Basisatome verschieden sein kann und deshalb durch einen Index α zu kennzeichnen ist) nach den Auslenkungen und brechen nach dem linearen Glied ab:

$$V_\alpha(r_l - R_{n\alpha} - s_{n\alpha}) = V_\alpha(r_l - R_{n\alpha}) - s_{n\alpha} \cdot \text{grad}\, V_\alpha(r_l - R_{n\alpha}). \tag{49.3}$$

Das zweite Glied rechts (summiert über alle α, n, l) ist der Hamilton-Operator der Elektron-Phonon-Wechselwirkung. Die Auslenkungen $s_{n\alpha}$ können wir nach (31.2) auf Normalkoordinaten umschreiben und diese nach (A.3) durch Erzeugungs- und Vernichtungsoperatoren ausdrücken. Wir erhalten dann

$$H_{\text{el-ph}} = -\sum_{\alpha n l} \frac{1}{\sqrt{NM_\alpha}} \sum_{j q} Q_{qj} e^{i q \cdot R_n} e_\alpha^{(j)}(q) \cdot \text{grad}\, V_\alpha(r_l - R_{n\alpha}) \tag{49.4}$$

mit

$$Q_{qj} = \left(\frac{\hbar}{2\omega_{qj}}\right)^{\frac{1}{2}} (a^+_{-qj} + a_{qj}).$$

N ist die Anzahl der Wigner-Seitz-Zellen im Grundgebiet. Der Phononenanteil in der Schreibweise der Teilchenzahl-Darstellung zeigt, daß zwei Wechselwirkungsprozesse in dieser Näherung möglich sind: einer, bei dem ein Phonon mit Wellenzahlvektor q im Zweig j vernichtet wird, und ein zweiter, bei dem ein Phonon $j, -q$ erzeugt wird. Dieser Impuls muß vom Elektronensystem geliefert werden. Man wird also vermuten, daß beide Prozesse von einem Elektronenübergang aus dem Zustand k in den Zustand $k + q$ begleitet werden.

Um diese Vermutung nachzuprüfen, formen wir den Elektronenanteil von (49.4) auf Erzeugungs- und Vernichtungsoperatoren für Fermionen um. Nach (A.31) wird für einen Hamilton-Operator, der aus einer Summe von Ein-Teilchen-Operatoren besteht:

$$H = \sum_l h(r_l) = \sum_{kk'\sigma} \langle k'\sigma|h|k\sigma \rangle c^+_{k'\sigma} c_{k\sigma}. \tag{49.5}$$

Wir brauchen hier nur eine Spin-Summation auszuführen, da bei den betrachteten Übergängen von k nach k' der Spin erhalten bleibt. $h(r_l)$ ist nach (49.4) bis auf r_l-unabhängige Faktoren der Operator grad $V_\alpha(r_l - R_n)$. Das Matrixelement rechts in (49.5) wird mit Bloch-Funktionen gebildet. Den Index l an r_l können wir künftig weglassen. Setzen wir für V_α eine Fourier-Reihe an, so finden wir für das Matrixelement zunächst:

$$\langle k'\sigma|\mathrm{grad}\, V_\alpha|k\sigma\rangle = \sum_\kappa e^{-i\kappa\cdot R_n} V_{\alpha\kappa} i\kappa \langle k'\sigma|e^{i\kappa\cdot r}|k\sigma\rangle. \tag{49.6}$$

Die Summe über n in (49.4) enthält jetzt nur noch zwei Exponentialfaktoren. Wegen

$$\sum_n e^{i(q-\kappa)\cdot R_n} = N \sum_{K_m} \delta_{\kappa, q+K_m}$$

bleibt in der Summe über κ nur das Glied $\kappa = q + K_m$. Setzt man im Integral (49.6) rechts für die $|k\rangle$ Bloch-Funktionen ein und beachtet, daß der Integrand neben dem Faktor $\exp((k+q+K_m-k')\cdot r)$ nur das gitterperiodische Produkt $u^*_{n'}(k',r) u_n(k,r)$ enthält, so folgt, daß dieses Integral nur dann von Null verschieden ist, wenn $k' = k + q + K_m$ ist. Es bleibt

$$H_{\mathrm{el-ph}} = -\sum_{\sigma k \alpha K_m j q} \sqrt{\frac{N}{M_\alpha}} V_{\alpha, q+K_m} i(q+K_m) \cdot e^{(j)}_\alpha(q) \sqrt{\frac{\hbar}{2\omega_{qj}}}$$
$$\times \int u^*_n(q+K_m+k,r) u_n(k,r) d\tau \cdot (a^+_{-qj} + a_{qj}) c^+_{k+q+K_m,\sigma} c_{k,\sigma}. \tag{49.7}$$

Hier haben wir noch $n = n'$ gesetzt, da wir voraussetzen können, daß das Elektron bei seinem Übergang von k nach k' im selben Band bleibt.

Wir sehen zunächst: Mit der Emission eines Phonons q oder Absorption eines Phonons $-q$ geht ein Elektron vom Zustand k in den Zustand $k+q+K_m$ über. Die oben geäußerte Vermutung ist also nicht ganz richtig. Dies beruht auf folgendem Umstand. k und k' sind reduzierte k-Vektoren der beiden Bloch-Funktionen $|k\rangle$ und $|k'\rangle$, liegen also ebenso wie der q-Vektor des Phonons in der (ersten) Brillouin-Zone. Addiert man vektoriell q zu k, so kann der resultierende Vektor aus der Brillouin-Zone in eine benachbarte Zone des wiederholten Zonenschemas herausführen. Der zu dem Endpunkt äquivalente Punkt der (ersten) Brillouin-Zone ist k', so daß zu $k+q$ ein entsprechendes K_m zu addieren ist (Abb. 58). Diese Konstruktion zeigt auch, daß für jedes Paar k, q das K_m festgelegt ist, die Summe über K_m in (49.7) also auf ein Glied reduziert ist. Ist dieses K_m gleich Null, liegt also neben k und q auch $k+q$ in der Brillouin-Zone, so heißt der Übergang $k \to k'$ ein *Normal-Prozeß*. Ist $K_m \neq 0$, so bezeichnet man den Übergang als *Umklapp-Prozeß*. Dabei muß im Auge behalten werden, daß die Wahl der Lage der Brillouin-Zone im k-Raum nicht eindeutig ist. Je nach Einteilung des k-Raums in Brillouin-Zonen kann ein Prozeß entweder Normal- oder Umklapp-Prozeß sein. Trotzdem ist die Unterscheidung für später wichtig (Abschnitte 52 und 91).

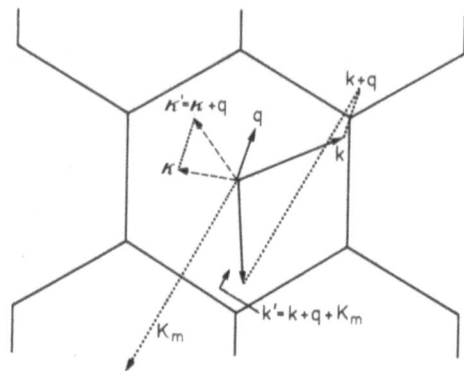

Abb. 58. Normal-Prozeß ($\kappa' = \kappa + q$) und Umklapp-Prozeß ($k' = k + q + K_m$) in der Brillouin-Zone des hexagonalen Netzes

Für die weitere Diskussion wollen wir einige Näherungsannahmen machen. Zunächst beschränken wir uns auf *Bravais-Gitter*. Damit fallen die Indizes α weg (einatomige Basis), und j unterscheidet nur die verschiedenen akustischen Zweige. Optische Zweige existieren nicht. Weiter beschränken wir uns auf *Normalprozesse*, betrachten also nur die in Abb. 57 dargestellten Möglichkeiten. Dann ist in (49.7) $K_m = 0$. Schließlich wollen wir annehmen, daß die Phononen eindeutig transversal oder longitudinal sind. $e^{(j)}$ soll also parallel oder senkrecht zu q sein. Unter diesen Einschränkungen bleibt:

$$H_{\text{el-ph}} = -\sum_{\sigma k q j} i \sqrt{\frac{N\hbar}{2M\omega_{qj}}} V_q e^{(j)} \cdot q$$

$$\times \int u_n^*(k+q,r) u_n(k,r) d\tau \; (a_{-qj}^+ + a_{qj}) c_{k+q,\sigma}^+ c_{k,\sigma}. \tag{49.8}$$

Als erstes wichtiges Resultat dieser Näherung lesen wir aus (49.8) ab, daß wegen $e^{(j)} \cdot q = 0$ für $e^{(j)} \perp q$ nur die *longitudinalen Phononen* des akustischen Zweiges mit den Elektronen koppeln.
Wir können dementsprechend die Summation über j weglassen und vereinfachend schreiben:

$$H_{\text{el-ph}} = \sum_{\sigma k q} M_{kq} (a_{-q}^+ + a_q) c_{k+q,\sigma}^+ c_{k,\sigma}. \tag{49.9}$$

Mit Hilfe des Operators (49.9) berechnen wir die Übergangswahrscheinlichkeit für ein Elektron aus dem Zustand $|k\rangle$ in den Zustand $|k+q\rangle$. Der Spin bleibt dabei erhalten; wir können ihn also außer acht lassen.

Nach der Diracschen Störungstheorie wird die Übergangswahrscheinlichkeit ("goldene Regel"):

$$W(a \to e) = \frac{2\pi}{\hbar} |\langle e|H_{\text{el-ph}}|a\rangle|^2 \delta(E_e - E_a). \qquad (49.10)$$

Anfangszustand $|a\rangle$ und Endzustand $|e\rangle$ kennzeichnen wir durch die Besetzungszahlen n_{k+q} und n_k der am Übergang beteiligten Elektronenzustände und n_q und n_{-q} der Phononenzustände:

$$|n_{k+q}, n_k; n_q, n_{-q}\rangle. \qquad (49.11)$$

Wir betrachten zunächst einen Übergang mit Phononen*absorption*, wenden also den Operator $c^+_{k+q} c_k a_q$ auf (49.11) an. Dann erhalten wir mit (A.15) und (A.23)

$$\langle n_{k+q}+1, n_k-1; n_q-1|c^+_{k+q} c_k a_q|n_{k+q}, n_k; n_q\rangle = \sqrt{(1-n_{k+q})n_k n_q},$$
$$E_e - E_a = E(k+q) - E(k) - \hbar\omega_q, \qquad (49.12)$$

falls $n_k = 1$ und $n_{k+q} = 0$ ist. Sonst verschwindet das Matrixelement. Für Übergänge mit Phononen*emission* folgt entsprechend

$$\langle n_{k+q}+1, n_k-1; n_{-q}+1|c^+_{k+q} c_k a^+_{-q}|n_{k+q}, n_k; n_{-q}\rangle$$
$$= \sqrt{(1-n_{k+q})n_k(n_{-q}+1)} \qquad (49.13)$$
$$E_e - E_a = E(k+q) - E(k) + \hbar\omega_q,$$

ebenfalls unter der Voraussetzung $n_k = 1$, $n_{k+q} = 0$.
Zusammen erhalten wir also:

$$W(k \to k+q) = \frac{2\pi}{\hbar} |M_{kq}|^2 (1-n_{k+q}) n_k \{n_q \delta(E(k+q) - E(k) - \hbar\omega_q)$$
$$+ (n_{-q}+1)\delta(E(k+q) - E(k) + \hbar\omega_q)\}. \qquad (49.14)$$

Wir haben den Faktor $(1-n_{k+q})n_k$ in (49.12) bis (49.14) mit angeschrieben, obwohl er aufgrund der Nebenbedingungen $n_k = 1$, $n_{k+q} = 0$ Eins ist. Von Bedeutung wird er, wenn wir nicht die Übergangswahrscheinlichkeit aus *einem* besetzten Zustand in *einen* unbesetzten Zustand berechnen wollen, sondern eine große Anzahl von Zuständen betrachten, die mit einer bestimmten Wahrscheinlichkeit besetzt sind. Dann sind alle n_k, n_{k+q}, n_q, n_{-q} in (49.14) durch ihre statistischen Mittelwerte zu ersetzen. Sind Elektronen- und Phononensystem vor dem Übergang im Gleichgewicht, so sind diese Mittelwerte die Fermi- bzw. Bose-Verteilungen. Wir kommen bei der Berechnung der Übergangsraten in der Boltzmann-Gleichung hierauf zurück.
Der Ansatz (49.1) für das Wechselwirkungspotential ist nicht der einzig mögliche. (49.1) beschreibt starre Ionen, die um ihre Gleichgewichtslagen schwingen. Sicherlich werden die Elektronenhüllen der Ionen bei der Schwingung deformiert. Ein Ansatz, der dieser Deformation Rechnung trägt, läßt sich aus der Kontinuums-

näherung der Gitterschwingungen gewinnen. Wir ersetzen im Wechselwirkungspotential $V(r_l - R_{n\alpha} - s_{n\alpha})$ gemäß (35.2) die diskreten Auslenkungen $s_{n\alpha}(t)$ durch ein Verschiebungsfeld $s(r,t)$. Das Störpotential folgt dann wieder durch Entwicklung des Potentials nach den kleinen Verschiebungen:

$$\delta V = -s \cdot \text{grad}\, V(r_l). \tag{49.15}$$

Diese Näherung, die wie in Abschnitt 35 nur für den Grenzfall langer Wellen im akustischen Zweig sinnvoll ist, stammt von Bloch. Sie liefert die gleichen allgemeinen Ergebnisse wie das Modell der starren Ionen. Nur wird der Faktor M_{kq} in (49.14) ein anderer.

Ein weiterer Ansatz, das Bardeensche selbst-konsistente Potential, beruht auf der Annahme, daß in Metallen die Ionenrümpfe bei der Schwingung starr verschoben werden, das Gas der Leitungselektronen sich jedoch gemäß der jeweiligen momentanen Lage der Gitterionen umordnet. Für die Wechselwirkung mit einem herausgegriffenen Elektron bedeutet dies nichts anderes als eine Abschirmung des Potentials starrer Ionenrümpfe durch das Elektronengas. Diese Abschirmung kann berücksichtigt werden, indem man jede Fourier-Komponente des Elektron-Ion-Wechselwirkungspotentials durch eine wellenzahlabhängige Dielektrizitätskonstante (13.12) dividiert. Auf die bei diesem Ansatz nicht ganz einfache Berechnung der Übergangswahrscheinlichkeit (49.14) wollen wir nicht eingehen und verweisen für eine nähere Diskussion der drei Potentialansätze von Nordheim, Bloch und Bardeen auf die Darstellung bei Brauer [9], Haug [11.II] und Ziman [20].

Dagegen sei ein weiterer Ansatz erwähnt, der bei Halbleitern eine größere Rolle spielt: das *Deformationspotential*. Wir betrachten für den langwelligen Grenzfall im akustischen Zweig noch einmal die Kontinuumsnäherung des Verschiebungsfeldes $s(r,t)$. Akustische longitudinale Schwingungen sind dann Kompressionswellen im Kontinuum. Mit einer Kompressionswelle ist eine relative Volumenänderung $\Delta(r,t)$ verbunden, die gleich der Divergenz von s ist. Eine Volumenänderung bedeutet eine Änderung der Gitterkonstanten und damit der von der Gitterkonstanten abhängigen Parameter des Bändermodells.

Im Rahmen der Effektiv-Massen-Näherung (vgl. Abschnitt 21) kann man die Energie E eines Elektrons oder eines Loches in einem Bloch-Zustand eines Bandes aufteilen in die Energie der Bandkante (für ein Elektron im Leitungsband also die Unterkante E_L dieses Bandes) und in die Energiedifferenz $E - E_L$. E_L kann als potentielle Energie, $E - E_L$ als kinetische Energie gedeutet werden. Eine periodische Änderung der Gitterkonstanten durch eine Kompressionswelle wird nun eine periodische Änderung von E_L hervrufen. Die potentielle Energie des Elektrons wird also ortsabhängig, und die Störung $E_L(r,t) - E_L^\circ = \delta E_L$ ist das Störpotential, das die Elektron-Ion-Wechselwirkung vermittelt. Mit $s = s_0 \exp(i(q \cdot r - \omega t))$ wird dann:

$$\delta E_L = \frac{\partial E_L}{\partial V} \delta V = V \frac{\partial E_L}{\partial V} \Delta = E_{1n} \text{div}\, s = i E_{1n} s \cdot q, \tag{49.16}$$

wobei wir durch die Definition $E_{1n} = V(\partial E_L/\partial V)$ die *Deformationspotential-Konstante* eingeführt haben. Da s parallel zu q ist, folgt hier wieder ein Wechselwirkungs-Operator ähnlich (49.9), in dem jetzt nicht die Fourier-Komponenten eines Potentials, sondern die Konstante des Deformationspotentials die Stärke der Elektron-Phonon-Kopplung bestimmt.

50. Elektron-Phonon-Wechselwirkung in polaren Festkörpern, Polaronen

In Bravais-Gittern enthält das Phononenspektrum nur drei akustische Zweige. Dadurch war die Diskussion der Elektron-Phonon-Wechselwirkung im letzten Abschnitt auf longitudinale akustische Phononen beschränkt. Wenn wir auf Gitter mit Basis übergehen, so haben wir zwei Fälle zu unterscheiden: Sind die Basisatome gleich (Beispiel Diamantstruktur), so ist die Erweiterung der Ergebnisse des letzten Abschnittes nicht schwierig aber auch nicht besonders interessant. Sind dagegen die Basisatome ungleich geladen (wie z.B. bei Ionenkristallen), so ist mit den optischen Gitterschwingungen eine Polarisation verbunden, die eine starke Kopplung der Elektronen mit den longitudinalen optischen Phononen zur Folge hat.

Die wesentlichen Grundzüge können wir sehen, wenn wir die Bewegung eines Elektrons im polaren Gitter betrachten: Das Elektron wird seine Umgebung polarisieren und wird bei seiner Bewegung die Polarisationswolke mit sich schleppen (Abb. 59). Elektron + Polarisationswolke zusammen bilden ein *Quasi-Teilchen* ähnlicher Art, wie die früher betrachteten Hartree-Fock-Elektronen oder die abgeschirmten Elektronen, die ein Austauschloch bzw. eine Wolke verminderter Aufenthaltswahrscheinlichkeit für andere Elektronen mit sich schleppen. Die Polarisation der Umgebung bedeutet eine Gitterverzerrung, also eine Anregung optischer Phononen. Das Quasi-Teilchen läßt sich beschreiben als ein Elektron, das von einer Wolke (virtueller) optischer Phononen umgeben ist. Es wird *Polaron* genannt. Eine seiner wichtigsten Eigenschaften ist (wie bei allen „dressed particles") eine erhöhte träge Masse.

Das Modell zur Beschreibung eines Polarons wird davon abhängen, ob die Verzerrung des Gitters sich auf die unmittelbare Umgebung des Elektrons *(kleines Polaron)* oder über mehrere Gitterkonstanten *(großes Polaron)* erstreckt. Einfacher zu behandeln ist der Fall des großen Polarons, da wir uns dann an die Kontinuumsnäherung des Abschnittes 36 anschließen können.

Wir betrachten zunächst die Polarisation in der Kontinuumsnäherung. Die zweite Gleichung (36.5) gibt den Zusammenhang zwischen P, dem Verschiebungsvektor w (bzw. s) und dem elektrischen Feld. Da wir hier nur longitudinale Schwingungen betrachten, ist E mit w durch (36.9) verknüpft. Drückt man noch die Koeffizienten b_{ik} durch $\varepsilon_0, \varepsilon_\infty$ und durch die Grenzfrequenz des longitudinalen Zweiges ω_l aus, so folgt aus (36.5):

$$P = -4\pi E = \frac{b_{21}}{1 + 4\pi b_{22}} w = \sqrt{\frac{N \bar{M} \omega_l^2}{4\pi V_g}\left(\frac{1}{\varepsilon_\infty} - \frac{1}{\varepsilon_0}\right)} s. \qquad (50.1)$$

Die Wechselwirkungsenergie eines Elektrons mit einem polarisierten Medium ist

$$H_{\text{el-ph}} = -e \int \frac{\boldsymbol{P}(\boldsymbol{r}) \cdot (\boldsymbol{r} - \boldsymbol{r}_{\text{el}})}{|\boldsymbol{r} - \boldsymbol{r}_{\text{el}}|^3} d\tau. \tag{50.2}$$

Diesen Ausdruck können wir direkt als Operator der Elektron-Phonon-Wechselwirkung benutzen, wenn wir (50.1) einsetzen und für $s(\boldsymbol{r}, t)$ die quantisierte Form benutzen.

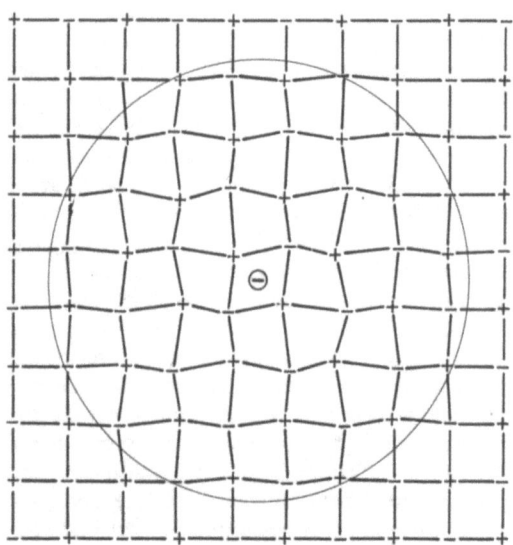

Abb. 59. Durch Coulomb-Wechselwirkung polarisiert ein Elektron in einem Ionenkristall seine Umgebung. Elektron und Gitterpolarisation (Gitterdeformation) werden als Quasi-Teilchen *(Polaron)* zusammengefaßt

Dazu müssen wir $s(\boldsymbol{r}, t)$ zunächst auf die Auslenkungen $s_{n\alpha}$ zurückführen. s ist hier die Differenz der Auslenkungen der Basisatome. Betrachten wir ein binäres Gitter mit zwei entgegengesetzt geladenen Ionen in der Wigner-Seitz-Zelle, so ist $s = s_+ - s_-$. Bei longitudinalen Schwingungen sind die $e_\alpha(\boldsymbol{q}) = e_\alpha^*(-\boldsymbol{q})$ parallel zu $\boldsymbol{q}$. Für $s_{n+} - s_{n-}$ findet man dann aus (31.2):

$$s_n = s_{n+} - s_{n-} = \frac{1}{\sqrt{N\bar{M}}} \sum_q Q_q e_+(\boldsymbol{q}) e^{i\boldsymbol{q}\cdot\boldsymbol{R}_n}, \quad Q_q = \left(\frac{\hbar}{2\omega_l}\right)^{\frac{1}{2}} (a_{-q}^+ + a_q). \tag{50.3}$$

Dabei ist $\bar{M}$ die schon oben benutzte reduzierte Masse $\bar{M}^{-1} = M_+^{-1} + M_-^{-1}$. Die Summation über j fällt weg, da wir nur den longitudinalen optischen Zweig betrachten. Für die Frequenz der optischen Schwingungen haben wir ferner die Grenzfrequenz ω_l eingesetzt. Die q-Abhängigkeit des LO-Zweiges kann im Bereich der Kontinuumsnäherung vernachlässigt werden.

Bevor wir den Übergang von s_n zu $s(r)$ durchführen, formen wir (50.3) noch dadurch um, daß wir in dem Summenglied mit a^+_{-q} die Summationsvariable q durch $-q$ ersetzen. Ersetzen wir dann gemäß (35.2) R_n durch den Ortsvektor r, so erhalten wir für $s(r)$:

$$s(r) = \sqrt{\frac{\hbar}{2N\bar{M}\omega_l}} \sum_q \frac{q}{q} (a_q^+ e^{-i q \cdot r} + a_q e^{i q \cdot r}). \tag{50.4}$$

Die r-Abhängigkeit steckt jetzt nur noch in den beiden Exponentialfaktoren, so daß das Integral in (50.2) leicht auszuführen ist. Wegen

$$\int \frac{e^{\pm i q \cdot r}(r - r_{\text{el}})}{|r - r_{\text{el}}|^3} d\tau = \mp 4\pi i \frac{q}{q^2} e^{\pm i q \cdot r_{\text{el}}} \tag{50.5}$$

folgt dann durch Einsetzen von (50.4) in (50.1) und (50.1) in (50.2) für die Elektron-Phonon-Wechselwirkung:

$$H_{\text{el-ph}} = i \sqrt{\frac{2\pi e^2 \hbar \omega_l}{V_g} \left(\frac{1}{\varepsilon_\infty} - \frac{1}{\varepsilon_0}\right)} \sum_q \frac{1}{q} (a_q e^{i q \cdot r_{\text{el}}} - a_q^+ e^{-i q \cdot r_{\text{el}}}). \tag{50.6}$$

Durch die Elektron-Phonon-Wechselwirkung werden die Eigenzustände des Elektronensystems gestört. Wir erinnern an die allgemeinen Ergebnisse der Schrödingerschen Störungstheorie. Danach ändern sich die Eigenfunktionen und Eigenwerte eines durch den Hamilton-Operator H_0 beschriebenen Systems bei Hinzutreten einer Störung H' gemäß

$$\psi_n^{(1)} = \psi_n^{(0)} + \sum_{m(\ne n)} \frac{\langle m|H'|n\rangle}{E_n^{(0)} - E_m^{(0)}} \psi_m^{(0)} + \cdots, \tag{50.7}$$

$$E_n^{(1)} = E_n^{(0)} + \langle n|H'|n\rangle + \sum_{m(\ne n)} \frac{|\langle m|H'|n\rangle|^2}{E_n^{(0)} - E_m^{(0)}} + \cdots. \tag{50.8}$$

Wir wenden diese Gleichungen auf ein freies Elektron an, das mit einem polarisierbaren Medium in Wechselwirkung tritt. Die Wellenfunktionen nullter Ordnung sind dann ebene Wellen $|k\rangle$, ergänzt durch den Vakuumzustand $|0\rangle$ des Phononensystems. Die Energie nullter Ordnung ist $E^{(0)}(k) = \hbar^2 k^2/2m$. Die Zustände, über die in den hinzukommenden Gliedern summiert wird, sind Zustände, in denen ein optisches Phonon der Energie $\hbar \omega_l$ und der Wellenzahl q emittiert ist. Dann wird (50.7) und (50.8)

$$|k;0\rangle^{(1)} = |k;0\rangle^{(0)} + \sum_q \frac{\langle k-q,1_q|H_{\text{el-ph}}|k,0_q\rangle}{E^{(0)}(k) - E^{(0)}(k-q) - \hbar\omega_l} |k-q,1_q\rangle^{(0)}, \tag{50.9}$$

$$E^{(1)}(k) = E^{(0)}(k) + \sum_q \frac{|\langle k-q,1_q|H_{\text{el-ph}}|k,0_q\rangle|^2}{E^{(0)}(k) - E^{(0)}(k-q) - \hbar\omega_l}. \tag{50.10}$$

Das in beiden Gleichungen auftretende Matrixelement wird mit (50.6)

$$\langle k-q, 1_q | H_{\text{el-ph}} | k, 0_q \rangle = -\frac{i}{q} \sqrt{\frac{2\pi e^2 \hbar \omega_l}{V_g} \left(\frac{1}{\varepsilon_\infty} - \frac{1}{\varepsilon_0} \right)} \equiv -\frac{C}{q}. \quad (50.11)$$

Wir berechnen zunächst die Energie (50.10).
Ersetzen wir die Summe über q durch ein Integral über die Brillouin-Zone im q-Raum, so wird

$$E^{(1)}(k) = \frac{\hbar^2 k^2}{2m} + \frac{|C|^2 V_g}{(2\pi)^3} \int d\tau_q \frac{1}{q^2} \left(\frac{\hbar^2}{2m} (2k \cdot q - q^2) - \hbar \omega_l \right)^{-1}. \quad (50.12)$$

Im folgenden beschränken wir uns auf den Energiebereich $\hbar^2 k^2 / 2m < \hbar \omega_l$. Dann reicht die Energie des Zustandes „Elektron k" nicht aus, um den Zustand „Elektron $k-q$ + Phonon q" zu erzeugen. Das Elektron kann jedoch *virtuelle* Phononen für so kurze Zeitintervalle emittieren und reabsorbieren, daß wegen der Energie-Zeit-Unschärferelation der Energiesatz nicht erfüllt zu sein braucht. Während die nullte Näherung ein freies Elektron beschreibt, ist das Elektron der Gl. (50.12) von einer Wolke virtueller Phononen umgeben. Es ist also das als *Polaron* bezeichnete Quasi-Teilchen.

Für kleine k läßt sich der Integrand in (50.12) entwickeln. Dann folgt

$$E^{(1)}(k) = \frac{\hbar^2 k^2}{2m} - \alpha \left(\hbar \omega_l + \frac{\hbar^2 k^2}{12m} + \cdots \right) = -\alpha \hbar \omega_l + \frac{\hbar^2 k^2}{2m^{**}} + \cdots, \quad (50.13)$$

wobei

$$\alpha = \frac{e^2}{2\hbar \omega_l} \left(\frac{2m\omega_l}{\hbar} \right)^{\frac{1}{2}} \left(\frac{1}{\varepsilon_\infty} - \frac{1}{\varepsilon_0} \right) \quad (50.14)$$

und

$$m^{**} = \frac{m}{1 - \frac{\alpha}{6}} \quad (50.15)$$

ist. Die Energie des Polarons ist also gegen die Energie des freien Elektrons um $\alpha \hbar \omega_l$ abgesenkt und die Masse um den Faktor m^{**}/m erhöht.

α stellt den Kopplungsparameter für die Elektron-Phonon-Wechselwirkung (50.6) dar. Ist α klein gegen Eins (schwache Kopplung), so ist die oben benutzte Störungsrechnung gerechtfertigt. Ist α groß gegen Eins (starke Kopplung), so müssen andere Methoden verwendet werden. Um einen Begriff dafür zu bekommen, was hier starke bzw. schwache Kopplung bedeutet, berechnen wir die mittlere Zahl $\bar{N}$ der virtuellen Phononen im Polaron. Mit dem Teilchenzahl-Operator der Phononen $\sum_q a_q^+ a_q$ wird:

$$\bar{N} = \langle k, 0 |^{(1)} \sum_q a_q^+ a_q | k, 0 \rangle^{(1)} = \sum_q \frac{|\langle k-q, 1_q | H_{\text{el-ph}} | k, 0 \rangle|^2}{(E^{(0)}(k) - E^{(0)}(k-q) - \hbar \omega_l)^2}. \quad (50.16)$$

Die Summe läßt sich wie in (50.12) in ein Integral umwandeln und das Matrixelement durch (50.11) ausdrücken. In der Näherung für kleine k folgt dann

$$\bar{N} = \frac{\alpha}{2}. \tag{50.17}$$

α ist also proportional zur mittleren Zahl der jeweils angeregten virtuellen Phononen.
Typische Werte der Kopplungskonstanten sind bei Halbleitern mit polarem Bindungsanteil kleiner als Eins. Für die wichtigsten III–V-Verbindungen findet man Werte zwischen 0.015 (InSb) und 0.080 (InP), für II–VI-Verbindungen 0.39 (CdTe) bis 0.65 (CdS). Bei der Berechnung dieser Werte sind für m bereits die bei diesen Festkörpern sehr kleinen effektiven Elektronenmassen m^* eingesetzt worden. Für Alkalihalogenide liegen die α-Werte bei Verwendung der freien Elektronenmasse in (50.14) zwischen 2.4 bei LiI und 6.6 bei RbBr.
Die Ergebnisse der Gln. (50.13) bis (50.17) sind nur für einen Grenzfall gültig, für das *große Polaron*. Nur wenn sich die Gitterdeformation über viele Gitterkonstanten erstreckt, kann das Gitter als Kontinuum betrachtet werden. Die polaren Festkörper, für die das Konzept des großen Polarons von Interesse ist, sind Halbleiter und Isolatoren, in denen die Effektiv-Massen-Näherung gilt. Die Benutzung von ebenen Wellen in den Matrixelementen ist also gerechtfertigt, wenn man m durch m^* ersetzt. Dies ist neben der Kontinuums-Näherung die zweite Annahme, die die Gültigkeit der hier benutzten Näherung beschränkt.
Für eine Darstellung der Polaronentheorie bei starker Kopplung und für die Theorie der „kleinen" Polaronen vgl. insbesondere Fröhlich [63.3], die Beiträge des Tagungsbandes [37], die Artikel von Appel in [57.21], von Gerthsen, Kauer und Reik in [58.5] und von Birkholz und v. Baltz in [58, XII]. Auf einige Aspekte dieser Theorie kommen wir in Kapitel XII zurück.
Die Existenz einer virtuellen Phononenwolke und damit die Renormierung von Energie und Masse des Elektrons ist nicht an die polare Wechselwirkung gebunden. Jede Wechselwirkung zwischen Elektronen und Phononen, also auch die im letzten Abschnitt behandelte Wechselwirkung mit den akustischen Phononen, führt zu einer Änderung der Eigenwerte der wechselwirkungsfreien Systeme. Insbesondere werden nicht nur die Elektronenenergien, sondern auch die Phononenfrequenzen geändert.
Wir zeigen dies nochmals in allgemeiner Form: Dazu gehen wir aus von Gl. (50.8). E_n ist die Energie des aus Elektronen und Phononen bestehenden Systems, $E_n^{(0)}$ ohne gegenseitige Wechselwirkung, $E_n^{(1)}$ mit Wechselwirkung. Wir betrachten wie in (50.10) freie Elektronen, benutzen eine Wechselwirkung allgemeiner Form (Gl. (49.9) mit beliebig von k und q abhängigen M_{kq}) und Wellenfunktionen (49.11). Den Spinindex unterdrücken wir wieder.
Die Energie des wechselwirkungsfreien Systems $E^{(0)}$ ist dann gegeben durch

$$E^{(0)} = \sum_k \frac{\hbar^2 k^2}{2m} n_k + \sum_q \hbar \omega_q n_q, \tag{50.18}$$

und für $E^{(1)}$ folgt aus (50.8)

$$E^{(1)} = E^{(0)} + \sum_{kq} |M_{kq}|^2 (1-n_{k+q}) n_k \left\{ \frac{n_q}{E(k)-E(k+q)+\hbar\omega_q} + \frac{n_{-q}+1}{E(k)-E(k+q)-\hbar\omega_q} \right\}.$$
(50.19)

Diese Gleichung formen wir um, indem wir die Besetzungszahlen durch ihre statistischen Mittelwerte ersetzen. Ferner nehmen wir Gleichgewicht an, setzen also $\bar{n}_{-q} = \bar{n}_q$. Schließlich fassen wir die Summenglieder anders zusammen. Dann folgt

$$E^{(1)} = E^{(0)} + \sum_{kq} |M_{kq}|^2 (1-\bar{n}_{k+q}) \bar{n}_k$$
$$\times \left\{ \frac{1}{E(k)-E(k+q)-\hbar\omega_q} - \frac{2(E(k+q)-E(k))\bar{n}_q}{(E(k)-E(k+q))^2-(\hbar\omega_q)^2} \right\}.$$
(50.20)

Für ein einzelnes Elektron und ohne Phononen ($\bar{n}_k = 1$, alle anderen $\bar{n}_{k'}$ und alle $\bar{n}_q$ gleich Null) folgt hieraus (50.10).
Die Ein-Teilchen-Energien erhält man aus (50.18) bzw. (50.20) durch Differentiation nach den $\bar{n}_k$ bzw. $\bar{n}_q$.
Wir gehen zunächst auf den noch nicht behandelten Fall der Renormierung der Phononen-Energie ein. Durch Differentiation von (50.20) nach $\bar{n}_{q'}$ (und anschließendem Ersetzen von q' durch q) erhält man

$$\hbar\omega_q^{(1)} = \hbar\omega_q^{(0)} - \sum_k |M_{kq}|^2 (1-\bar{n}_{k+q}) \bar{n}_k \frac{2(E(k+q)-E(k))}{(E(k)-E(k+q))^2-(\hbar\omega_q)^2}.$$
(50.21)

Das zweite Glied läßt sich erst nach Kenntnis der M_{kq} berechnen.
Daß dieses Glied mit der virtuellen Erzeugung von Elektron-Loch-Paaren zusammenhängt, wollen wir genauer zeigen. Dazu betrachten wir als Elektronensystem ein freies Elektronengas im Grundzustand. Elektron-Loch-Paare sind dann die Paaranregungen, die wir schon in Abschnitt 5 und 11 (Abb. 2 und 3) betrachtet hatten. Solche Paaranregungen sind nur aus dem schraffierten Bereich der Fermi-Kugel in Abb. 2 möglich. Gerade diese Bedingung wird aber bei der Summation über k in (50.21) durch den Faktor $(1-\bar{n}_{k+q})\bar{n}_k$ erfüllt. Ersetzt man die Summation über k durch eine Integration über die Fermi-Kugel, so erhalten gleichzeitig die $\bar{n}_k$ die Bedeutung von Stufenfunktionen (Fermi-Verteilung bei $T=0$).
Die Verschiebung der Phononenenergie ist abhängig von q. Einmal durch die q-Abhängigkeit des Matrixelementes und der Energieglieder, zum anderen durch die Änderung des Integrationsbereiches. Aus Abb. 2 sieht man, daß für $q<2k_F$ Elektron-Loch-Paare erzeugt werden können, bei denen Elektron und Loch die gleiche Energie $E_F = \hbar^2 k_F^2/2m$ haben können. Oberhalb $q=2k_F$ ist dies nicht mehr möglich. $q=2k_F$ ist gleichzeitig der kleinste q-Wert, bei welchem in (50.21)

über die volle Fermi-Kugel summiert wird. Es läßt sich zeigen, daß hieraus bei $q=2k_F$ eine logarithmische Singularität in der Steigung der Dispersionskurve $\omega_j^{(1)}(q)$ folgt *(Kohn-Anomalie)*. Sie ist im Phononenspektrum des Blei beobachtet worden.

Entsprechend zu (50.21) findet man aus (50.20) durch Differentiation nach einem $\bar{n}_{k'}$ die Verschiebung der Ein-Elektronen-Zustände durch die Elektron-Phonon-Wechselwirkung. Für ein einzelnes Elektron bei tiefer Temperatur ($\bar{n}_q = 0$) hatten wir dies bereits oben diskutiert. Von (50.20) ausgehend werden diese Ergebnisse erweitert auf ein Elektronengas (also etwa ein Gas freier Fermi-Teilchen) und auf eine beliebige Anregung des Phononensystems. Eines der wichtigsten Ergebnisse für ein Gas freier Elektronen ist, daß $E(k)$ besonders in der Nähe von $k=k_F$, also der Fermi-Fläche, geändert wird. Während in dem Punkt $k=k_F$ keine Änderung auftritt, wird E unterhalb der Fermi-Fläche zu höheren Werten, oberhalb der Fermi-Fläche zu tieferen Werten verschoben. dE/dk wird also dort kleiner. Oder anders ausgedrückt: Die Elektronengeschwindigkeit in der Umgebung der Fermi-Energie nimmt ab.

Wir wollen auf solche Korrekturen der Ein-Elektronen-Näherung des Bändermodells nicht eingehen, zumal neben diesen Korrekturen der Einfluß der Elektron-Elektron-Wechselwirkung wichtig ist. Elektron-Elektron- und Elektron-Phonon-Wechselwirkung müßten also nebeneinander betrachtet werden. Hierzu sei auf die Darstellung bei Pines [16] verwiesen. Eine weiterführende Diskussion der Gl. (50.20) gibt Taylor [19].

B. Die Boltzmann-Gleichung

51. Einführung

Durch Elektron-Phonon-Wechselwirkung wird Energie und Impuls zwischen dem Elektronensystem und dem Ionengitter ausgetauscht. Von besonderer Wichtigkeit wird diese Wechselwirkung dann, wenn sich eines der beiden Systeme im Nicht-Gleichgewicht befindet. Beschleunigt man etwa das Elektronensystem eines Festkörpers durch ein äußeres elektrisches Feld, so wird die aus dem Feld aufgenommene Energie durch Anregung von Gitterschwingungen, also durch Emission von Phononen an das Gitter weitergegeben. Nur dadurch kann sich ein stationärer, stromführender Zustand einstellen; Beschleunigung der Elektronen durch das elektrische Feld und „Abbremsung" durch Phononenemission halten sich die Waage. Nach Abschalten des äußeren Feldes sorgen die Wechselwirkungsprozesse für die Einstellung des Gleichgewichts im Elektronensystem.

Die Elektron-Phonon-Wechselwirkung ist nicht der einzige Prozeß, der für eine Dissipation der Überschußenergie des Elektronensystems sorgt. Streuung an Gitterstörungen, an Korngrenzen und Oberflächen kommt hinzu. Da wir uns in diesem Band mit dem störungsfreien, unendlich ausgedehnten Festkörper befassen, können wir uns auf die Elektron-Phonon-Wechselwirkung beschränken.

Nach dem oben Gesagten ist das wichtigste Teilgebiet der Festkörperphysik, in dem die Elektron-Phonon-Kopplung beachtet werden muß, das Verhalten des Festkörpers unter äußeren Feldern, also die *Transporterscheinungen im Festkörper*. Als äußere Felder kommen neben einem elektrischen Feld ein zusätzliches Magnetfeld und ein Temperaturgradient in Frage. Die von den treibenden Kräften bewegten Elektronen tragen Ladung und Energie mit sich. Unser Ziel ist also die Berechnung des durch die Felder verursachten elektrischen Stromes und Energiestromes.

Beide Ströme lassen sich leicht angeben, wenn die Zahl der Elektronen mit einem gegebenen Impuls an einem gegebenen Ort als Funktion der Zeit bekannt ist. Diese *Verteilungsfunktion* folgt aus einer Differentialgleichung, der sog. *Boltzmann-Gleichung*, die wir in Abschnitt 52 aufstellen werden. Die Boltzmann-Gleichung der Elektronen läßt sich leicht lösen, wenn man die Elektron-Gitter-Wechselwirkung durch eine Relaxationszeit als der Zeitkonstanten des exponentiellen Abfalls einer Störung des Elektronensystems beschreiben kann. Ist dies nicht möglich, so ist man zur Lösung der Boltzmann-Gleichung auf ein Variationsverfahren angewiesen. Diese beiden Wege werden in den Abschnitten 53 und 54 geschildert.

Neben einer Störung des Elektronensystems ist auch die Störung des Phononensystems durch äußere Kräfte (Temperaturgradienten) und durch die Wechselwirkung mit den Elektronen zu beachten. Eine zweite Boltzmann-Gleichung für die Phononen ist also der Boltzmann-Gleichung des Elektronensystems hinzuzufügen. Wir werden dies in Abschnitt 52 mitbehandeln, dann aber die Näherung machen, daß bei der Berechnung der Verteilungsfunktion der Elektronen das Phononensystem als im Gleichgewicht befindlich angesehen wird. Auf die Boltzmann-Gleichung der der Phononen kommen wir in Kapitel XI zurück.

52. Die Boltzmann-Gleichungen für das Elektronensystem und das Phononensystem

Die Bewegung der Elektronen eines Festkörpers unter dem Einfluß äußerer Felder beschreiben wir durch Angabe ihres Ortes und ihres Impulses (k-Vektors) als Funktion der Zeit.

Diese Aussage bedarf einer Einschränkung. Zur Darstellung eines Elektrons bilden wir ein Wellenpaket aus Ein-Teilchen-Zuständen. Ein solches Wellenpaket besitzt aber im Ortsraum und im k-Raum eine Ausdehnung. Sein mittlerer Durchmesser im Ortsraum Δr ist mit seiner Ausdehnung im k-Raum Δk durch die Unschärfe-Relation $\Delta r \Delta k = 1$ verbunden. Wollen wir das Wellenpaket im k-Raum so kontrieren, daß seine Ausmaße klein gegen den mittleren Radius der Brillouin-Zone (etwa eine reziproke Gitterkonstante) sind, so ist seine Ausdehnung im Ortsraum groß gegen eine Gitterkonstante. Wir müssen fordern, daß die äußeren Felder (oder andere das Elektron beeinflussende Parameter, wie Temperaturgradienten oder Inhomogenitäten) sich über die Ausdehnung des Wellenpaketes praktisch nicht verändern. Die Bewegung eines Elektrons in den schnell veränderlichen Feldern der Gitterionen können wir auf diese Weise nicht beschreiben. Wir bauen deshalb das Wellenpaket aus Bloch-Funktionen auf, die die Wechselwirkung des Elektrons mit dem periodischen Potential des Gitters schon beinhalten. Diese Einschränkung müssen wir beachten, wenn wir von einem Elektron am Ort r mit dem k-Vektor k (in einem Band n) reden.

Zur Beschreibung der Elektronengesamtheit führen wir die *Verteilungsfunktion* $f_n(r, k, t)$ ein, die die Wahrscheinlichkeit der Besetzung eines durch den Bandindex n, den k-Vektor k und den Ortsvektor r gekennzeichneten „Zustandes" angibt. Genauer: Das Produkt aus Verteilungsfunktion, Zustandsdichte und einem Volumenelement $d\tau_r d\tau_k$ des Phasenraumes gibt die (auf das Grundgebiet bezogene) Anzahl der Elektronen im Ortsintervall $(r, d\tau_r)$ und k-Intervall $(k, d\tau_k)$ zur Zeit t. Für einen homogenen Festkörper im Gleichgewicht ist $f_n(r, k, t)$ gleich der Fermi-Verteilung (6.10). Bezüglich ihrer k-Abhängigkeit können wir die Verteilungsfunktion auch mit den in Abschnitt 50 benutzten mittleren Besetzungszahlen $\bar{n}_k$ identifizieren.

Den Index an der Verteilungsfunktion n lassen wir künftig weg, da uns immer nur die Elektronengesamtheit eines Bandes interessieren wird.

Um die Verteilungsfunktion $f(r, k, t)$ bei gegebenen äußeren Feldern zu berechnen, betrachten wir ihr zeitliches Verhalten (Abb. 60). Wir fassen eine Gruppe von Elektronen im Volumenelement $d\tau_r d\tau_k$ des Phasenraumes ins Auge. Sie wird sich im Laufe der Zeit durch den Phasenraum bewegen. Dabei möge sich für das betrachtete kleine Zeitintervall die Form der Gruppe, also des mitbewegten Volumenelementes, nicht wesentlich ändern. Dann wäre der substantielle Differentialquotient df/dt (d. h. die Änderung von f im mitbewegten Koordinatensystem) gleich Null, würden nicht durch Elektron-Phonon-Wechselwirkung

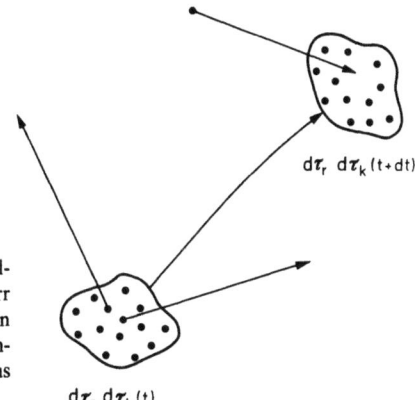

Abb. 60. Unter der Wirkung äußerer Felder bewegt sich eine Elektronengruppe starr durch den Phasenraum. Durch Absorption oder Emission von Phononen werden einzelne Elektronen aus der Gruppe heraus oder in die Gruppe hinein gestreut

Elektronen bei festgehaltenem Ort aus $(k, d\tau_k)$ in ein anderes $(k', d\tau_{k'})$ übergehen und umgekehrt. Einen solchen mit der Emission oder Absorption eines Phonons verbundenen Prozeß bezeichnen wir nach der üblichen Nomenklatur als einen Gitterstoß. Sei die Änderung der Verteilungsfunktion durch Stöße gleich $(\partial f/\partial t)|_{st}$, dann wird $df/dt = (\partial f/\partial t)|_{st}$, oder wenn wir den substantiellen Differentialquotienten durch den lokalen Differentialquotienten und die aus der impliziten Zeitabhängigkeit über $r(t)$ und $k(t)$ folgenden Glieder ersetzen:

$$\frac{df}{dt} = \frac{\partial f}{\partial t} + \dot{k} \cdot \text{grad}_k f + \dot{r} \cdot \text{grad}_r f = \frac{\partial f}{\partial t}\bigg|_{st}. \tag{52.1}$$

Im stationären Zustand ist der lokale Differentialquotient gleich Null, und es bleibt:

$$\dot{k} \cdot \text{grad}_k f + \dot{r} \cdot \text{grad}_r f = \frac{\partial f}{\partial t}\bigg|_{st}. \tag{52.2}$$

Dies ist die übliche Form der *Boltzmann-Gleichung* des Elektronensystems, die bei gegebenen äußeren Feldern und bekannter Elektron-Phonon-Wechselwirkung die Berechnung der Verteilungsfunktion gestattet.

Die Wechselwirkung bestimmt die Gestalt des Stoßterms auf der rechten Seite von (52.2). Auf der linken Seite ersetzen wir $\dot{k}$ durch (21.7):

$$\dot{k} = -\frac{e}{\hbar}\left(E + \frac{1}{c} v \times B\right). \tag{52.3}$$

Hier kommen also das äußere elektrische Feld und das Magnetfeld ins Spiel. $\dot{r}$ ersetzen wir nach (20.10) durch die Gruppengeschwindigkeit des Wellenpaketes:

$$\dot{r} = \frac{1}{\hbar} \text{grad}_k E(k). \tag{52.4}$$

Auch für die in (52.3) auftretende Geschwindigkeit setzen wir (52.4) ein. Wir bemerken schließlich, daß die Verteilungsfunktion f (die ja als Gleichgewichtsanteil die Fermi-Verteilung $f_0(E, \zeta, T)$ enthält) temperaturabhängig ist. Der Faktor $\text{grad}_r f$ erfaßt also einen eventuell vorhandenen Temperaturgradienten.

Eine entsprechende Boltzmann-Gleichung können wir für das *Phononensystem* aufstellen. Wir definieren aus den mittleren Besetzungszahlen $\bar{n}_q$ eine Verteilungsfunktion g der Phononen. Ihr Gleichgewichtswert g_0 ist die Bose-Verteilung (31.19). Über einen Temperaturgradienten kann g ortsabhängig sein: $g = g(r, q, t)$. Analog zu (52.2) finden wir:

$$\dot{r} \cdot \text{grad}_r g = \frac{\partial g}{\partial t}\bigg|_{st}, \tag{52.5}$$

da als treibende Kraft auf die Phononen nur ein Gradient von g im Ortsraum in Frage kommt. Für die Geschwindigkeit $\dot{r}$ können wir ähnlich wie in (52.4) den Gradienten von $\omega(q)$ nach q einsetzen.

Wir wenden uns nun den Stoßtermen der beiden Boltzmann-Gleichungen (52.2) und (52.5) zu. Sie beschreiben die Änderungen der Besetzung der Elektronenzustände bzw. die Änderung der Phononenzahl in einer Normalschwingung des Gitters. Beide Terme sind Summen (bzw. Differenzen) von Übergangswahrscheinlichkeiten der in (49.14) betrachteten Form. Wir schreiben allgemein die Übergangswahrscheinlichkeit für Elektronen in der Form

$$W(k \to k+q) = W_{aq}^0 (1-f(k+q)) f(k) g(q) \delta(E(k+q) - E(k) - \hbar\omega_q)$$

$$= W_{aq}(k \to k+q) \quad \text{bei Absorption eines Phonons } q, \tag{52.6}$$

$$W(k \to k+q) = W_{e-q}^0 (1-f(k+q)) f(k) (g(-q)+1) \delta(E(k+q) - E(k) + \hbar\omega_q)$$

$$= W_{e-q}(k \to k+q) \quad \text{bei Emission eines Phonons } -q. \tag{52.7}$$

Dann finden wir für den Stoßterm von (52.2)

$$\left.\frac{\partial f}{\partial t}\right|_{st} = \sum_q \{W_{eq}(k+q \to k) + W_{a-q}(k+q \to k) - W_{aq}(k \to k+q)$$
$$- W_{e-q}(k \to k+q)\}, \tag{52.8}$$

also die Summe über alle Streuwahrscheinlichkeiten aus einem Zustand $k+q$ in den Zustand k unter Emission eines Phonons q oder Absorption eines Phonons $-q$ *minus* aller Streuwahrscheinlichkeiten aus dem betrachteten Zustand k in einen beliebigen Zustand $k+q$ unter Absorption eines Phonons q oder Emission eines Phonons $-q$.

Entsprechend ist der Stoßterm in (52.5) die Summe über alle Stoßprozesse, die mit der Emission eines Phonons q verbunden sind, minus der entsprechenden Absorptionsprozesse:

$$\left.\frac{\partial g}{\partial t}\right|_{st} = \sum_k \{W_{eq}(k+q \to k) - W_{aq}(k \to k+q)\}. \tag{52.9}$$

Wegen des Prinzips der mikroskopischen Reversibilität muß die Wahrscheinlichkeit für einen Prozeß zwischen zwei Zuständen unabhängig davon sein, in welche Richtung der Prozeß verläuft. Wir schließen daraus, daß in (52.6) und (52.7) die Faktoren W_{aq}^0 und W_{eq}^0 gleich sind. Diese Bedingung folgt auch aus der Forderung, daß im Gleichgewicht der Stoßterm verschwinden muß. Darauf kommen wir sofort zurück.

Wir schreiben zunächst, unter Verwendung von (52.6), (52.7) mit $W_{aq}^0 = W_{eq}^0$ und Umbenennung des Summationsindex von q in $-q$ in einigen Gliedern, den Stoßterm für das Elektronensystem an. Es wird

$$\left.\frac{\partial f}{\partial t}\right|_{st} = \sum_q W_q^0 \{[(1-f(k))f(k+q)(g(q)+1) - (1-f(k+q))f(k)g(q)]$$
$$\times \delta(E(k+q)-E(k)-\hbar\omega_q) - [(1-f(k-q))f(k)(g(q)+1) \quad (52.10)$$
$$-(1-f(k))f(k-q)g(q)]\delta(E(k-q)-E(k)+\hbar\omega_q).$$

Eine entsprechende Gleichung folgt aus (52.9) für den Stoßterm des Phononensystems. Bringt man zunächst die rechte Seite von (52.9) in die symmetrisierte Form $\frac{1}{2}\sum_k \{W_{eq}(k+q\to k) + W_{eq}(k\to k-q) - W_{aq}(k\to k+q) - W_{aq}(k-q\to k)\}$, so sind die einzigen Unterschiede zu (52.10) der Faktor $\frac{1}{2}$, die Summation über k anstatt über q und ein Pluszeichen vor der zweiten eckigen Klammer anstelle des Minus-Zeichens.

Im Gleichgewicht werden die linken Seiten von (52.2) und (52.5) gleich Null. Die Stoßterme müssen also auch verschwinden. Setzt man für die $f(k)$ und $g(q)$ in (52.10) die Fermi-Verteilung $(\exp((E(k)-\zeta)/k_B T)+1)^{-1}$ bzw. die Bose-Verteilung $(\exp(\hbar\omega_q/k_B T)-1)^{-1}$ ein, so verschwinden wegen des durch die δ-Funktionen ausgedrückten Energiesatzes die eckigen Klammern.

Man erkennt leicht, daß beide Klammern aber auch dann verschwinden, wenn man zu $E(k)$ im Zähler der Exponenten der Fermi-Verteilung ein Glied $\boldsymbol{\delta}\cdot k$ und zu $\hbar\omega_q$ in der Bose-Verteilung $-\boldsymbol{\delta}\cdot q$ mit beliebigem Vektor $\boldsymbol{\delta}$ addiert. Dies beschreibt einen Zustand, bei dem die Gleichgewichtsverteilungen der Elektronen und Phononen im k- bzw. q-Raum gegen den Nullpunkt in Richtung des Vektors $\boldsymbol{\delta}$ verschoben sind. Ein solcher Zustand ist mit einem Stromfluß verbunden. Gl. (52.10) sagt dann aus, daß *unter den zu dieser Gleichung führenden Annahmen* dieser Zustand stationär ist und bei Ausschalten der äußeren Felder nicht in den Gleichgewichtszustand zurückfällt! Dies liegt an der Vernachlässigung der *Umklapp-Prozesse* und anderer Streumechanismen in (52.10). Sie sind notwendig, damit jedes gestörte System in den Gleichgewichtszustand zurückkehren kann. Die Normalprozesse reichen nicht immer aus.

Die Boltzmann-Gleichungen der Elektronen und der Phononen bilden ein gekoppeltes System von Differentialgleichungen für die Verteilungsfunktionen $f(r,k,t)$ und $g(r,q,t)$. Man ersetzt üblicherweise die Summationen über k bzw. q durch Integrationen im k- bzw. q-Raum (wobei für jedes Glied die Integrationsgrenzen genau zu beachten sind). Die Boltzmann-Gleichungen sind dann Integrodifferentialgleichungen. Wir wollen sie in der allgemeinen Form nicht weiter diskutieren. Wir machen vielmehr jetzt eine Annahme, die die Lösung der Boltzmann-Gleichung des Elektronensystems stark vereinfacht: Wir nehmen an, daß sich das Gleichgewicht im Phononensystem so schnell einstellt, daß wir Störungen des Phononensystems vernachlässigen können („Blochsche Annahme"). Dann können wir in (52.10) die $g(q)$ durch ihre Gleichgewichtsverteilung g_0 ersetzen. In dieser Näherung läßt sich (52.10) in einfacherer Form schreiben:

$$\left.\frac{\partial f}{\partial t}\right|_{st} = \sum_q \{W(k+q,k)(1-f(k))f(k+q) - W(k,k+q)(1-f(k+q))f(k)\},$$
(52.11)

wobei die neu eingeführten $W(k+q,k)$ bzw. $W(k,k+q)$ die W_q^0, die g_0-Faktoren und die δ-Funktionen aus (52.10) enthalten. (52.11) können wir noch umformen, indem wir $k+q=k'$ setzen und die Summation über q durch eine Integration über k' ersetzen:

$$\left.\frac{\partial f}{\partial t}\right|_{st} = \int d\tau_{k'}\{W(k',k)(1-f(k))f(k')-W(k,k')(1-f(k'))f(k)\}z(k').$$
(52.12)

Unter der Annahme, daß bei einem Wechselwirkungsprozeß der Elektronenspin sich nicht ändert, ist für die Zustandsdichte $z(k)$ nur die Zahl der Zustände einer Spinrichtung $(1/(2\pi)^3)$ einzusetzen.

Die $W(k,k')$ lassen sich aus (52.10) bestimmen. Mit $g(q)=g(-q)=g_0$ (Bose-Verteilung) folgt für sie die Symmetriebeziehung

$$W(k',k)e^{\frac{E(k)}{k_BT}}=W(k,k')e^{\frac{E(k')}{k_BT}}$$
(52.13)

Wegen (52.13) verschwindet im Gleichgewicht $(f=f_0)$ die rechte Seite von (52.12).

Teilen wir die Verteilungsfunktion in ihren Gleichgewichtswert f_0 und eine Störung δf auf, so sehen wir, daß im Integranden von (52.12) in δf quadratische Glieder auftreten. Für kleine Störungen werden diese Glieder weggelassen, der Stoßterm also *linearisiert*. Eine besonders einfache Form erhalten wir dann, wenn wir die folgenden Definitionen benutzen:

$$V(k,k')=V(k',k)=W(k',k)(1-f_0(k))f_0(k')=W(k,k')(1-f_0(k'))f_0(k),$$

$$f=f_0+\delta f,\quad \delta f \equiv -\frac{\partial f_0}{\partial E}\delta\Phi = \frac{1}{k_BT}f_0(1-f_0)\delta\Phi.$$
(52.14)

Dann wird der linearisierte Stoßterm:

$$\left.\frac{\partial f}{\partial t}\right|_{st} = \frac{1}{k_BT}\int d\tau_{k'}\,V(k',k)(\delta\Phi(k')-\delta\Phi(k))z(k').$$
(52.15)

53. Die Relaxationszeit-Näherung

Wird das Elektronensystem durch eine äußere Störung in einen Nicht-Gleichgewichts-Zustand gebracht und die Störung dann abgeschaltet, so sorgt die Elektron-Phonon-Wechselwirkung (und die anderen hier nicht betrachteten Wechselwirkungsprozesse) für die Rückkehr des Systems in den Gleichgewichtszustand. Dies wird nach (52.1) beschrieben durch die Differentialgleichung:

$$\frac{\partial f}{\partial t} = \left.\frac{\partial f}{\partial t}\right|_{st}.$$
(53.1)

Relaxationserscheinungen dieser Art verlaufen bei kleinen Störungen eines Systems häufig exponentiell. Der Stoßterm erhält dann die Form eines Quotienten aus der Abweichung der Verteilungsfunktion vom Gleichgewicht und einer charakteristischen Zeit, der *Relaxationszeit* τ:

$$\frac{\partial f}{\partial t} = -\frac{f-f_0}{\tau}, \quad f = f_0 + Ce^{-\frac{t}{\tau}}. \tag{53.2}$$

Die Einführung einer Relaxationszeit vereinfacht die Lösung der Boltzmann-Gleichung entscheidend. Wir wollen deshalb untersuchen, unter welchen Voraussetzungen diese *Relaxationszeit-Näherung* möglich ist. Dazu müssen wir versuchen, den Stoßterm (52.12) in eine Form zu bringen, in der er proportional ist zu δf mit einer von der Störung unabhängigen Proportionalitätskonstanten.

Als ersten Schritt nehmen wir *elastische Streuung* an. Die Energie des Elektrons soll vor und nach dem Streuprozeß die gleiche sein; nur die Richtung von k soll sich ändern. Dies ist natürlich niemals streng erfüllt. Bei Emission oder Absorption akustischer Phononen großer Wellenlänge ist aber oft die Phononenenergie vernachlässigbar klein gegen die Energie der Elektronen. Bei Absorption eines optischen Phonons ist diese Vernachlässigung nicht möglich. Allerdings ist bei tiefen Temperaturen die Anregung eines Elektrons durch Absorption eines optischen Phonons so hoch, daß die Wahrscheinlichkeit des unmittelbaren Zurückfallens in einen Zustand mit der Ausgangsenergie (aber eventuell geänderter k-Richtung) unter Phonon-Emission groß ist. Diese Wechselwirkung ist eine elastische Streuung durch einen Prozeß zweiter Ordnung mit virtuellem Zwischenzustand.

Wir setzen also $E(k') = E(k)$. Dann folgt aus (52.13), daß $W(k', k)$ bereits in k und k' symmetrisch ist. Im Integranden von (52.12) heben sich die quadratischen Glieder heraus; der Stoßterm ist also automatisch linearisiert. Wir erhalten:

$$\left.\frac{\partial f(k)}{\partial t}\right|_{st} = -\delta f(k) \int d\tau_{k'} z(k') W(k', k) \left(1 - \frac{\delta f(k')}{\delta f(k)}\right) \delta(E(k') - E(k)). \tag{53.3}$$

Die δ-Funktion beschränkt die Integration über k' auf eine Fläche konstanter Energie $E = E(k)$

$$\left.\frac{\partial f(k)}{\partial t}\right|_{st} = -\delta f(k) \int\limits_{E = E(k)} W(k', k) \left(1 - \frac{\delta f(k')}{\delta f(k)}\right) \frac{z(k') df'_E}{|\text{grad}_{k'} E|}. \tag{53.4}$$

$z(k)$ ist wieder die Zustandsdichte im k-Raum.

Als *nächste Näherung* nehmen wir an, daß der Einfluß äußerer Felder sich wesentlich nur in einer Verschiebung der Fermi-Verteilung im k-Raum bemerkbar macht. Werde f_0 in Richtung G verschoben, wobei der Vektor G die äußeren Felder enthält und daneben nur noch vom Betrag von k bzw. k' abhängt, so entwickeln wir:

$$f(k) = f_0(k) + \frac{\partial f_0}{\partial E} G(k) \cdot \text{grad}_k E + \cdots. \tag{53.5}$$

Damit dieser Ansatz zu dem gewünschten Ziel führt, müssen wir noch *sphärische Energieflächen* $E = E(k)$ annehmen. Damit wird $\text{grad}_k E$ proportional zu k und

$$f = f_0(E) - \frac{\partial f_0}{\partial E} k \cdot c(E). \tag{53.6}$$

Das Minuszeichen haben wir eingeführt, damit (53.6) die Form (52.14) mit $\delta \Phi = k \cdot c(E)$ erhält.

Nennen wir schließlich die Winkel zwischen k bzw. k' und c ϑ bzw. ϑ', so finden wir für den Quotienten $\delta f(k')/\delta f(k)$ den Wert $\cos\vartheta'/\cos\vartheta$. Jetzt ist das Integral in (53.4) unabhängig von δf und kann als reziproke Relaxationszeit definiert werden. Bevor wir es angeben, machen wir eine letzte Approximation, die nur die Endgleichung vereinfachen soll: Die Übergangswahrscheinlichkeit W soll nur vom Winkel zwischen k und k', nicht von den einzelnen Richtungen abhängen. Dann schreibt sich (53.4)

$$\left.\frac{\partial f}{\partial t}\right|_{st} = -\frac{\delta f}{\tau(E)} \tag{53.7}$$

mit der energieabhängigen Relaxationszeit

$$\frac{1}{\tau(E)} = \int\limits_{E=E(k)} W(E,\Theta)(1-\cos\Theta)\left(\frac{dE}{dk'}\right)^{-1} z(k') df'_E. \tag{53.8}$$

Dabei ist Θ der Winkel zwischen k und k'. Zur Umformung von $\cos\vartheta'/\cos\vartheta$ haben wir noch benutzt, daß $\cos\vartheta' = \cos\vartheta\cos\Theta + \sin\vartheta\sin\Theta\cos\varphi$ ist, und daß das zweite Glied dieser Beziehung im Integral bei der φ-Integration verschwindet.

In dieser Näherung läßt sich eine geschlossene Lösung der Boltzmann-Gleichung angeben. Dazu formen wir zunächst die linke Seite der Boltzmann-Gleichung (52.2) um.

Im ersten Glied ($\dot{k} \cdot \text{grad}_k f$) teilen wir f in f_0 und δf auf, ersetzen $\text{grad}_k f_0$ durch $(\partial f_0/\partial E)\text{grad}_k E$ und $\dot{k}$ durch (52.3). Ein Glied verschwindet dann wegen $\text{grad}_k E \cdot (\text{grad}_k E \times B) = 0$. Außerdem vernachlässigen wir $\text{grad}_k \delta f$ neben $\text{grad}_k f_0$, benutzen (52.14) und erhalten

$$\dot{k} \cdot \text{grad}_k f \approx -e\frac{\partial f_0}{\partial E}\left(v \cdot E - \frac{1}{c\hbar}(v \times B) \cdot \text{grad}_k \delta\Phi\right). \tag{53.9}$$

Im zweiten Glied formen wir $\text{grad}_r f_0$ wie folgt um:

$$\text{grad}_r f_0 = \frac{\partial f_0}{\partial \frac{E-\zeta}{k_B T}} \text{grad}_r \frac{E-\zeta}{k_B T} = -\frac{\partial f_0}{\partial E}\left(\text{grad}\,\zeta + \frac{E-\zeta}{T}\text{grad}\,T\right). \tag{53.10}$$

Vernachlässigen wir dann auch $\text{grad}_r \delta f$ neben $\text{grad}_r f_0$ und benutzen noch (52.14), so folgt schließlich

$$\delta \Phi = \tau \left\{ -e\boldsymbol{v} \cdot \boldsymbol{E} + \frac{e}{c\hbar}(\boldsymbol{v} \times \boldsymbol{B}) \cdot \text{grad}_k \delta \Phi - \boldsymbol{v} \cdot \left(\text{grad}\, \zeta + \frac{E-\zeta}{T} \text{grad}\, T \right) \right\}$$

$$= -\tau \boldsymbol{v} \cdot \left(\text{grad}\, \eta + \frac{E-\zeta}{T} \text{grad}\, T \right) + \frac{e\tau}{c\hbar}(\boldsymbol{v} \times \boldsymbol{B}) \cdot \text{grad}_k \delta \Phi. \quad (53.11)$$

In der zweiten Zeile haben wir das elektrische Feld als negativen Gradienten des elektrostatischen Potentials φ geschrieben und dann das chemische Potential ζ zusammen mit $-e\varphi$ zum *elektrochemischen Potential* $\eta = \zeta - e\varphi$ zusammengezogen.

Für verschwindendes Magnetfeld stellt (53.11) bereits die explizite Lösung der Boltzmann-Gleichung dar. Mit Magnetfeld folgt diese Lösung durch iteriertes Einsetzen der rechten Seite in $\text{grad}_k \delta \Phi$ als Reihenentwicklung nach steigenden Potenzen von $\boldsymbol{B}$.

Solange wir die Bandstruktur $E(\boldsymbol{k})$ nicht kennen, können wir (53.11) nicht weiter umformen. Für den Fall freier Elektronen mit effektiver Masse m^* wird die Aufsummierung besonders einfach. Wegen $\boldsymbol{v} = \hbar \boldsymbol{k}/m^*$ läßt sich grad_k in grad_v umwandeln, und man erhält mit den Abkürzungen:

$$\boldsymbol{F} = \text{grad}\, \eta + \frac{E-\zeta}{T} \text{grad}\, T\,; \quad \boldsymbol{s} = \frac{e\tau}{cm^*} \boldsymbol{B}, \quad (53.12)$$

als Endergebnis

$$\delta \Phi = -\frac{\tau}{1+s^2}(\boldsymbol{v} \cdot \boldsymbol{F} + \boldsymbol{v} \cdot (\boldsymbol{s} \times \boldsymbol{F}) + (\boldsymbol{v} \cdot \boldsymbol{s})(\boldsymbol{s} \cdot \boldsymbol{F})). \quad (53.13)$$

54. Das Variationsverfahren

Wenn die Wechselwirkungsprozesse die Einführung einer Relaxationszeit im Stoßterm nicht gestatten, führt folgendes Verfahren häufig zum Ziel:
Der Stoßterm in der linearisierten Form (52.15) kann als Integraloperator, angewandt auf die gesuchte Funktion $\delta \Phi(\boldsymbol{k})$ aufgefaßt werden. Schreiben wir für den (negativen!) Stoßterm $L(\delta \Phi)$ oder abgekürzt $L\Phi$, und fassen wir die linke Seite der Boltzmann-Gleichung (52.2) durch die Bezeichnung $-F$ zusammen, so lautet (52.2): $F = L\Phi$.
Wir bilden nun das Integral über das Produkt einer zunächst beliebigen Funktion $\psi(\boldsymbol{k})$ mit $L\Phi$:

$$(\psi L\Phi) = \frac{1}{k_B T} \frac{1}{(2\pi)^3} \iint V(\boldsymbol{k}', \boldsymbol{k})(\delta\Phi(\boldsymbol{k}) - \delta\Phi(\boldsymbol{k}'))\psi(\boldsymbol{k})\, d\tau_{\boldsymbol{k}} d\tau_{\boldsymbol{k}'}. \quad (54.1)$$

Vertauscht man im Integral k und k', so erhält man den gleichen Ausdruck bis auf ein umgekehrtes Vorzeichen und $\psi(k')$ anstelle von $\psi(k)$ im Integranden. Man kann (54.1) also auch

$$(\psi L\Phi) = \frac{1}{2k_B T} \frac{1}{(2\pi)^3} \int \int V(k',k)(\delta\Phi(k) - \delta\Phi(k'))(\psi(k) - \psi(k'))d\tau_{k'}\cdot d\tau_k$$
(54.2)

schreiben. In dieser Form ist deutlich, daß

$$(\psi L\Phi) = (\Phi L\psi) \tag{54.3}$$

gilt. Außerdem ist $(\psi L\psi)$ positiv definit, da $V(k',k)$ als Übergangswahrscheinlichkeit stets positiv ist.

Wir wählen nun ψ so, daß $(\psi F) = (\psi L\psi)$ erfüllt ist. Ansonsten sei ψ beliebig. Dann folgt

$$(\psi - \Phi, L(\psi - \Phi)) \geqslant 0, \tag{54.4}$$

also

$$(\psi L\psi) + (\Phi L\Phi) - (\Phi L\psi) - (\psi L\Phi) = (\psi L\psi) + (\Phi L\Phi) - 2(\psi L\Phi) \geqslant 0,$$
(54.5)

und da $(\psi L\Phi) = (\psi F) = (\psi L\psi)$ ist:

$$(\Phi L\Phi) \geqslant (\psi L\psi). \tag{54.6}$$

Unter allen ψ, die die Bedingung $(\psi F) = (\psi L\psi)$ erfüllen, macht Φ (also die gesuchte Funktion $\delta\Phi(k)$) das Integral $(\psi L\psi)$ zum Maximum. Dies ist die Grundlage eines Variationsverfahrens. Man setzt für ψ eine Versuchsfunktion mit unbekannten Parametern an, variiert nach diesen Parametern und bestimmt so die Parameter selbst. Das Resultat approximiert im Rahmen des gewählten Ansatzes die gesuchte gestörte Verteilungsfunktion optimal.

Welche Ansatzfunktionen gewählt werden, hängt einmal von den äußeren Feldern E und $\text{grad}\, T$ ab – eine Erweiterung dieses Verfahrens auch auf Magnetfelder stößt auf Schwierigkeiten –, zum anderen ist die Art der Wechselwirkung, also die Form der Funktion $V(k'k)$ entscheidend. Ohne Kenntnis dieser beiden Einflüsse ist eine weitere Diskussion dieses Verfahrens nicht möglich. Ein Beispiel werden wir in Abschnitt 60 behandeln. Wir verweisen ferner auf die Literatur, z. B. die Bücher von Wilson [33], Ziman [20], Haug [11, II].

Deutlich wird jedoch, daß es bei Fehlen einer Relaxationszeit nicht möglich ist, eine Lösung der Boltzmann-Gleichung so anzugeben, daß alle Möglichkeiten äußerer Felder geschlossen erfaßt werden. Dies ist nur – wie wir später sehen werden – in der Relaxationszeit-Näherung möglich. Wir werden deshalb im weiteren meist diese Näherung benutzen.

C. Formale Transporttheorie

55. Einführung

Bei Kenntnis der Verteilungsfunktion der Elektronen lassen sich elektrische Stromdichte und Energiestromdichte sofort anschreiben. Es werden:

$$i = \int (-e\mathbf{v}) f(r,k,t) z(k) d\tau_k = -\frac{e}{\hbar} \int \text{grad}_k E f(r,k,t) z(k) d\tau_k, \qquad (55.1)$$

$$\mathbf{w} = \int E(k) \mathbf{v} f(r,k,t) z(k) d\tau_k = \frac{1}{\hbar} \int \text{grad}_k E E(k) f(r,k,t) z(k) d\tau_k. \qquad (55.2)$$

Es empfiehlt sich jedoch, zunächst diese beiden Transportgleichungen allgemein aus der Thermodynamik irreversibler Prozesse herzuleiten und daraus einen Überblick über die verschiedenartigen Transportphänomene zu gewinnen. Dies tun wir in den folgenden Abschnitten. Die hierbei auftretenden Transport-Koeffizienten können wir dann mittels der Ergebnisse der vorhergehenden Abschnitte quantitativ berechnen und mit dem Experiment vergleichen. Das ist der Inhalt des abschließenden Teils D dieses Kapitels.

56. Die Transportgleichungen

Als Bedingung für das Gleichgewicht in einem homogenen Festkörper hatten wir in Abschnitt 6 die Existenz eines allen Elektronen gemeinsamen chemischen Potentials ζ gefunden. Dieses chemische Potential bestimmt über die Fermi-Verteilung zusammen mit der Zustandsdichte die Energieverteilung der Elektronen im Gleichgewicht.

Dabei haben wir die Frage nach einer Ortsabhängigkeit der maßgebenden Parameter nie gestellt. Eine Ortsabhängigkeit der Zustandsdichte bedeutet eine *Inhomogenität* des Festkörpers (Ortsabhängigkeit der Bandstruktur in (22.4)). In der Fermi-Verteilung können die Energie (Bandstruktur), die Temperatur und das chemische Potential ortsabhängig werden. Beschränken wir uns wie bisher auf homogene Festkörper, so ist $E_n(k)$ ortsunabhängig. Innere makroskopische Felder können ein ortsabhängiges elektrostatisches Potential hervorrufen, das wir ähnlich wie in Abb. 27 zur Bandstruktur-Energie hinzurechen können: $E = E_n(k) - e\varphi$. Wir müssen dann in f_0 auch das chemische Potential wie in (53.11) durch das *elektrochemische Potential* $\eta = \zeta - e\varphi$ ersetzen:

$$f_0(E, \eta, T) = \frac{1}{e^{\frac{E-\eta}{k_B T}} + 1}. \qquad (56.1)$$

In dieser Formulierung ist die Bedingung für das *räumliche Gleichgewicht*: Ortsunabhängigkeit des elektrochemischen Potentials und der Temperatur. Diese

Bedingung tritt zu der Bedingung für das *lokale Gleichgewicht*: Existenz *eines* chemischen Potentials für alle Elektronen.
Umgekehrt erhalten wir aus dieser Aussage als Bedingung für räumliches Nicht-Gleichgewicht, also für das Fließen von Strömen:

$$\operatorname{grad} \eta \neq 0 \quad \text{oder} \quad \operatorname{grad} T \neq 0. \tag{56.2}$$

Beide Gradienten sind die treibenden Kräfte, die den Stromfluß hervorrufen. Zur Aufstellung der Grundgleichungen der Transporttheorie gehen wir aus von der thermodynamischen Beziehung:

$$\rho T \frac{\partial s}{\partial t} = \rho \frac{\partial u}{\partial t} - \zeta \frac{\partial n}{\partial t} \quad (T\,dS = dU - \zeta\,dN \text{ für } dV = 0). \tag{56.3}$$

Dabei ist ρ die Dichte, s die spezifische Entropie und u die spezifische innere Energie. ζ und n sind chemisches Potential und Konzentration der Elektronen.
Gl. (56.3) läßt sich umformen durch Berücksichtigung folgender Gesetze:
a) Erhaltung der Teilchenzahl der Elektronen

$$\frac{\partial n}{\partial t} + \operatorname{div} \boldsymbol{j} = 0. \tag{56.4}$$

$\boldsymbol{j}$ ist dabei die Teilchenstromdichte.
b) Erhaltung der Energie bei Fehlen äußerer Kräfte

$$\rho \frac{\partial u}{\partial t} + \operatorname{div} \boldsymbol{w} = \boldsymbol{K} \cdot \boldsymbol{j}. \tag{56.5}$$

Hier ist $\boldsymbol{w}$ die u zugeordnete Energiestromdichte. Da $\boldsymbol{j}$ die Teilchenstromdichte ist, muß in der *lokalen Energieerzeugung* (rechte Seite von (56.5)) $\boldsymbol{K}$ die äußere Kraft auf ein Elektron sein.
Beide Gleichungen kann man benutzen, um aus (56.3) einen Erhaltungssatz der Entropie zu formulieren. Da bei den hier betrachteten Prozessen lokal Entropie erzeugt werden kann, ist analog zu (56.5) die rechte Seite der Kontinuitätsgleichung für die Entropie nicht Null. Es wird vielmehr

$$\rho \frac{\partial s}{\partial t} + \operatorname{div} \boldsymbol{w}_s = \Sigma. \tag{56.6}$$

Die hier eingehende Entropiestromdichte $\boldsymbol{w}_s$ definieren wir durch

$$\boldsymbol{w}_s = \frac{1}{T}(\boldsymbol{w} - \zeta \boldsymbol{j}). \tag{56.7}$$

Wir ordnen also ρs und $\boldsymbol{w}_s$ einander zu, so wie u und $\boldsymbol{w}$ bzw. n und $\boldsymbol{j}$ einander zugeordnet sind. Einsetzen von (56.3)–(56.5) und (56.7) in (56.6) liefert dann für die *lokale Entropieerzeugung*

$$\Sigma = \frac{1}{T}\left\{\boldsymbol{j} \cdot \left(\boldsymbol{K} - T \operatorname{grad} \frac{\zeta}{T}\right) + \boldsymbol{w} \cdot \left(-\frac{\operatorname{grad} T}{T}\right)\right\}. \tag{56.8}$$

Äußere Kräfte sind die Lorentz-Kräfte eines elektromagnetischen Feldes: $K = -e(E + (1/c) v \times B)$. Man beachte jedoch, daß in (56.8) wegen des Skalarproduktes $j \cdot K$ und der in K auftretenden Geschwindigkeit v ($\| j$) der magnetische Anteil der Lorentz-Kraft wegfällt. Es bleibt nur $-eE$.

In (56.8) sind die „Flüsse" j (Teilchenstromdichte) und w (Energiestromdichte) mit den „Kräften" (Gradienten des elektrostatischen Potentials, des chemischen Potentials und der Temperatur) gekoppelt. Die Thermodynamik irreversibler Prozesse postuliert nun, daß immer, wenn die lokale Entropieerzeugung als eine Summe von Produkten aus „Flüssen" und „Kräften" dargestellt wird, diese Flüsse und Kräfte linear miteinander gekoppelt sind:

$$j = L_{11}\left(K - T \operatorname{grad} \frac{\zeta}{T}\right) + L_{12}\left(-\frac{\operatorname{grad} T}{T}\right),$$
$$w = L_{21}\left(K - T \operatorname{grad} \frac{\zeta}{T}\right) + L_{22}\left(-\frac{\operatorname{grad} T}{T}\right). \tag{56.9}$$

Die L_{ik} sind unter isotropen Verhältnissen Skalare. Wird durch ein Magnetfeld eine Vorzugsrichtung gegeben oder ist der betrachtete Festkörper anisotrop, so werden die L_{ik} Tensoren. Allgemein gilt:

$$L_{ik}(B) = \overline{L}_{ki}(-B) \quad \textit{(Onsager-Beziehungen)}. \tag{56.10}$$

$\overline{L}$ ist hier der zu L transponierte Tensor.

Diese Gleichungen können erweitert werden auf den Fall verschiedener Arten von Ladungsträgern, etwa Elektronen und Löcher in Halbleitern. Dann ist in (56.3) das Glied ζn durch eine Summe über die chemischen Potentiale der Ladungsträgersorten mal deren Konzentration zu ersetzen. Entsprechende Umformungen sind in den folgenden Gleichungen durchzuführen. Es existieren dann bei n Teilchensorten $n+1$ Transportgleichungen mit $n+1$ Gliedern. Die L_{ik} bilden eine $(n+1) \times (n+1)$-Matrix. In anisotropen Festkörpern sind die L_{ik} selbst Tensoren. Wir erhalten $3(n+1)$ Transportgleichungen mit entsprechend vielen Gliedern. In allen diesen Fällen gelten die Onsager-Beziehungen ebenfalls.

Das Gleichungssystem (56.9) stellt nicht die einzige Möglichkeit dar, die Transportgleichungen zu formulieren. Es lassen sich durch Kombination von Gleichungen andere Flüsse einführen, oder es kann durch Umformung der Gleichungen auf andere Kräfte übergegangen werden. Wählt man Flüsse und Kräfte so, daß die lokale Entropieerzeugung eine Summe über Produkte der neuen Flüsse und Kräfte bleibt, so bleibt auch die durch die Onsager-Beziehungen gegebene Symmetrie der Transportgleichungen erhalten.

Fragen wir zunächst danach, welche anderen Flüsse von Interesse sind. Aus (56.8) lassen sich dann leicht die zugehörigen Kräfte angeben.

Der Übergang von der Teilchenstromdichte auf die elektrische Stromdichte durch Multiplikation von j mit $-e$ ist trivial. Dagegen ist die Definition der Energiestromdichte nicht eindeutig. In den bisherigen Gleichungen ist w die der inneren Energie u zugeordnete Stromdichte. Sie enthält nicht den Beitrag der äußeren

Kräfte, in unserem Fall also nicht die elektrostatische Energie. Definieren wir als *Gesamtenergiedichte* $\rho u_{ges} = \rho u - e n \varphi$, so ist dieser die Energiestromdichte

$$w_{ges} = w - e j \varphi \qquad (56.11)$$

zugeordnet. Dazu gehört die Kontinuitätsgleichung:

$$\rho \frac{\partial u_{ges}}{\partial t} + \text{div } w_{ges} = -e E \cdot j - e \varphi \frac{\partial n}{\partial t} - \text{div}(e j \varphi). \qquad (56.12)$$

Wegen (56.4) und $E = -\text{grad } \varphi$ verschwindet die rechte Seite dieser Gleichung. Sie stellt also den Erhaltungssatz der Gesamtenergie dar.

Mit w_{ges} erhält (56.8) die Form (wir wandeln gleichzeitig die Teilchenstromdichte in die elektrische Stromdichte um):

$$\Sigma = i \cdot \text{grad } \frac{\eta}{eT} + w_{ges} \cdot \text{grad } \frac{1}{T}, \qquad (56.13)$$

wo jetzt wieder das elektrochemische Potential $\eta = \zeta - e\varphi$ eingeführt wurde.

Von dieser Form können wir leicht auf ein weiteres System übergehen, in dem nur noch die Gradienten des elektrochemischen Potentials und der Temperatur als treibende Kräfte stehen. Dazu definieren wir analog zur thermodynamischen Beziehung $ds = dq/T$ die *Wärmestromdichte* w_q durch $w_s = w_q/T$. Dann wird (56.8)

$$\Sigma = \frac{1}{T} \left\{ i \cdot \text{grad } \frac{\eta}{e} + w_q \cdot \left(-\frac{\text{grad } T}{T} \right) \right\}. \qquad (56.14)$$

Hierzu gehören die Transportgleichungen

$$i = N_{11} \text{ grad } \frac{\eta}{e} + N_{12} \left(-\frac{\text{grad } T}{T} \right),$$

$$w_q = N_{21} \text{ grad } \frac{\eta}{e} + N_{22} \left(-\frac{\text{grad } T}{T} \right) \qquad (56.15)$$

mit Koeffizienten (Tensoren) N_{ik}, für die wieder die Onsager-Beziehungen gelten. Damit haben wir die elektrische Stromdichte i und die Wärmestromdichte w_q mit den am Anfang dieses Abschnittes genannten treibenden Kräften verknüpft.

Gleichungen der Form (56.15) lassen sich leicht aus (55.1) und (55.2) gewinnen, wenn man die gestörte Verteilungsfunktion der Relaxationszeit-Näherung (53.13) einsetzt. Trennt man in den Integralen (55.1) und (55.2) f auf in f_0 und δf, so verschwindet offensichtlich der Beitrag von f_0, da die Stromdichten im Gleichgewicht Null sind. δf hat nach (52.14) und (53.13) die Form einer Summe von Gliedern der Form

$$-\frac{\partial f_0}{\partial E} g(E) v \cdot A, \qquad (56.16)$$

wo A einer der Vektoren grad η, grad T, $B \times$ grad η, $B \times$ grad T, $B(B \cdot \text{grad } \eta)$ oder $B(B \cdot \text{grad } T)$ ist. Wir erhalten also Integrale der Art

$$\int g v(v \cdot A)\left(-\frac{\partial f_0}{\partial E}\right) z(k) d\tau_k. \tag{56.17}$$

In *isotropen* Festkörpern, d.h. wenn $v = (1/\hbar) \text{grad}_k E$ richtungsunabhängig ist, kann im Integral über die Richtung von v gemittelt werden. Das ergibt anstelle von $v(v \cdot A)$ im Integranden $(v^2/3)A$, also

$$\int g \frac{v^2}{3}\left(-\frac{\partial f_0}{\partial E}\right) z(k) d\tau_k A. \tag{56.18}$$

Wir erhalten damit für i die allgemeine Form

$$\begin{aligned}
i &= \alpha_{11} \text{grad}\frac{\eta}{e} + \alpha_{12} \text{grad } T + \beta_{11} B \times \text{grad}\frac{\eta}{e} + \beta_{12} B \times \text{grad } T \\
&\quad + \gamma_{11} B\left(B \cdot \text{grad}\frac{\eta}{e}\right) + \gamma_{12} B(B \cdot \text{grad } T) \\
&= [\alpha_{11} + \beta_{11} B \times + \gamma_{11} BB\cdot] \text{grad}\frac{\eta}{e} \\
&\quad + [\alpha_{12} + \beta_{12} B \times + \gamma_{12} BB\cdot] \text{grad } T
\end{aligned} \tag{56.19}$$

und eine entsprechende Gleichung für $w_q = w + (\zeta/e)i$. Die Koeffizienten α_{ik}, β_{ik}, γ_{ik} sind noch magnetfeldabhängig. (56.19) hat genau die Form der ersten Gleichung (56.15). Die eckigen Klammern können mit den N_{ik} identifiziert werden. Für $B = 0$ sind sie Skalare, für $B \neq 0$ Tensoren. Dabei ist die in den eckigen Klammern angegebene Form die allgemeinste tensorielle Beziehung zwischen zwei Vektoren a und b bei einer festen Vorzugsrichtung c, nämlich die Darstellung von b durch drei nichtkomplanare Vektoren in Richtung von b, von c und senkrecht zu beiden. Die allgemeine Form der Gl. (56.19) ist also nicht an die benutzte Relaxationszeit-Näherung gebunden.

Aus (56.17) folgt schließlich, daß in nicht-isotropen Medien die bei den Vektoren A stehenden Koeffizienten stets Tensoren sind.

57. Die Transportkoeffizienten (ohne Magnetfeld)

Die in Gl. (56.15) auftretenden N_{ik} lassen sich mit experimentell leicht zugänglichen Parametern in Beziehung setzen. Dazu formt man zweckmäßig (56.15) in zwei Gleichungen für $\text{grad}(\eta/e)$ und w_q um:

$$\begin{aligned}
\text{grad }\frac{\eta}{e} &= \frac{1}{\sigma} i + \varepsilon \text{ grad } T, \\
w_q &= \Pi i - \kappa \text{ grad } T
\end{aligned} \tag{57.1}$$

mit

$$\sigma = N_{11}, \quad \varepsilon = \frac{N_{12}}{TN_{22}},$$

$$\kappa = \frac{N_{11}N_{22} - N_{12}N_{21}}{N_{22}}, \quad \Pi = \frac{N_{21}}{N_{22}}. \tag{57.2}$$

In dieser Form können wir die Koeffizienten σ, ε, Π und κ mit experimentellen Parametern, die bei konstanter Temperatur bzw. im stromlosen Fall gemessen werden, vergleichen.

Für $grad\ T = 0$ liefert die erste Gleichung (57.1)

$$\mathrm{grad}\,\frac{\eta}{e} = \frac{1}{\sigma}\,i\,. \tag{57.3}$$

Im homogenen Festkörper ist $\mathrm{grad}(\eta/e) = \mathrm{grad}(\zeta/e - \varphi)$ identisch mit dem elektrischen Feld $E = -\mathrm{grad}\,\varphi$, da das chemische Potential dann ortsunabhängig ist. σ ist in diesem Fall der Proportionalitätsfaktor zwischen i und E, also die *spezifische elektrische Leitfähigkeit*.
Die zweite Gleichung (57.1) wird für $\mathrm{grad}\,T = 0$

$$w_q = \Pi i\,. \tag{57.4}$$

Der elektrische Strom trägt also Energie mit sich, deren „Wärmeanteil" w_q proportional zu i ist mit dem Proportionalitätsfaktor Π. Wegen $w_q = T w_s$ läßt sich diese Aussage umformulieren in: Π/T ist der Proportionalitätsfaktor zwischen dem elektrischen Strom im isothermischen Leiter und dem ihn begleitenden Entropiestrom.

Nun ist ein Energiestrom nicht direkt beobachtbar, sondern nur seine Divergenz, eine lokale Wärmetönung. Wir müssen also die lokale Wärmeproduktion betrachten, um den Zusammenhang zwischen Π und meßbaren Größen zu erhalten. Dazu gehen wir aus von Gl. (56.5)

$$\rho\frac{\partial u}{\partial t} = -\mathrm{div}\,w - eE \cdot j = -\mathrm{div}\,w_q - \mathrm{div}(\zeta j) + i \cdot E$$

$$= i \cdot E - \mathrm{div}(\Pi i) + \mathrm{div}\left(\frac{\zeta}{e}i\right) = i \cdot \mathrm{grad}\,\frac{\eta}{e} - i \cdot \mathrm{grad}\,\Pi \tag{57.5}$$

$$= \frac{i^2}{\sigma} - i \cdot \mathrm{grad}\,\Pi\,.$$

Das erste Glied rechts ist die Joulesche Wärme, das zweite eine zusätzliche Wärmetönung, die bei ortsabhängigem Koeffizienten auftritt. In homogenem Material ist Π konstant. An den Kontaktstellen zweier Medien springt Π als Materialkonstante. Es tritt also an einem Kontakt eine Erwärmung (oder Abkühlung) auf, wenn er von einem Strom durchflossen wird *(Peltier-Effekt)*. Diese folgt durch Integration der Gl. (57.5) von einem Punkt im Leiter A dicht vor dem Kontakt bis zu einem Punkt im Leiter B dicht hinter dem Kontakt zu:

$$-\int_A^B \boldsymbol{i} \cdot \operatorname{grad} \Pi \, ds = i(\Pi_A - \Pi_B). \tag{57.6}$$

Die Π_A und Π_B heißen *Peltier-Koeffizienten* des Materials A bzw. B. Man beachte, daß der Peltier-Effekt nicht an Kontakte gebunden ist, sondern in inhomogenen Leitern auch als Volumeneffekt auftreten kann.
Für $\operatorname{grad} T \neq 0$, aber $\boldsymbol{i} = 0$ lautet (57.1)

$$\operatorname{grad} \frac{\eta}{e} = \varepsilon \operatorname{grad} T, \quad w_q = -\kappa \operatorname{grad} T. \tag{57.7}$$

Hier ergibt sich der Koeffizient κ direkt als *spezifische Wärmeleitfähigkeit*.
Der Koeffizient ε ist erklärt als Proportionalitätsfaktor zwischen einem Temperaturgradienten und einem im stromlosen Fall durch ihn hervorgerufenen Gradienten des elektrochemischen Potentials (also einer auftretenden Spannung neben einem Gradienten des chemischen Potentials). Auch hier ist es bequem, einen Leiterkreis mit Kontaktstellen zu betrachten. Wir wählen speziell zwei Leiter A und B aus verschiedenem Material und trennen den von ihnen gebildeten Stromkreis im Leiter B auf (Abb. 61). Die beiden Kontakte seien auf den Temperaturen T_1 und T_2 gehalten. Dann entsteht an der offenen Stelle dieses „Thermoelementes" eine Spannung *(Thermospannung)*, die sich aus (57.7) durch Integration längs des Kreises berechnet:

$$\oint \operatorname{grad} \frac{\eta}{e} \cdot ds = \frac{1}{e} \delta \eta = \oint \varepsilon \operatorname{grad} T \cdot ds$$

$$= \oint \varepsilon dT = \int_{T_1}^{T_2} \varepsilon_A dT + \int_{T_2}^{T_1} \varepsilon_B dT = \int_{T_1}^{T_2} (\varepsilon_A - \varepsilon_B) dT. \tag{57.8}$$

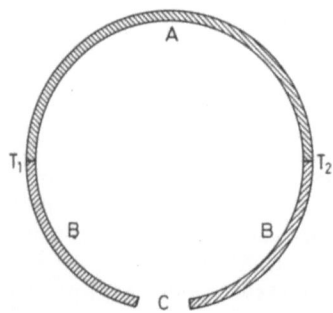

Abb. 61. Thermoelement aus zwei Materialien A und B mit verschiedenen Werten des Koeffizienten ε

Die Differenz des elektrochemischen Potentials $\delta\eta$ bei C ist $\delta\zeta - e\delta\varphi$. Nun ist $\delta\zeta = 0$, da beide Enden des Thermoelements aus dem gleichen Material bestehen. Es bleibt also aus (57.8)

$$-\delta\varphi = \int_{T_1}^{T_2} (\varepsilon_A - \varepsilon_B) dT. \tag{57.9}$$

Für den differentiellen Temperaturunterschied $T_2 - T_1 = \delta T$ wird $\varepsilon_A - \varepsilon_B$ direkt der Proportionalitätsfaktor zwischen $\delta\varphi$ und δT. Die ε werden deshalb als absolute *differentielle Thermospannungen* bezeichnet.

Wie beim Peltier-Effekt können Thermospannungen auch als Volumeneffekt in inhomogenen Leitern auftreten. Das Auftreten einer Thermospannung wird häufig als *Seebeck-Effekt* bezeichnet.

Weitere mögliche Transportkoeffizienten sind die Proportionalitätsfaktoren zwischen w_q und $\mathrm{grad}(\eta/e)$ (Thomsonscher Wärmestrom-Koeffizient) und zwischen E und $\mathrm{grad}\,T$ (Thomsonscher Potentialgradient). Beide sind nur von untergeordneter Bedeutung. Dagegen ist wichtig der Thomsonsche Energie-Koeffizient μ_E *(Thomson-Koeffizient)*. Für $\mathrm{grad}\,T \neq 0$ und $i \neq 0$ erhält man aus (56.5) anstelle von (57.5):

$$\rho \frac{\partial u}{\partial t} = i \cdot \mathrm{grad}\,\frac{\eta}{e} - \mathrm{div}\,w_q$$
$$= \frac{i^2}{\sigma} + \varepsilon i \cdot \mathrm{grad}\,T - \mathrm{div}(\Pi i) + \mathrm{div}(\kappa\,\mathrm{grad}\,T) \tag{57.10}$$

und für einen homogenen Leiter $(\Pi = \Pi(T))$

$$\rho \frac{\partial u}{\partial t} = \frac{i^2}{\sigma} + \mathrm{div}(\kappa\,\mathrm{grad}\,T) - \mu_E i \cdot \mathrm{grad}\,T \tag{57.11}$$

mit $\mu_E = (\partial \Pi/\partial T) - \varepsilon$.

In (57.10) beschreibt das erste Glied die Joulesche Wärme, das zweite Glied rechts die durch Wärmeleitung in ein Volumen gebrachte Wärme und das dritte Glied eine Wärmetönung, die nur bei gleichzeitigem Auftreten von Strömen und Temperaturgradienten zusätzlich produziert wird *(Thomson-Wärme)*.

Aus (57.2) erkennt man, daß die Koeffizienten ε und Π durch die Onsager-Beziehungen gekoppelt sind. Es gilt

$$\Pi = \varepsilon T, \tag{57.12}$$

und aus (57.11) folgt noch

$$\mu_E = T \frac{\partial \varepsilon}{\partial T}. \tag{57.13}$$

(57.12) und (57.13) bezeichnet man als *Thomson-Beziehungen*.

58. Die Transportkoeffizienten (mit Magnetfeld)

Bei Vorhandensein eines Magnetfeldes besteht auch im homogenen isotropen Festkörper eine Vorzugsrichtung. Die Koeffizienten N_{ik} in den Transportgleichungen (56.15) werden also Tensoren. Da wegen der Homogenität des Mediums grad(η/e) gleich dem elektrischen Feld ist, können wir (56.15) nach (56.19) in folgender allgemeiner Form schreiben:

$$i = \alpha_{11} E + \beta_{11} B \times E + \gamma_{11} B(B \cdot E) + \alpha_{12} \operatorname{grad} T + \beta_{12} B \times \operatorname{grad} T$$
$$+ \gamma_{12} B(B \cdot \operatorname{grad} T),$$
$$w_q = \alpha_{21} E + \beta_{21} B \times E + \gamma_{21} B(B \cdot E) + \alpha_{22} \operatorname{grad} T + \beta_{22} B \times \operatorname{grad} T \quad (58.1)$$
$$+ \gamma_{22} B(B \cdot \operatorname{grad} T) \quad \text{mit magnetfeldabhängigen} \quad \alpha_{ik}, \beta_{ik}, \gamma_{ik}.$$

Diese Gleichung gestattet die Beschreibung zahlreicher wichtiger Effekte, die neben den im vorigen Abschnitt diskutierten *thermoelektrischen Effekten* von Bedeutung sind. Man unterscheidet hier die *galvanomagnetischen* und die *thermomagnetischen Effekte*. Bei den erstgenannten ist neben dem Magnetfeld primär ein elektrisches Feld vorhanden, bei den zweitgenannten primär ein Temperaturgradient. Mit „primär" sei hier gemeint, daß durch die kombinierte Wirkung des Magnetfeldes und des elektrischen Feldes bzw. Temperaturgradienten „sekundär" anders gerichtete Zusatzfelder bzw. -gradienten entstehen können.

Zur Vereinfachung der Diskussion beschränken wir uns hier auf den Fall, daß Magnetfeld und primäres Feld senkrecht aufeinander stehen *(transversale Effekte)*. Sind beide Felder parallel, so übt im homogenen isotropen Körper das Magnetfeld keine Wirkung auf die Ladungsträger aus. Die in B linearen Glieder in (58.1) verschwinden; die in B quadratischen Glieder kompensieren – wie wir später explizit sehen werden – gerade die magnetfeldabhängigen Anteile der B-freien Glieder. Wir finden also in diesem einfachen Fall keine *longitudinalen Effekte*. Für die transversalen Effekte wollen wir weiter vereinbaren, daß das Magnetfeld in z-Richtung eines kartesischen Koordinatensystems und das primäre Feld in x-Richtung liege. Dies bedeutet, daß in (58.1) B nur eine z-Komponente hat, während E und grad T keine z-Komponente haben sollen. Eine y-Komponente müssen wir E und grad T jedoch zuschreiben, da durch die Wirkung der Lorentz-Kraft diese Komponenten sekundär auftreten können. Gl. (58.1) lautet dann

$$i_x = \alpha_{11} E_x - \beta_{11} B_z E_y + \alpha_{12} \frac{\partial T}{\partial x} - \beta_{12} B_z \frac{\partial T}{\partial y},$$

$$i_y = \alpha_{11} E_y + \beta_{11} B_z E_x + \alpha_{12} \frac{\partial T}{\partial y} + \beta_{12} B_z \frac{\partial T}{\partial x}, \quad (58.2)$$

$$i_z = 0$$

und entsprechend für die w_{qi}.

Die Festlegung der x-Richtung für die primären Felder bedeutet, daß ohne Magnetfeld auch der elektrische Strom und der Wärmestrom in x-Richtung fließen. Mit Magnetfeld wirkt die Kraft auf die Ladungsträger nicht mehr in x-Richtung, die Lorentz-Kraft besitzt vielmehr eine Komponente senkrecht zur z-Richtung und zur Bewegungsrichtung der Ladungsträger. Dadurch wird im unbeschränkten Medium die Stromrichtung gedreht. Die (mittlere) Bewegungsrichtung der Elektronen schließt mit ihrer ursprünglichen Richtung einen Winkel ϑ, den *Hall-Winkel* ein.

Dieses Bild wollen wir jedoch für die folgende Diskussion nicht benutzen. Die experimentellen Gegebenheiten legen es vielmehr nahe, davon auszugehen, daß durch die *geometrische Form* des Präparates die Stromrichtung erhalten bleiben soll. Wir nehmen also an, die zu untersuchenden Präparate seien lange dünne Stäbe. Dann muß die ablenkende Kraft des Magnetfeldes durch eine Gegenkraft kompensiert werden. Ohne auf den physikalischen Hintergrund an dieser Stelle eingehen zu wollen, genügt ein Blick auf Gl. (58.2): Für $\boldsymbol{E}=(E_x,0,0)$ liefern diese Gleichungen eine Stromkomponente in y-Richtung (Term mit E_x in der zweiten Gleichung (58.2)). Setzt man dagegen $i_y=0$, so läßt sich die zweite Gleichung (58.2) (bei konstanter Temperatur) nur erfüllen, wenn man $E_y \neq 0$ zuläßt. Diese sekundäre Querfeldstärke hat man dann in die erste Gleichung (58.2) einzusetzen, um den Strom i_x als Funktion der primären Feldstärke E_x zu erhalten.

Gl. (58.2) zeigt weiter, daß ein primäres Feld E_x auch sekundär einen Temperaturgradienten in y-Richtung erzeugen kann und daß sekundäre elektrische Felder und Temperaturgradienten auch durch primäre Temperaturgradienten erzeugt werden können. Dieses Auftreten von Potential- und Temperaturgradienten senkrecht zum Strom und zum Magnetfeld faßt man unter dem Sammelbegriff der (galvanomagnetischen und thermomagnetischen) Transversaleffekte (im transversalen Magnetfeld) zusammen. Die Rückwirkung dieser Transversaleffekte auf die primären Gradienten geben Anlaß zu den Longitudinaleffekten (im transversalen Magnetfeld).

Bevor wir alle diese Effekte entwickeln, muß noch auf folgendes hingewiesen werden. Durch die geometrische Form verbieten wir zwar von der x-Richtung abweichende elektrische Ströme, da das Präparat in y-Richtung freie Oberflächen haben soll. Wir können aber gleichzeitig erzeugte transversale Wärmeströme aus der Oberfläche abführen oder durch adiabatischen Abschluß eine Abführung verhindern. Im ersten Fall bleibt die Temperatur in y-Richtung konstant *(isothermer Fall)*. Im zweiten Fall stellt sich durch den Wärmestrom ein Temperaturgradient ein, der einen entgegenfließenden Wärmestrom erzeugt und dadurch im stationären Zustand einen weiteren Wärmefluß verhindert *(adiabatischer Fall)*.

Wie in Gl. (57.1) formen wir zunächst das Gleichungssystem (58.2) um in Gleichungen, in denen die gesuchten Größen als Funktion der experimentell leicht zugänglichen Größen i_x und $\partial T/\partial x$ erscheinen.

Für den *isothermen Fall* ($\partial T/\partial y=0$ neben $i_y=0$) findet man

$$E_x = \frac{D_0}{D_2} i_x + \frac{D_5}{D_2} \frac{\partial T}{\partial x},$$

$$E_y = -\frac{D_1}{D_2} i_x - \frac{D_6}{D_2} \frac{\partial T}{\partial x}, \qquad (58.3)$$

$$w_{qx} = -\frac{D_3}{D_2} i_x + \frac{D_7}{D_2} \frac{\partial T}{\partial x}.$$

Für den *adiabatischen Fall* ($w_{qy}=0$ neben $i_y=0$) folgt

$$E_x = \frac{D_0}{D_2}\left(1 - \frac{D_4 D_6}{D_0 D_7}\right) i_x + \frac{D_5}{D_2}\left(1 + \frac{D_6 D_8}{D_5 D_7}\right)\frac{\partial T}{\partial x},$$

$$E_y = -\frac{D_1}{D_2}\left(1 + \frac{D_4 D_5}{D_2 D_7}\right) i_x - \frac{D_6}{D_2}\left(1 - \frac{D_5 D_8}{D_6 D_7}\right)\frac{\partial T}{\partial x},$$

$$w_{qx} = -\frac{D_3}{D_2}\left(1 + \frac{D_4 D_8}{D_3 D_7}\right) i_x + \frac{D_7}{D_2}\left(1 + \left(\frac{D_8}{D_7}\right)^2\right)\frac{\partial T}{\partial x}, \qquad (58.4)$$

$$\frac{\partial T}{\partial x} = -\frac{D_4}{D_7} i_x + \frac{D_8}{D_7} \frac{\partial T}{\partial x},$$

wobei die D_i Abkürzungen für folgende Determinanten sind:

$$D_0 = \alpha_{11}, \qquad\qquad D_1 = \beta_{11} B_z,$$

$$D_2 = \begin{vmatrix} \alpha_{11} & -\beta_{11} B_z \\ \beta_{11} B_z & \alpha_{11} \end{vmatrix}, \qquad D_3 = \begin{vmatrix} \beta_{11} B_z & \alpha_{11} \\ -\alpha_{21} & \beta_{21} B_z \end{vmatrix}. \qquad (58.5)$$

$$D_4 = \begin{vmatrix} \alpha_{21} & \alpha_{11} \\ \beta_{21} B_z & \beta_{11} B_z \end{vmatrix}, \quad D_5 = \begin{vmatrix} -\beta_{11} B_z & \alpha_{12} \\ \alpha_{11} & \beta_{12} B_z \end{vmatrix}, \quad D_6 = \begin{vmatrix} \alpha_{11} & \alpha_{12} \\ \beta_{11} B_z & \beta_{12} B_z \end{vmatrix},$$

$$D_7 = \begin{vmatrix} \alpha_{11} & -\beta_{11} B_z & \alpha_{12} \\ \beta_{11} B_z & \alpha_{11} & \beta_{12} B_z \\ -\alpha_{21} & \beta_{21} B_z & -\alpha_{22} \end{vmatrix}, \quad D_8 = \begin{vmatrix} \alpha_{11} & -\beta_{11} B_z & \alpha_{12} \\ \beta_{11} B_z & \alpha_{11} & \beta_{12} B_z \\ \beta_{21} B_z & \alpha_{21} & \beta_{22} B_z \end{vmatrix}.$$

Die Gleichungen (58.3) und (58.4) enthalten 14 Koeffizienten. In den ersten Gleichungen beider Systeme für die x-Komponente der elektrischen Feldstärke identifizieren wir die Faktoren bei i_x und $\partial T/\partial x$ als die reziproke spezifische *Leitfähigkeit im Magnetfeld* und den Thomsonschen Potentialgradienten im Magnetfeld. Letzterer ist bis auf einen im homogenen Magnetfeld verschwindenden ζ-Anteil die *Thermokraft im Magnetfeld*. Entsprechend geben die beiden Koeffizienten in den Gleichungen für w_{qx} den *Peltier-Koeffizienten im Magnetfeld* bzw. den negativen *Koeffizienten der Wärmeleitfähigkeit im Magnetfeld*.
Die verbleibenden sechs Koeffizienten beschreiben die Transversaleffekte. Als

Folge eines elektrischen Stromes oder eines Temperaturgradienten treten im transversalen Magnetfeld Querspannungen auf und (im adiabatischen Fall) Quergradienten der Temperatur.

Das Auftreten einer Spannung senkrecht zum elektrischen Strom und zum Magnetfeld bezeichnet man als *Hall-Effekt*. Der zugehörige Koeffizient ist der

$$\text{Hall-Koeffizient} \quad R = \frac{E_y}{i_x B_z}. \tag{58.6}$$

Zu unterscheiden ist zwischen dem isothermen und dem adiabatischen Hall-Koeffizienten.

Das Auftreten einer Spannung senkrecht zu einem Temperaturgradienten und zu einem Magnetfeld bezeichnet man als *Nernst-Effekt*. Der zugehörige Koeffizient isr der

$$\text{Nernst-Koeffizient} \quad Q = \frac{E_y}{B_z \dfrac{\partial T}{\partial x}}. \tag{58.7}$$

Auch hier ist zwischen einem isothermen und einem adiabatischen Koeffizienten zu unterscheiden.

Das Auftreten eines Temperaturgradienten senkrecht zu einem Magnetfeld und einem elektrischen Strom bzw. Temperaturgradienten bezeichnet man als *Ettingshausen-Effekt* bzw. als *Righi-Leduc-Effekt*. Die zugehörigen Koeffizienten sind der

$$\text{Ettingshausen-Koeffizient} \quad P = \frac{\dfrac{\partial T}{\partial y}}{i_x B_z} \tag{58.8}$$

und der

$$\text{Righi-Leduc-Koeffizient} \quad S = \frac{\dfrac{\partial T}{\partial y}}{\dfrac{\partial T}{\partial x} B_z}. \tag{58.9}$$

In dieser Form werden die galvanomagnetischen und thermomagnetischen Koeffizienten in der Literatur meist angegeben. Es sei aber betont, daß sie bereits durch die Beschränkung auf homogene Festkörper eine spezielle Form erhalten haben.

Zwischen diesen vierzehn Koeffizienten bestehen offensichtlich eine Reihe von Beziehungen, da alle durch neun Parameter D_i beschrieben werden. Es ist z. B. möglich, die adiabatischen Koeffizienten durch die isothermen auszudrücken. Dazu muß man allerdings das Gleichungssystem (58.3) durch die dort fehlende Gleichung für w_{qy} ergänzen und die dort auftretenden zwei weiteren isothermen Transportkoeffizienten hinzunehmen. Da diese aber keine wesentliche physikalische Bedeutung haben, nimmt man neben den sechs isothermen Koeffizienten noch den Ettingshausen- und den Righi-Leduc-Koeffizienten hinzu und drückt die restlichen sechs adiabatischen Koeffzienten durch diese aus. Die Differenz zwischen der adiabatischen und der isothermen reziproken Leitfähigkeit wird dann z. B.

$$\sigma_{Ba}^{-1} - \sigma_{Bi}^{-1} = -PQ_i B_z. \tag{58.10}$$

Adiabatische und isotherme spezifische Wärmeleitfähigkeit sind gekoppelt durch

$$\kappa_{Ba} - \kappa_{Bi} = \kappa_{Bi} S^2 B_z. \tag{58.11}$$

Die weiteren Beziehungen lassen sich leicht aus den Gleichungen (58.3) und (58.4) ableiten.
Die Onsager-Beziehungen führen zu weiteren Verknüpfungen. Wir erwähnen hier nur, daß durch sie die Determinanten D_6 und D_4 verknüpft sind: $D_6 = -D_4/T$. Dies führt zu der sog. Bridgman-Beziehung

$$P = \frac{Q_i T}{\kappa_{Bi}}. \tag{58.12}$$

D. Transportphänomene

59. Einführung

In den ersten drei Teilen dieses Kapitels wurden alle Hilfsmittel zur Berechnung aller Transportkoeffizienten bereitgestellt. Wir werden in den folgenden Abschnitten nur einige Beispiele bringen. Für eine systematische Diskussion verweisen wir speziell auf die Bücher von Smith, Janak und Adler [105], von Blatt [104] und Ziman [20] und einen Übersichtsartikel von Blatt in [57.4]. Ferner sei der Beitrag von Garcia Moliner in [56] erwähnt. Speziell für *Halbleiter* findet man eine eng an die Darstellung dieses Kapitels anschließende Diskussion aller Transporterscheinungen in dem in dieser Reihe erschienenen Taschenbuch [95].
In Abschnitt 60 behandeln wir die spezifische elektrische Leitfähigkeit von Metallen. Wir berechnen diesen Transportkoeffizienten in verschiedenen Näherungen und vergleichen die Ergebnisse mit dem Experiment. Wir werden dabei finden, daß wir unter bestimmten Voraussetzungen die Relaxationszeit-Näherung benutzen können. Weitere Transportphänomene behandeln wir in Abschnitt 61. Wir beschränken uns dabei auf eine Diskussion des Wiedemann-Franzschen Gesetzes und der Widerstandsänderung im Magnetfeld. Abschnitt 62 schließlich gibt einen zusammenfassenden Überblick über Erweiterungsmöglichkeiten der hier benutzten Näherungen.

60. Die elektrische Leitfähigkeit

Die elektrische Leitfähigkeit σ ist der Proportionalitätsfaktor zwischen einem elektrischen Feld E und der durch dieses Feld in einem Festkörper erzeugten

Stromdichte i. Eine Theorie der Leitfähigkeit hat vor allem die folgenden Erfahrungstatsachen zu deuten:

1. In den meisten Festkörpern ist bei nicht zu hohen Feldstärken σ feldunabhängig. Stromdichte und Feld sind also linear miteinander verknüpft *(Ohmsches Gesetz)*.
2. Verschiedene Festkörper können eine extrem unterschiedliche Leitfähigkeit besitzen. Während in der Gruppe der Metalle σ größenordnungsmäßig den Wert $10^6\,(\Omega\,\text{cm})^{-1}$ besitzt, überstreicht die Leitfähigkeit verschiedener Halbleiter einen Bereich von 15 bis 20 Zehnerpotenzen unterhalb des genannten Wertes.
3. Zwischen der elektrischen Leitfähigkeit und der thermischen Leitfähigkeit vieler Metalle besteht eine lineare Beziehung $\kappa/\sigma T = \text{const}$ *(Wiedemann-Franzsches Gesetz)*.
4. Die Temperaturabhängigkeit der elektrischen Leitfähigkeit ist für Metalle und Halbleiter kraß verschieden. Für Metalle ist σ in einem weiten Temperaturbereich proportional T^{-1}. Bei tiefen Temperaturen zeigen einfache Metalle eine T^{-5}-Abhängigkeit der Leitfähigkeit. In Halbleitern ändert sich die Leitfähigkeit proportional zu $\exp(-\alpha/T)$. Dieses Temperaturverhalten bezieht sich auf störungsfreie Proben, bei denen die Elektron-Phonon-Wechselwirkung der begrenzende Streumechanismus ist. In Proben mit Gitterstörungen kommt ein zusätzlicher Streumechanismus hinzu, der (bei Halbleitern im gesamten Temperaturbereich, bei Metallen nur bei sehr tiefen Temperaturen) zu einem anderen Temperaturverhalten führt.

Die elektrische Stromdichte kann als Produkt der Ladung eines Elektrons, dessen mittlerer Geschwindigkeit und der Elektronenkonzentration geschrieben werden. Definiert man noch die mittlere Geschwindigkeit des Elektrons in einem Feld von 1 V/cm als seine *Beweglichkeit* μ, so läßt sich σ auch als Produkt $\sigma = en\mu$ schreiben. Der Einfluß der Elektron-Phonon-Wechselwirkung steckt dann allein in μ, während die Statistik des Bändermodells die Elektronenkonzentration und ihre Temperaturabhängigkeit bestimmt. Damit können wir schon einen Teil der oben angeschnittenen Fragen beantworten oder zumindest genauer definieren.

Das Ohmsche Gesetz fordert eine Feldunabhängigkeit der Elektronenkonzentration und der Beweglichkeit. Erstere ist sicher bei nicht zu hohen Feldstärken im homogenen Festkörper gegeben. Die Feldunabhängigkeit der Beweglichkeit muß dagegen noch untersucht werden.

Der Unterschied zwischen Metallen und Halbleitern folgt allein aus der Temperaturabhängigkeit der Elektronenkonzentration. Die Zahl der Valenzelektronen, die in einem Metall an der Elektrizitätsleitung teilnehmen, ist praktisch temperaturunabhängig. Bei Halbleitern ändert sich jedoch die Konzentration der Elektronen im Leitungsband durch Übergänge zwischen Valenz- und Leitungsband stark. Man kann leicht zeigen, daß die Zahl der Elektron-Loch-Paare in einem Halbleiter proportional zu $\exp(-E_G/2k_B T)$ ist. Die Temperaturabhängigkeit der Beweglichkeit ist im allgemeinen durch ein Potenzgesetz gegeben, ist also

schwach gegen die exponentielle Temperaturabhängigkeit der Elektronenkonzentration.
Die erste klassische Theorie der Leitfähigkeit stammt von Drude. Das Verhalten aller Elektronen im elektrischen Feld wird als gleich angenommen. Die Wechselwirkung mit dem Gitter besteht aus Stoßprozessen, bei denen Energie und Impuls ausgetauscht werden. Zwischen zwei Stoßprozessen wird ein Elektron frei vom äußeren Feld beschleunigt. Das Wechselspiel zwischen Beschleunigung und Stößen führt zu einer konstanten mittleren Geschwindigkeit, die sich linear mit dem elektrischen Feld ändert (Ohmsches Gesetz). Auch das Wiedemann-Franzsche Gesetz folgt zwanglos. Über die Temperaturabhängigkeit der Elektronenkonzentration kann nichts ausgesagt werden. Die Temperaturabhängigkeit der Beweglichkeit läßt sich ebenfalls nicht angeben oder wird bei einfachen Annahmen über die T-Abhängigkeit der eingehenden Parameter falsch wiedergegeben. Daran ändern auch spätere Verbesserungen durch Hinzunahme der Geschwindigkeitsverteilung der Elektronen (Lorentz) und Hinzuziehung der Fermi-Statistik (Sommerfeld) nichts. Trotz einiger eindrucksvoller Erfolge der Drude-Lorentz-Sommerfeldschen Theorie ist als entscheidende Verbesserung das Ersetzen der primitiven Vorstellung der Zusammenstöße von Elektronen mit Gitterionen durch die Elektron-Phonon-Wechselwirkung notwendig. Das notwendige Rüstzeug hierfür haben wir schon in den früheren Abschnitten dieses Kapitels zusammengestellt.
Wir beginnen mit einer Berechnung der elektrischen Leitfähigkeit für die Wechselwirkung der Elektronen mit longitudinalen akustischen Phononen. Zwei Approximationen sollen sogleich gemacht werden: Für das Phononensystem nehmen wir Gleichgewicht an, und wir vernachlässigen Umklapp-Prozesse. Dann ist der Stoßterm der Boltzmann-Gleichung durch (52.10) gegeben, wobei die Übergangswahrscheinlichkeiten aus Gl. (49.14) zu entnehmen sind. In (49.14) setzen wir für die n_q die Bose-Verteilung der Phononen ein. Für die n_k haben wir die (gestörte) Verteilungsfunktion $f(k)$ heranzuziehen. Das in die Übergangswahrscheinlichkeit eingehende Matrixelement ist durch (49.9) gegeben. Man setzt üblicherweise vereinfachend die Fourier-Komponenten V_q als unabhängig von q an. Dies ist notwendig, um die folgenden Integrationen überhaupt durchführen zu können. Solange wir nur die Temperaturabhängigkeit, nicht aber den Absolutwert der Leitfähigkeit berechnen wollen, genügt diese Näherung völlig.
Wir erhalten aus (52.10):

$$\left.\frac{\partial f}{\partial t}\right|_{st} = \frac{C^2}{NM} \sum_q \frac{q^2}{\hbar \omega_q} \{[(n_q+1)(1-f(k))f(k+q) - n_q(1-f(k+q))f(k)]$$

$$\cdot \delta(E(k+q)-E(k)-\hbar\omega_q)$$

$$+ [n_q(1-f(k))f(k+q) - (n_q+1)(1-f(k+q))f(k)] \qquad (60.1)$$

$$\cdot \delta(E(k+q)-E(k)+\hbar\omega_q)\}.$$

Führen wir nach (52.14) die Störung der Verteilungsfunktion ein, ersetzen die Summation über q durch eine Integration und ziehen alle weiteren Konstanten in C zusammen, so wird

$$\left.\frac{\partial f}{\partial t}\right|_{st} = \frac{C}{T} \int \frac{q^2}{\omega_q} n_q [f_0(k)(1-f_0(k+q))\delta(E(k+q)-E(k)-\hbar\omega_q) \\ + f_0(k+q)(1-f_0(k))\delta(E(k+q)-E(k)+\hbar\omega_q)] \\ \cdot \{\delta\Phi(k+q)-\delta\Phi(k)\} d\tau_q. \tag{60.2}$$

Die Integration führen wir unter zwei weiteren einschränkenden Annahmen durch: Für $E(k)$ nehmen wir ein Gesetz $E=\hbar^2 k^2/2m^*$ an. Ferner approximieren wir die Dispersionsbeziehung der Phononen $\omega(q)$ durch eine lineare Abhängigkeit $\omega \sim q$ und ersetzen die Brillouin-Zone durch eine Kugel mit dem Radius q_D (Debyesche Näherung, Abschnitt 32). q_D ist mit der Debye-Frequenz, der Debye-Temperatur und der Fortpflanzungsgeschwindigkeit der longitudinalen Schallwellen verknüpft durch $\hbar\omega_D = \hbar s_l q_D = k_B \Theta_D$. Die Bedingung $0 \leqslant q \leqslant q_D$ läßt sich dann schreiben

$$\hbar\omega_q \leqslant k_B \Theta_D. \tag{60.3}$$

Aus dem Energiesatz $E(k+q)=E(k)\pm\hbar\omega_q$ folgt eine weitere Bedingung für q. Setzt man für $E(k)$ die quadratische Abhängigkeit vom Argument ein, so folgt bei Vernachlässigung von $\hbar\omega_q$ neben den anderen im Energiesatz auftretenden Gliedern: $q \leqslant 2k$, oder

$$\hbar\omega_q \leqslant 2\sqrt{\frac{E}{D}} k_B \Theta_D, \quad D = \frac{\hbar^2 q_D^2}{2m^*}. \tag{60.4}$$

E ist hierbei die Energie der gestreuten Elektronen. In Metallen kommen hierfür die Elektronen in der Nähe der Fermi-Oberfläche in Betracht. E ist also ungefähr ζ. Die zweite Bedingung wird für $\zeta < D/4$ wesentlich. Das ist nur bei kleiner Dichte des Elektronengases der Fall. Für Metalle gilt also die Bedingung (60.3) für den Integrationsbereich von (60.2). Bei Halbleitern dagegen haben wir wegen der geringen Konzentration des Gases der Leitungselektronen die Bedingung (60.4) zu nehmen.
Alle diese Einschränkungen führen auf

$$\left.\frac{\partial f}{\partial t}\right|_{st} = C k_x \frac{\partial f_0}{\partial E} E^{-\frac{3}{2}} \left(\frac{T}{\Theta_D}\right)^3 \int_{z_{min}}^{z_{max}} \left[Ec(\eta)-c(\eta+z) \\ \cdot \left\{E+\frac{k_B T}{2}z - \frac{D}{2}\left(\frac{T}{\Theta_D}\right)^2 z^2\right\}\right] \frac{e^\eta+1}{e^{\eta+z}+1} \frac{z^2}{|1-e^{-z}|} dz \tag{60.5}$$

mit D aus (60.4) und

$$\delta\Phi(k) \equiv k_x c(E) \quad \text{(vgl. (53.6))}, \quad \eta = \frac{E-\zeta}{k_B T}, \quad z = \frac{\hbar\omega_q}{k_B T}.$$

In der Konstanten C haben wir wieder alle auftretenden Konstanten zusammengefaßt.

Da uns in diesem Abschnitt nur die elektrische Leitfähigkeit interessiert, nehmen wir als äußere Kraft ein elektrisches Feld, das wir in die x-Richtung legen. Die Boltzmann-Gleichung wird dann nach (52.2) und (53.8)

$$\left.\frac{\partial f}{\partial t}\right|_{st} = -\frac{e\hbar}{m^*}\frac{\partial f_0}{\partial E}k_x E_x. \tag{60.6}$$

Gl. (60.6) zusammen mit dem Stoßterm (60.5) läßt sich durch Iteration näherungsweise lösen. Für eine genauere Durchführung der Rechnung vgl. z. B. Wilson [33]. Das Endergebnis ist für nicht zu hohe Temperaturen (vgl. (53.6))

$$f = f_0 - \frac{\partial f_0}{\partial E}k_x c(E), \quad c \sim -E_x m^{*-\frac{3}{2}}\zeta^{\frac{3}{2}}\left(\frac{\Theta_D}{T}\right)^5 J_5^{-1}\left(\frac{\Theta_D}{T}\right) \tag{60.7}$$

mit

$$J_5(x) = \int_0^x \frac{z^5 dz}{(e^z - 1)(1 - e^{-z})} \begin{array}{l} = x^4/4 \text{ für kleine } x, \\ = \text{const für große } x. \end{array} \tag{60.8}$$

(60.7) führt auf die Leitfähigkeit σ über

$$i_x = e\int v_x \frac{\partial f_0}{\partial E}k_x c(E)z(k)d\tau_k = -\frac{2e}{3\hbar}\int E\left(-\frac{\partial f_0}{\partial E}\right)c(E)z(E)dE. \tag{60.9}$$

Da $c(E)$ nach (60.7) nicht von E abhängt, ist σ proportional zu c. Mit den Näherungen (60.8) wird also $\sigma \sim T^{-5}$ für kleine Temperaturen und $\sim T^{-1}$ für große Temperaturen (jeweils verglichen mit der Debye-Temperatur). Dieses Ergebnis steht mit der am Anfang des Abschnittes mitgeteilten Erfahrung in Übereinstimmung. Abb. 62 zeigt den reduzierten Widerstand $\rho(T)/\rho(\Theta_D) = \sigma(\Theta_D)/\sigma(T)$ für einige einfache Metalle als Funktion der Temperatur.

So gut die Temperaturabhängigkeit $\sigma \sim T^{-5} J_5^{-1}(T)$ *(Bloch-Grüneisen-Relation)* erfüllt ist, so wenig nützen diese Ergebnisse für eine allgemeine Theorie der Transporteigenschaften von Metallen. Gl. (60.7) gibt die Verteilungsfunktion *nur* für den Fall eines äußeren elektrischen Feldes. Treten neben E_x auf der rechten Seite von (60.6) Temperaturgradienten oder ein Magnetfeld, so läßt sich das Iterationsverfahren nicht durchführen (vgl. hierzu weiter unten).

Formal läßt sich aus c eine Relaxationszeit ableiten. Setzt man $c \equiv -(e\hbar/m^*)E_x \tau$, so wird (60.6)

$$\left.\frac{\partial f}{\partial t}\right|_{st} = \frac{\partial f_0}{\partial E}k_x \frac{c}{\tau} = -\frac{f - f_0}{\tau}.$$

Diese Relaxationszeit ist – da nur zur Berechnung von σ brauchbar – nutzlos. Dagegen läßt sich für den Bereich $T \gg \Theta_D$ eine allgemeingültige Relaxationszeit definieren. In diesem Temperaturbereich kann man in (60.5) den Integranden nach Potenzen von $z = \Theta_D/T$ entwickeln und die Entwicklung frühzeitig abbrechen. Die Integration läßt sich dann ausführen, und es ergibt sich (Durchrechnung wieder bei Wilson [33])

$$\left.\frac{\partial f}{\partial t}\right|_{st} = -\frac{f - f_0}{\tau(E)} \quad \text{mit} \quad \tau(E) \sim \frac{4m^{*-\frac{1}{2}} E^{\frac{3}{2}}}{e\hbar} \frac{\Theta_D}{T}, \quad T \gg \Theta_D. \tag{60.10}$$

Dieser Ausdruck unterscheidet sich von dem aus (60.7) gewonnenen τ durch den Faktor $E^{\frac{3}{2}}$, der an die Stelle von $\zeta^{\frac{3}{2}}$ in (60.7) tritt. Für die Leitfähigkeit ergeben beide Ausdrücke dasselbe, da zur Elektrizitätsleitung die Elektronen in der Nähe der Fermi-Kante bevorzugt beitragen, also die relevante Energie E gerade gleich ζ ist.

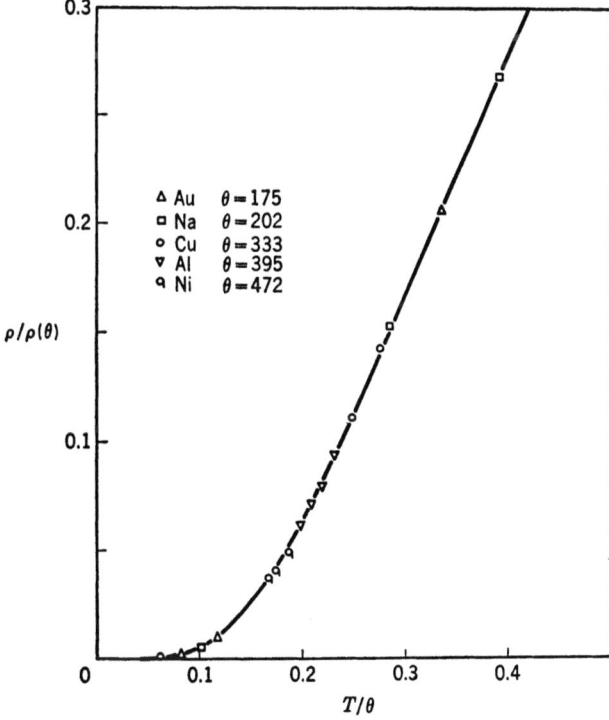

Abb. 62. Spezifischer elektrischer Widerstand einiger Metalle als Funktion der Temperatur (in reduzierten Einheiten, Θ = Debye-Temperatur) und theoretische Kurve nach Gln. (60.7) (60.9) (Bloch-Grüneisen-Relation) (nach Blatt [57.4])

Formal folgt dies aus (60.9). Ersetzt man wie oben in (60.9) c durch $-(e\hbar/m^*)E_x\tau(E)$, so wird

$$\sigma = \frac{2e^2}{3m^*}\int E\tau(E)z(E)\left(-\frac{\partial f_0}{\partial E}\right)dE \approx \frac{2e^2}{3m^*}\zeta\tau(\zeta)z(\zeta). \qquad (60.11)$$

Dabei wurde benutzt, daß die Fermi-Verteilung bei $E=\zeta$ scharf abfällt, daß also ihre (negative) Ableitung nach der Energie bei $E=\zeta$ ein δ-funktionsartiges Maximum hat. Unter Benutzung von (5.7) und (6.12) folgt dann schließlich die allgemeine Formel

$$\sigma = \frac{e^2}{m^*}n\tau(\zeta). \qquad (60.12)$$

Trennt man die Leitfähigkeit auf in Ladung, Elektronenkonzentration und Beweglichkeit, so folgt für letztere $\mu = e\tau(\zeta)/m^*$. Nach (60.10) ist die Temperaturabhängigkeit der Leitfähigkeit, der Beweglichkeit und der Relaxationszeit gleich T^{-1}.

Ein anderes Ergebnis finden wir für ein verdünntes Elektronengas, wo die Integrationsgrenzen des Integrals (60.5) durch (60.4) gegeben sind. Dieser Fall ist besonders bei Halbleitern interessant. Dort ist die Elektronenkonzentration so gering, daß als weitere Approximation die Fermi-Verteilung durch die Boltzmann-Verteilung ersetzt werden kann (e^{-x} anstatt $1/(e^x-1)$). Das ermöglicht eine Lösung von (60.5) für praktisch den gesamten Temperaturbereich. Das Ergebnis ist eine von der Energie und der Temperatur gemäß $E^{-\frac{1}{2}}T^{-1}$ abhängige Relaxationszeit.

In diesem Fall kann die Leitfähigkeit nicht aus (60.12) entnommen werden. Wegen der Annahme einer Boltzmann-Verteilung wird das Integral links in (60.11) jetzt

$$\sigma = \frac{2e^2}{3m^*k_BT}e^{\frac{\zeta}{k_BT}}\int_0^\infty E\tau(E)z(E)e^{-\frac{E}{k_BT}}dE. \qquad (60.13)$$

Wegen der genannten Temperaturabhängigkeit der Relaxationszeit und $z(E)\sim E^{\frac{1}{2}}$ wird die Leitfähigkeit proportional zu $\exp(\zeta/k_BT)$. Nimmt man noch die aus Abschnitt 6 bekannte Temperaturabhängigkeit der Konzentration eines verdünnten Elektronengases hinzu ($n \sim T^{\frac{3}{2}}\exp(\zeta/k_BT)$), so folgt für die Beweglichkeit in Halbleitern bei Elektron-LA Phonon-Wechselwirkung ein $T^{-\frac{3}{2}}$-Gesetz.

Wir haben oben bemerkt, daß das zu Gl. (60.7) führende Iterationsverfahren auf den Fall eines elektrischen Feldes als äußere Kraft beschränkt ist. Treten neben dem elektrischen Feld andere äußere Kräfte auf, so ist bei tiefen Temperaturen, also dann, wenn aus (60.5) keine Relaxationszeit definierbar ist, das in Abschnitt 54 behandelte Variationsverfahren zu benutzen. Wir zeigen den Lösungsweg für ein elektrisches Feld und einen Temperaturgradienten, die beide in x-Richtung liegen mögen.

Wir schreiben den Stoßterm (60.5) in der Form $-k_xE^{-\frac{1}{2}}Lc(E)$, wo L ein durch (60.5) definierter Integraloperator ist, der auf $c(E) = -(f-f_0)/k_x(df_0/dE)$ wirkt.

Die Boltzmann-Gleichung wird dann mit (53.9) und (53.10)

$$Lc(E) = \frac{\partial f_0}{\partial E} \frac{\hbar}{m^*} \left(eE_x + \frac{\partial \zeta}{\partial x} + \frac{E-\zeta}{T} \frac{\partial T}{\partial x} \right) E^{\frac{3}{2}}. \tag{60.14}$$

Als Lösungsansatz benutzen wir eine Entwicklung von $c(E)$ nach Potenzen von E mit unbekannten Koeffizienten, die wir durch das Variationsverfahren bestimmen. Unser Vorgehen wird einfacher, wenn wir $c(E)$ aufteilen in

$$E^{-\frac{3}{2}} c(E) = \frac{\hbar}{m^*} \left(eE_x + \frac{\partial \zeta}{\partial x} \right) c_1(E) + \frac{\hbar}{m^*} \frac{d}{dx}(k_B T) c_2(E). \tag{60.15}$$

Wegen der Linearität des Integraloperators zerfällt dann (60.14) in zwei Integralgleichungen

$$Lc_1(E) = \frac{\partial f_0}{\partial E} \quad \text{und} \quad Lc_2(E) = \eta \frac{\partial f_0}{\partial E} \quad \left(\eta = \frac{E-\zeta}{k_B T} \right), \tag{60.16}$$

die wir unabhängig voneinander behandeln können.

Wir betrachten zunächst die erste Gleichung (60.16). Als Ansatz nehmen wir die Potenzreihe $c_1(\eta) = \sum_r c_r \eta^r$. $c_1(\eta)$ ist die in Abschnitt 54 mit ψ bezeichnete Versuchsfunktion. Wir müssen also das Integral

$$(c_1(\eta) L c_1(\eta)) = \sum_{r,s} c_r c_s \int \eta^r L[\eta^s] d\eta \equiv \sum_{r,s} c_r c_s D_{rs} \tag{60.17}$$

zum Maximum machen mit der Nebenbedingung

$$\sum_{r,s} c_r c_s D_{rs} = \sum_r c_r \int \eta^r \frac{\partial f_0}{\partial E} d\eta \equiv \sum_r c_r C_r. \tag{60.18}$$

Die Nebenbedingung addieren wir mit einem unbestimmten Lagrange-Koeffizienten zu dem Integral und bilden die Variation durch Differentiation nach einem c_t. Diese Variation muß verschwinden:

$$\frac{d}{dc_t} \left\{ \sum_{r,s} c_r c_s D_{rs} + \lambda \sum_r c_r C_r \right\} = 2 \sum_s c_s D_{ts} + \lambda C_t = 0. \tag{60.19}$$

Die rechte Seite dieser Gleichung multiplizieren wir mit c_t und summieren über t:

$$2 \sum_{t,s} c_t c_s D_{ts} = -\lambda \sum_t c_t C_t. \tag{60.20}$$

(60.18) und (60.20) stimmen überein, wenn $\lambda = -2$ ist. Damit ist der Lagrange-Koeffizient bestimmt, und wir erhalten das Gleichungssystem

$$\sum_s c_s D_{ts} = C_t \tag{60.21}$$

zur Bestimmung der gesuchten Koeffizienten c_s.

Ganz entsprechend können wir bei der zweiten Integralgleichung (60.16) vorgehen und erhalten

$$c_2(\eta) = \sum_m b_m \eta^m \to \sum_m b_m D_{tm} = B_t \,. \tag{60.22}$$

Durch Vergleich der beiden Gleichungen (60.16) folgt dann noch mit (60.18): $B_t = C_{t+1}$.
Durch (60.21) und (60.22) lassen sich alle Koeffizienten der Potenzreihenentwicklungen für die beiden Anteile von $c(\eta)$ bestimmen. Mittels dieser Funktion können dann die elektrische Stromdichte und die Wärmestromdichte nach (55.1) und (66.2) bestimmt werden.

Die Durchführung dieses Verfahrens wird schnell kompliziert. Man nimmt deshalb meist nur das erste oder die ersten beiden Entwicklungsglieder, die einen Beitrag liefern, mit.

Für die Berechnung der Leitfähigkeit im elektrischen Feld allein genügt das Glied mit $r=0$ in der Entwicklung von $c_1(\eta)$. Die Bestimmungsgleichung (60.21) wird dann $c_0 D_{00} = C_0$ oder $c_0 = C_0/D_{00}$. D_{00}^{-1} ergibt sich aus (60.5) proportional zu

$$\left(\frac{T}{\Theta_D}\right)^3 \int_{-\infty}^{+\infty} d\eta \int_{-z_{max}}^{+z_{max}} dz \left(\frac{k_B T}{2} z - \frac{D}{2}\left(\frac{T}{\Theta_D}\right)^2 z^2\right) \frac{z^2}{|1-e^{-z}|} \frac{\partial f_0}{\partial \eta} \frac{e^{\eta+1}}{e^{\eta+z}+1}.$$
(60.23)

Das Integral über η kann sofort ausgewertet werden:

$$\int_{-\infty}^{+\infty} d\eta \frac{\partial f_0}{\partial \eta} \frac{e^{\eta+1}}{e^{\eta+z}+1} = - \int_{-\infty}^{+\infty} d\eta \frac{1}{(e^{\eta+z}+1)(e^{-\eta}+1)} = -\frac{z}{e^z-1}. \tag{60.24}$$

Im verbleibenden Integral (60.23) überwiegt das zweite Glied und liefert:

$$D_{00}^{-1} \sim \left(\frac{T}{\Theta_D}\right)^5 \int_0^{\frac{\Theta}{T}} \frac{z^5}{(e^z-1)(1-e^{-z})} dz = \left(\frac{T}{\Theta_D}\right)^5 J_5\left(\frac{T}{\Theta_D}\right).$$

Das ist aber genau das Ergebnis (60.7). Das dort genannte Iterationsverfahren ist also identisch mit der nullten Näherung des Variationsverfahrens. Die Glieder mit $r=1$ usw. geben dann Verbesserungen dieser Näherung.

Wir haben in diesem Abschnitt das Schwergewicht gelegt auf die Berechnung der elektrischen Leitfähigkeit in den Fällen, wo keine Relaxationszeit existiert. Wir fanden bereits in nullter Näherung des Variationsverfahrens eine gute Übereinstimmung der Temperaturabhängigkeit von σ mit der experimentellen Erfahrung. Weniger gut wiedergegeben wird der Absolutwert der Leitfähigkeit. Hier hat der Wechselwirkungsansatz entscheidende Bedeutung (Potentialansätze von Bloch, Nordheim und Bardeen, Deformationspotential, vgl. Abschnitt 49). Ferner sind zahlreiche Approximationen nachzuprüfen (Vernachlässigung der Umklapp-

Prozesse, sphärische Energieflächen usw.). Schließlich haben wir uns hier auf die Wechselwirkung der Elektronen mit den longitudinalen akustischen Phononen beschränkt.

61. Transportkoeffizienten in Relaxationszeit-Näherung

Die elektrische Stromdichte und die Wärmestromdichte folgen aus (55.1) und (55.2) mit $w_q = w - \zeta j$ (Abschnitt 57) und $f = f_0 - (\partial f_0/\partial E)\delta\Phi$ zu

$$i = -\frac{e}{\hbar} \int \text{grad}_k E \left(-\frac{\partial f_0}{\partial E}\right) \delta\Phi z(k) d\tau_k,$$

$$w_q = \frac{1}{\hbar} \int \text{grad}_k E \left(-\frac{\partial f_0}{\partial E}\right) (E-\zeta) \delta\Phi z(k) d\tau_k.$$

(61.1)

Die Störung $\delta\Phi$ der Verteilungsfunktion haben wir im Rahmen der Relaxationszeit-Näherung schon berechnet. Dem in (53.13) angegebenen Ausdruck liegen die der Näherungen: elastische Streuung, Isotropie der Streuwahrscheinlichkeit, freies Elektronengas mit effektiver Masse m^* zu Grunde. Diese Näherungen wollen wir in diesem Abschnitt beibehalten.

Mit (53.13) finden wir nach einiger Zwischenrechnung die Koeffizienten des Gleichungssystems (58.1), das i und w_q als Funktion der Felder E und B und des Temperaturgradienten angibt. Wir schreiben das Gleichungssystem (58.1) mit geänderter Bezeichnung nochmals an:

$$i = M_{00} E + M_{10} B \times E + M_{20} B(B \cdot E) + M_{01} \frac{\text{grad } T}{T}$$

$$+ M_{11} B \times \frac{\text{grad } T}{T} + M_{21} B \left(B \cdot \frac{\text{grad } T}{T}\right),$$

$$-w_q = M_{01} E + M_{11} B \times E + M_{21} B(B \cdot E) + M_{02} \frac{\text{grad } T}{T}$$

$$+ M_{12} B \times \frac{\text{grad } T}{T} + M_{22} B \left(B \cdot \frac{\text{grad } T}{T}\right).$$

(61.2)

Für die M_{ik} ergibt sich dann

$$M_{ik} = -\frac{ec}{3\pi^2} \left(\frac{2m^*}{\hbar^2}\right)^{\frac{3}{2}} \int_0^\infty \frac{E^{\frac{3}{2}}}{1+s^2} \frac{\partial f_0}{\partial E} \left(\frac{e\tau}{m^* c}\right)^{i+1} \left(\frac{E-\zeta}{e}\right)^k dE \quad (61.3)$$

mit der Abkürzung $s = e\tau B/m^* c$. Dieses Gleichungssystem liefert alle in den Abschnitten 57 und 58 eingeführten Transportkoeffizienten.

Das Integral (61.3) läßt sich leicht in zwei Grenzfällen angeben:

1. Nicht-entartetes Elektronengas *(Halbleiter)*

Dann kann die Fermi-Verteilung $(e^x-1)^{-1}$ durch die Boltzmann-Verteilung e^{-x} ersetzt werden. Setzt man ferner für die Relaxationszeit τ ein Potenzgesetz $\tau(E)=\tau_0 E^r$ an und entwickelt (61.3) nach steigenden Potenzen des Magnetfeldes, so lassen sich alle Integrale auf den Typ

$$\int_0^\infty E^\alpha e^{-\frac{E}{k_B T}} dE = (k_B T)^{\alpha+1} \Gamma(\alpha+1) \tag{61.4}$$

zurückführen. Dieser Fall ist ausführlich in dem in dieser Reihe erschienenen Taschenbuch über die Grundlagen der Halbleiterphysik besprochen [95]. Wir gehen deshalb hier nicht mehr darauf ein.

2. **Stark entartetes Elektronengas** *(Metalle)*

Dann kann in erster Näherung die negative Ableitung der Fermi-Verteilung durch eine δ-Funktion $\delta(E-\zeta)$ ersetzt werden. Das Integral (61.3) wird dann gleich dem Wert des Integranden an der Stelle $E=\zeta$. Offensichtlich fallen alle Koeffizienten mit $k=1$ weg. Dies ist der gesamte Wärmestrom und alle durch grad T verursachten Beiträge zum elektrischen Strom. Für die thermoelektrischen und thermomagnetischen Transport-Koeffizienten muß deshalb die nächste Näherung

$$\int_0^\infty g(E)\left(-\frac{\partial f_0}{\partial E}\right) dE = g(\zeta) + \frac{\pi^2}{6}(k_B T)^2 g''(\zeta) + \cdots \tag{61.5}$$

benutzt werden.

Wir betrachten im folgenden nur zwei Transporterscheinungen, die einige charakteristische Züge der Relaxationszeit-Näherung zeigen. Für eine Besprechung aller Transport-Phänomene muß auf die Literatur verwiesen werden.

Wir prüfen zunächst die Gültigkeit des *Wiedemann-Franzschen Gesetzes*. Die Stromgleichungen werden

$$\begin{aligned} i &= M_{00} E + M_{01} \frac{1}{T} \operatorname{grad} T, \\ -w_q &= M_{01} E + M_{02} \frac{1}{T} \operatorname{grad} T. \end{aligned} \tag{61.6}$$

Nach (59.1) ist $\kappa = M_{02}/T$, $\sigma = M_{00}$. Das Wiedemann-Franzsche Gesetz erhält also die Form $\kappa/\sigma T = M_{02}/M_{00} T^2$. Für M_{00} genügt die δ-Funktions-Näherung, und wir erhalten

$$M_{00} = \frac{e}{3\pi^2}\left(\frac{2m^*}{\hbar^2}\right)^{\frac{3}{2}} \zeta^{\frac{3}{2}} \frac{e\tau(\zeta)}{m^*}. \tag{61.7}$$

Für M_{02} müssen wir dagegen beide Glieder der Näherung (61.5) verwenden. Dann findet man

$$\begin{aligned} M_{02} &= \frac{\pi^2}{6}(k_B T)^2 \frac{e}{3\pi^2}\left(\frac{2m^*}{\hbar^2}\right)^{\frac{3}{2}} \frac{d^2}{dE^2}\left(E^{\frac{3}{2}} \frac{e\tau(E)}{m^*}\left(\frac{E-\zeta}{e}\right)^2\right)_{E=\zeta} \\ &= \frac{\pi^2}{3}\frac{(k_B T)^2}{e^2} M_{00}. \end{aligned} \tag{61.8}$$

Division beider Ausdrücke liefert für die rechte Seite des Wiedemann-Franzschen Gesetzes: $L=(\pi^2/3)(k_B/e)^2$. L wird häufig als *Lorenz-Zahl* bezeichnet. Innerhalb der Relaxationszeit-Näherung ist dieses Gesetz also immer erfüllt. Beim Versagen der Näherung, also etwa bei tiefen Temperaturen in Metallen, treten Abweichungen von diesem Gesetz auf. So wie wir in diesem Temperaturbereich eine formale Relaxationszeit für die elektrische Leitfähigkeit einführten, können wir eine formale Relaxationszeit für die thermische Leitfähigkeit einführen. Das obige Resultat ist dann mit dem temperaturabhängigen Quotienten der beiden Relaxationszeiten zu multiplizieren. Hinzu kommt eine weitere Temperaturabhängigkeit der Lorentz-Zahl durch die Beteiligung anderer Streumechanismen. Abb. 63 zeigt als Beispiel die elektrische Leitfähigkeit, Wärmeleitfähigkeit und Lorenz-Zahl von Kupfer in einem breiten Temperaturbereich.

Auch bei Halbleitern treten Abweichungen vom Wiedemann-Franzschen Gesetz auf, obwohl dort praktisch immer die Relaxationszeit-Näherung möglich ist. Wegen der geringen Elektronenkonzentration ist aber der Beitrag der Elektronen zur thermischen Leitfähigkeit klein. Neben ihm ist die *Gitterwärmeleitung* (Kapitel XI) nicht vernachlässigbar.

Ein weiteres wichtiges Gebiet der Relaxationszeit-Näherung sind die galvanomagnetischen Effekte. Da nur die elektrische Stromdichte interessiert und grad T gleich Null ist, können wir für Metalle die δ-Funktions-Näherung benutzen. In ihr wird unter Einführung der *Beweglichkeit* $\mu = e\tau(\zeta)/m^*$ und mit $\sigma = en\mu$

$$M_{i0} = \frac{\sigma}{1+\frac{1}{c^2}(\mu B)^2} \left(\frac{\mu}{c}\right)^i, \tag{61.9}$$

also

$$i = \frac{\sigma}{1+\frac{1}{c^2}(\mu B)^2} \left(E + \frac{\mu}{c} B \times E + \frac{\mu^2}{c^2} B(B \cdot E)\right). \tag{61.10}$$

Dieses einfache Ergebnis ist bemerkenswert, da es für kleine Magnetfelder gleichzeitig stationäre Lösung der Gleichung

$$m^*\left(\dot{v} + \frac{1}{\tau}v\right) = -e\left(E + \frac{1}{c}v \times B\right), \quad i = -env \tag{61.11}$$

ist. (61.11) beschreibt die Bewegung eines Elektrons in einem *reibenden Medium* der Reibungskonstanten $1/\tau(\zeta)$ unter der Wirkung der Lorentz-Kraft eines gekoppelten elektrischen und magnetischen Feldes. In diesem Grenzfall läßt sich also für die Transport-Erscheinungen ein einfaches klassisches Modell aufstellen, das in engem Zusammenhang mit der früher erwähnten Drude-Lorentz-Sommerfeldschen Theorie steht.

Es sei an dieser Stelle erwähnt, daß (61.9) gleichzeitig Resultat einer anderen Näherung ist. Nehmen wir in (61.3) nur an, daß die Relaxationszeit *energieunabhängig* ist, so folgt für eine beliebige Form der Fermi-Verteilung f_0

$$M_{i0} = \frac{ec}{3\pi^2}\left(\frac{2m^*}{\hbar}\right)^{\frac{3}{2}} \frac{1}{1+\frac{1}{c^2}(\mu B)^2}\left(\frac{\mu}{c}\right)^{i+1} \int_0^\infty E^{\frac{3}{2}}\left(-\frac{\partial f_0}{\partial E}\right) dE, \qquad (61.12)$$

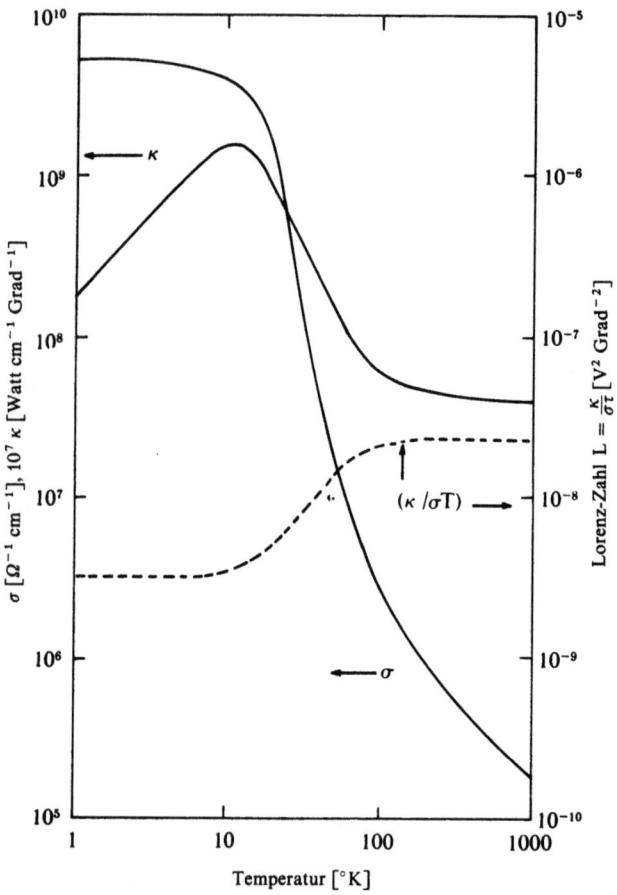

Abb. 63. Elektrische Leitfähigkeit σ, Wärmeleitfähigkeit κ und Lorenz-Zahl L für Kupfer (nach Blakemore [4])

und durch partielle Integration folgt wegen $n = \int_0^\infty f_0 z(E) dE$ genau wieder (61.9).
Von den galvanomagnetischen Effekten betrachten wir zum Abschluß noch kurz die *Widerstandsänderung im Magnetfeld*. Wir knüpfen hierzu an Gl. (58.2) an. Die auftretenden Koeffizienten α_{11} und β_{11} werden in der Näherung (61.9)

$$\alpha_{11} = \frac{en\mu}{1 + \frac{1}{c^2}(\mu B)^2}, \quad \beta_{11} = \frac{\mu}{c}\alpha_{11}. \tag{61.13}$$

Damit wird die elektrische Leitfähigkeit i_x im Magnetfeld B_z und elektrischen Feld E_x unter der Bedingung $i_y = 0$:

$$i_x = \alpha_{11} E_x + \frac{\beta_{11}^2}{\alpha_{11}} B_z^2 E_x = \left(\alpha_{11} + \frac{\beta_{11}^2}{\alpha_{11}} B_z^2\right) E_x. \tag{61.14}$$

Durch Vergleich mit (61.13) sieht man, daß $\sigma = en\mu$ bleibt, also durch das Magnetfeld nicht geändert wird. Die Ablenkung der Elektronen durch die Lorentz-Kraft wird durch die Gegenkraft des Hall-Feldes genau kompensiert. Dazu ist die Annahme dieser Näherung wichtig, daß alle an der Leitung beteiligten Elektronen die Energie $E = \zeta$ haben, also alle unter der (geschwindigkeitsabhängigen) Lorentz-Kraft sich gleich verhalten. Die Berücksichtigung einer Geschwindigkeitsverteilung der Elektronen (Halbleiter) führt zu einer nur mittleren Kompensation und damit zu einer resultierenden Widerstandsänderung im Magnetfeld in Halbleitern. Eine in Metallen beobachtete Widerstandsänderung beruht auf der *Anisotropie* der Metalle. Dann gilt die Isotropieforderung unserer Näherung nicht mehr.

62. Gültigkeitsgrenzen und Erweiterungsmöglichkeiten der benutzten Näherungen

Wir haben in den vorhergehenden Abschnitten zahlreiche Näherungen benutzt. Es ist deshalb zweckmäßig, zum Abschluß einige dieser Näherungen auf ihre Gültigkeitsgrenzen zu untersuchen.
Die Annahme eines *homogenen Festkörpers* braucht nur in wenigen Fällen aufgegeben zu werden. Die Fälle innerer Grenzflächen, von Kontakten oder Oberflächen behandeln wir im dritten Band. Dort gehen wir auch auf Legierungen oder amorphe Festkörper ein. Es bleibt hier also allein eine kontinuierliche Änderung der Eigenschaften, etwa der Störstellenkonzentration in einem Halbleiter oder des Gitters eines Mischkristalls. In beiden Fällen wird die Zustandsdichte ortsabhängig. Dadurch können z.B. im Inneren des Kristalls Effekte wie der Peltier-Effekt oder der Seebeck-Effekt auftreten, die üblicherweise sonst nur an Kontakten beobachtet werden.

Die Annahme der *Isotropie* bedarf dagegen einer genaueren Überprüfung. Sie schließt zwei Näherungen ein: die *Isotropie der Streuwahrscheinlichkeit* und die *Isotropie der Bandstruktur*.

Die Isotropie der Streuwahrscheinlichkeit führt in der Relaxationszeit-Näherung auf eine nur von der Energie, nicht aber von der Richtung von k abhängige Relaxationszeit. Es sind Versuche unternommen worden, k-abhängige Relaxationszeiten einzuführen. Doch sind solche Ansätze in ihrer Gültigkeit zweifelhaft und in ihren Ergebnissen wenig erfolgreich. Hinzu kommt, daß bei anisotroper Streuwahrscheinlichkeit sicherlich immer auch eine anisotrope Bandstruktur existiert und letztere wesentlich stärkere Korrekturen an den Ergebnissen der isotropen Theorie erfordert.

Anisotropie der Bandstruktur bedeutet bei *Halbleitern* eine richtungsabhängige effektive Masse und eventuell äquivalente Bandextrema in verschiedenen Punkten der Brillouin-Zone (bei allen k-Vektoren eines Sterns, vgl. Abb. 40). Die Auswirkungen dieser Anisotropie sind ausführlich in dem schon oben zitierten Taschenbuch [95] geschildert. In *Metallen* bedeutet Anisotropie Abweichungen der Fermi-Flächen von der Kugelgestalt, wie wir sie z. B. in Abb. 33 kennengelernt haben. Eine der wichtigsten Auswirkungen dieser Anisotropie findet man bei den galvanomagnetischen Effekten in Metallen bei hohen Magnetfeldern. Es ist einleuchtend, daß bei kleinen Magnetfeldern das Elektron zwischen zwei „Stößen" nur kleine Bereiche der Fermi-Fläche durchläuft, während für große Magnetfelder geschlossene Kurven auf der Fermi-Fläche durchlaufen werden. Umlaufzeiten sind von der Größenordnung der reziproken Cyclotron-Resonanz-Frequenz. Die Grenze zwischen „großen" und „kleinen" Magnetfeldern liegt also bei $\omega_c \tau = 1$ oder wegen $\omega_c = eB/cm^*$ und $\mu \approx e\tau/m^*$ bei $(1/c)\mu B = 1$.

Die geschlossenen Umläufe eines Elektrons auf der Fermi-Fläche führen zu einer *Sättigung* der Widerstandsänderung im Magnetfeld. Gibt es Richtungen, für die das Elektron *offene Bahnen* im wiederholten Zonenschema (Abb. 36) durchläuft, so tritt keine Sättigung auf, wenn das Magnetfeld diese Richtung hat. Die Folge ist eine extreme Richtungsabhängigkeit der Widerstandsänderung in hohen Magnetfeldern. Ein Beispiel zeigt Abb. 64. In vielen Metallen finden wir neben geschlossenen und offenen Bahnen auch Elektronenbahnen und Löcherbahnen nebeneinander (vgl. wieder Abb. 36). Dann tragen zum Ladungstransport Elektronen und Löcher bei, und wir haben beide Beiträge von Anfang an durch unterschiedliche Transportgleichungen nebeneinander zu berücksichtigen. Auch in diesem Fall kann eine Sättigung der Widerstandsänderung ausbleiben. Wir verweisen auf die Literatur, speziell auf Smith, Janak und Adler [105], den Beitrag von Mackintosh in [56] und ein Kapitel des Buches von Kittel [12].

Das eben erwähnte gleichzeitige Auftreten verschiedener Ladungsträger beeinflußt alle Transporteffekte. Wie unser Gleichungssystem dann erweitert werden muß, ist nach den Ausführungen von Abschnitt 56 evident.

Einen nächsten Komplex von Erweiterungsmöglichkeiten der Transporttheorie bilden die verschiedenen möglichen *Streumechanismen*. Wir hatten schon mehrfach betont, daß die Kopplung der Elektronen an die *LA*-Phononen nur eine mögliche Wechselwirkung ist. *TA*-Phononen koppeln nicht in Normalprozessen. Dagegen sind sie bei Umklapp-Prozessen beteiligt. Eine weitere Kopplung der *LA*-Phononen an die Elektronen ist in piezoelektrischen Festkörpern möglich, in denen akustische Wellen von einer Polarisation begleitet werden. Die Kopplung ist dann wesentlich stärker. Einen ähnlichen Fall hatten wir schon früher bei den optischen Phononen erwähnt. Die *LO*-Phononen erzeugen in polaren Festkörpern (verschieden geladene Basisatome in der Wigner-Seitz-Zelle) eine starke Polari-

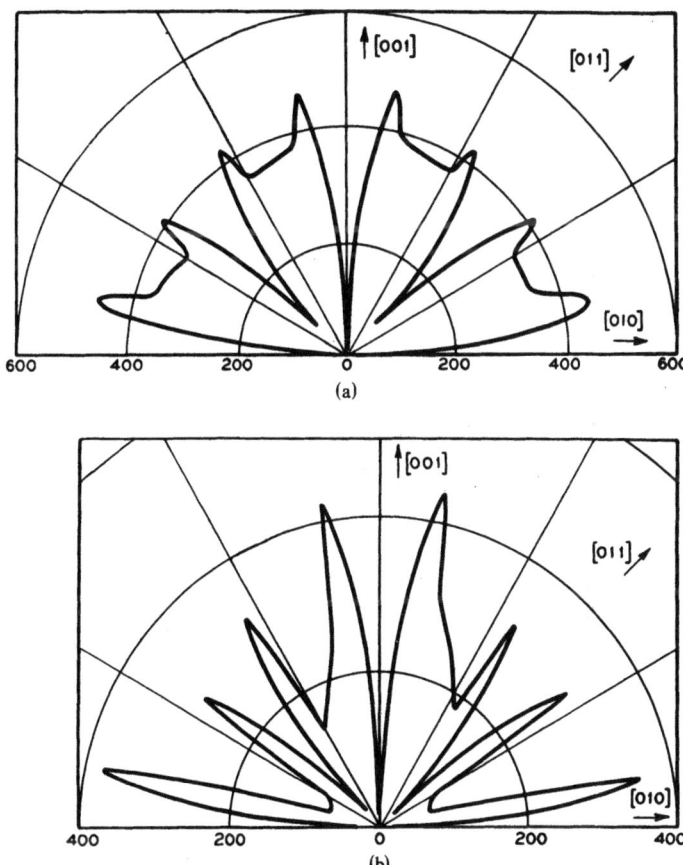

Abb. 64. Transversale Widerstandsänderung im Magnetfeld $\Delta R/R_0$ von Kupfer bei 18000 Gauß und 4,2 °K als Funktion der Orientierung der Stromrichtung relativ zu den Kristallachsen. (a) Magnetfeld in [100]-Richtung, (b) Magnetfeld um weniger als 3° aus der [100]-Richtung gekippt. Nach J. R. Klauder und J. E. Kunzler [46]

sation. Diese Wechselwirkung hatten wir in Abschnitt 50 betrachtet. Sind in der Wigner-Seitz-Zelle gleiche Atome vorhanden (Beispiel: die in der Diamantstruktur kristallisierenden Elemente C, Si, Ge), so sind die optischen Schwingungen nicht polar. Die Ankopplung der Elektronen ist dann schwächer.

Weitere bei Streuprozessen zu beachtende Mechanismen sind der Übergang eines Elektrons zwischen verschiedenen äquivalenten Minima im Leitungsband von Halbleitern (inter-valley-scattering, im Gegensatz zum intra-valley-scattering), die elastische Streuung von Ladungsträgern an geladenen Störstellen des Gitters und die Streuung an Oberflächen und inneren Grenzflächen. Wir können hier nicht auf alle diese Streumechanismen eingehen und verweisen auf die in Abschnitt 59 genannte Literatur. Im Rahmen der Relaxationszeit-Näherung findet man als Unterschied zwischen den verschiedenen Möglichkeiten eine unterschiedliche Energieabhängigkeit der Relaxationszeit $\tau(E) = \tau_o E^r$. Die Beiträge der einzelnen Streumechanismen addieren sich im Stoßterm der Boltzmann-Gleichung. Jeder additive Term ist proportional einer reziproken Relaxationszeit. Die Relaxationszeiten der einzelnen Streumechanismen addieren sich also reziprok zu einer effektiven Stoßzeit. Da in erster Näherung der spezifische Widerstand proportional

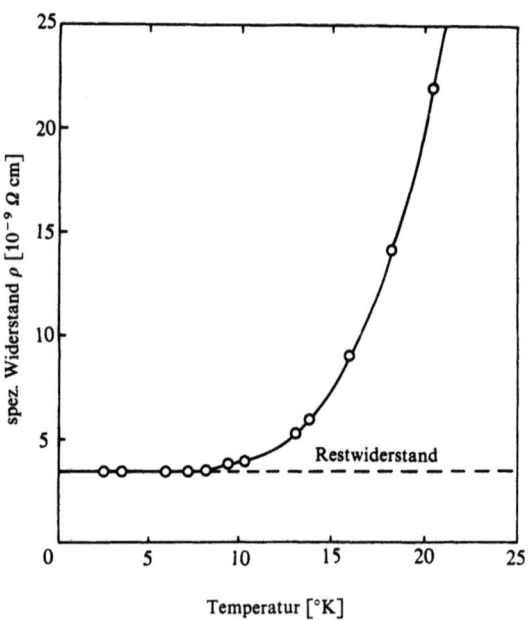

Abb. 65. Addition des durch Störstellenstreuung hervorgerufenen Restwiderstandes und des durch Elektron-Phonon-Kopplung verursachten Widerstandes für Natrium (Mathiessensche Regel) (nach Blakemore [4])

der reziproken Relaxationszeit ist, addieren sich die Widerstände, die jeweils bei alleiniger Wirkung der einzelnen Streumechanismen zu erwarten wären. Diese *Mathiessensche Regel* gilt nur bei Gültigkeit der Relaxationszeit-Näherung. Sonst kann sie durchbrochen werden (vgl. z. B. Ziman [20]). Abb. 65 zeigt den durch Störstellenstreuung in Natrium bei tiefen Temperaturen verbleibenden Restwiderstand.

Wir schließen die Diskussion der Streumechanismen mit einigen Bemerkungen zur *polaren optischen Wechselwirkung*. Der Einzelprozeß ist offensichtlich nicht elastisch. Es hat – wegen der Vorteile der Relaxationszeit-Näherung – nicht an Versuchen gefehlt, Quasi-Relaxationszeiten auch hier einzuführen. Abb. 66 zeigt die aus den Ergebnissen des Variationsverfahrens für die spezifische elektrische Leitfähigkeit, für die Thermospannung und für den Hall-Koeffizienten rückwärts bestimmten Quasi-Relaxationszeiten für Halbleiter (Boltzmann-Statistik). Man erkennt, daß für tiefe bzw. hohe Temperaturen die Quasi-Relaxationszeiten übereinstimmen, die Benutzung einer einheitlichen Relaxationszeit mit Exponent $\frac{1}{2}$ bzw. 0 im Potenzgesetz $\tau \sim E^r$ also als Näherung gerechtfertigt erscheint.

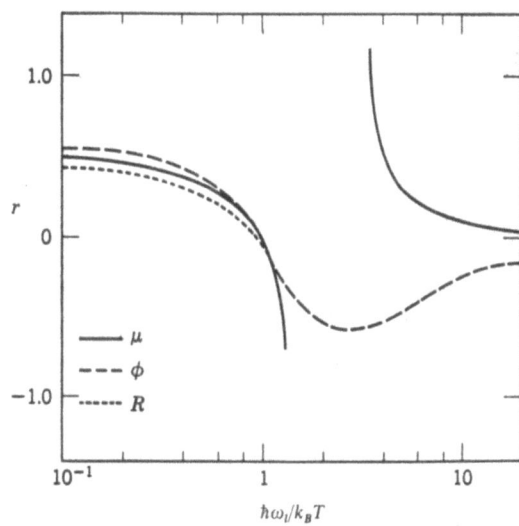

Abb. 66. Exponent r im Potenzgesetz $\tau \sim E^r$ effektiver Relaxationszeiten bei Elektron-LO-Phonon-Wechselwirkung. Die mittels des Variationsverfahrens berechneten effektiven Relaxationszeiten für die Beweglichkeit μ, die Thermokraft Φ und den Hall-Koeffizienten R stimmen bei hohen und bei tiefen Temperaturen angenähert überein. Dort erscheint also die Annahme einer einheitlichen Relaxationszeit gerechtfertigt. Nach Ehrenreich, J. Appl. Phys. **32**, 2155 (1961)

In polaren Kristallen können wir nach Abschnitt 50 das Elektron zusammen mit seiner Polarisationswolke zum *Polaron* zusammenfassen. Für schwache Kopplung ist das Polaron ein Quasi-Teilchen, das sich nur durch seine effektive Masse von einem Kristallelektron unterscheidet. Für stärkere Kopplung treten zusätzlich andere Schwierigkeiten auf. Die Beweglichkeit von Elektronen (Polaronen) ist in solchen Kristallen meist sehr klein. Berechnet man aus der Beweglichkeit die *freie Weglänge* zwischen zwei Wechselwirkungsprozessen, so findet man Werte von der Größenordnung der Atomabstände im Gitter. Es ist dann sicher nicht mehr sinnvoll, das Quasi-Teilchen „Kristallelektron" durch die Boltzmann-Gleichung zu beschreiben. Wir haben vielmehr die mikroskopische Bewegung der Elektronen im Gitterpotential und im äußeren Feld zusammen zu betrachten. Diese Bewegung setzt sich aus Einzelschritten zusammen, bei denen das Elektron von einem Potentialminimum zum nächsten hüpft *(Hopping-Prozesse)*. Hier sind andere theoretische Ansätze notwendig, auf die wir erst im dritten Band eingehen können. Zur Polaronenleitung allgemein vgl. die in Abschnitt 50 zum Polaronenproblem genannte Literatur.

Die letzten Näherungen, die wir hier erwähnen wollen, sind die Annahmen, die wir über das *Phononensystem* gemacht haben. Das Ersetzen des Phononenspektrums durch die Debye-Näherung bei den longitudinalen akustischen Phononen läßt sich ohne grundsätzliche Schwierigkeiten wieder rückgängig machen. Kritischer ist die Annahme, daß das *Phononensystem im Gleichgewicht* sein soll. Jeder Wechselwirkungsprozeß zwischen Elektronen und Phononen stört *beide* Systeme. Die Näherung bedeutet also nur, daß die Rückwirkung der Störung des Phononensystems auf das Elektronensystem vernachlässigbar ist. Das ist zweifellos in den meisten Fällen gerechtfertigt. Es kann jedoch sein, daß das Phononensystem von den äußeren Kräften bereits gestört ist. In einem Temperaturgradienten etwa bedeutet die Gitterwärmeleitung einen Phononenstrom vom heißeren zum kälteren Ende des Präparats. Die Elektronen werden dann bei den Streuprozessen die Vorzugsrichtung der Phononen mitgeteilt bekommen, sie werden mitgerissen (phonon-drag). Entsprechend können im isothermen Fall die Elektronen bei ihrer Strömung im elektrischen Feld die Phononen mitreißen (electron-drag). Der erste Effekt liefert einen Beitrag zur Thermokraft, der zweite Effekt einen Beitrag zum Peltier-Effekt.

IX Wechselwirkung mit Photonen: Optik

A. Grundlagen

63. Einführung

Die Wechselwirkung der elementaren Anregungen eines Festkörpers mit elektromagnetischen Wellen unterscheidet sich in verschiedener Hinsicht von dem Verhalten des Festkörpers unter dem Einfluß statischer elektrischer und magnetischer Felder. Als physikalische Phänomene treten die Absorption, Reflexion und Dispersion der einfallenden Strahlung an die Stelle des Transports von Ladung und Energie. Diese Prozesse können als Wirkung eines hochfrequenten, makroskopischen Feldes auf den Festkörper oder als Wechselwirkung zwischen den elementaren Anregungen des Festkörpers und den Quanten des elektromagnetischen Feldes, den *Phononen*, beschrieben werden.

In den Abschnitten 64 bis 66 bringen wir die Grundlagen der theoretischen Beschreibung optischer Erscheinungen im Festkörper. Wir beginnen mit einer kurzen Diskussion des Begriffs des Photons als einer elementaren Anregung (Abschnitt 64). Sind die Photonen im Festkörper sehr stark an andere elementare Anregungen (optische Phononen, Exzitonen) gekoppelt, so läßt sich die Wechselwirkung nicht mehr störungstheoretisch erfassen. Photon und Phonon (Exziton) bilden dann eine Einheit, die als neue elementare Anregung eingeführt werden muß. Dieser Sonderfall der *Polaritonen* wird in Abschnitt 65 behandelt. In Abschnitt 66 führen wir die komplexe Dielektrizitätskonstante ein, die das Bindeglied zwischen den mikroskopischen Prozessen der Wechselwirkung elementarer Anregungen mit Photonen und den makroskopischen Erscheinungen der Absorption, Reflexion und Dispersion bildet.

In den beiden darauf folgenden Abschnitten B und C dieses Kapitels beschäftigen wir uns im einzelnen mit der Elektron-Photon-Wechselwirkung und der Phonon-Photon-Wechselwirkung.

Als Literatur zu diesem Kapitel seien genannt: die Monographien, Tagungsbände und Sammelwerke [35], [36], [106–111], ferner einzelne Beiträge aus [49] und die relevanten Kapitel aus den im Literaturverzeichnis genannten Einführungen in die Festkörpertheorie.

64. Photonen

Die Maxwellschen Gleichungen des elektromagnetischen Feldes im Vakuum sind (bei verschwindender Strom- und Ladungsdichte):

$$\text{rot}\,H = \frac{1}{c}\dot{D}, \quad \text{rot}\,E = -\frac{1}{c}\dot{B}, \quad \text{div}\,B = 0, \quad \text{div}\,D = 0. \tag{64.1}$$

Dabei ist (in dem hier benutzten Maßsystem) $E = D$ und $B = H$. Sie führen zu den Wellengleichungen

$$\Delta X - \frac{1}{c^2}\frac{\partial^2 X}{\partial t^2} = 0, \tag{64.2}$$

wo X eine Komponente des elektrischen Feldes oder des Magnetfeldes bedeutet. Beide Felder lassen sich ausdrücken durch ein Vektorpotential A:

$$E = -\frac{1}{c}\dot{A}, \quad H = \text{rot}\,A, \quad \text{div}\,A = 0. \tag{64.3}$$

Hieraus folgt sofort die Gültigkeit der Wellengleichung (64.2) auch für die Komponenten von A. Spezielle Lösungen der Wellengleichung sind monochromatische ebene Wellen

$$X = X_0\,e^{i(\boldsymbol{\kappa}\cdot\boldsymbol{r} - \omega_\kappa t)}, \quad \omega_\kappa = \kappa c, \tag{64.4}$$

aus denen sich allgemeine Lösungen durch Superposition aufbauen lassen.
Wir schließen das Feld in ein endliches Grundgebiet V_g ein, um es als Fourier-Reihe darstellen zu können:

$$A = \sum_\kappa (a_\kappa\,e^{i\boldsymbol{\kappa}\cdot\boldsymbol{r}} + a_\kappa^*\,e^{-i\boldsymbol{\kappa}\cdot\boldsymbol{r}}). \tag{64.5}$$

Die Zeitabhängigkeit der a_κ in (64.5) ist $\exp(-i\omega_\kappa t)$. Unser Ziel ist die Quantisierung dieses Feldes. Dazu führen wir (ähnlich wie in Abschnitt 12 für das elektrische Feld der Kollektivschwingungen des Elektronengases) kanonische Feldvariable Q_κ und P_κ ein. Wir setzen speziell

$$Q_\kappa = \sqrt{\frac{V_g}{4\pi c^2}}(a_\kappa + a_\kappa^*), \quad P_\kappa = \dot{Q}_\kappa = -i\omega_\kappa\sqrt{\frac{V_g}{4\pi c^2}}(a_\kappa - a_\kappa^*). \tag{64.6}$$

Wegen $\text{div}\,A = 0$ stehen die Vektoren a_κ und damit auch die Q_κ und P_κ senkrecht auf $\boldsymbol{\kappa}$. Sie haben also in der Ebene senkrecht zu $\boldsymbol{\kappa}$ zwei Komponenten, die wir durch den Index α unterscheiden. Dann folgt nach einfacher Rechnung für die Hamilton-Funktion

$$H = \frac{1}{8\pi}\int (E^2 + H^2)\,d\tau = \frac{1}{2}\sum_{\kappa\alpha}(P_{\kappa\alpha}^2 + \omega_{\kappa\alpha}^2 Q_{\kappa\alpha}^2). \tag{64.7}$$

Die Quantisierung erfolgt jetzt genau nach Anhang A:
(64.7) hat die Gestalt der Gl. (A.1) mit reellen $Q_{\kappa\alpha}$ und $P_{\kappa\alpha}$. Wir führen also die Vertauschungsrelationen

$$[Q_{\kappa\alpha}, P_{\kappa'\alpha'}] = i\hbar \delta_{\kappa\kappa'} \delta_{\alpha\alpha'} \tag{64.8}$$

für die *Operatoren* $Q_{\kappa\alpha}$ und $P_{\kappa\alpha}$ ein und kombinieren die Operatoren zu neuen *Photonen-Erzeugungs- und Vernichtungs-Operatoren*

$$c^+_{\kappa\alpha} = \frac{1}{\sqrt{2\hbar\omega_{\kappa\alpha}}} (\omega_{\kappa\alpha} Q_{\kappa\alpha} - i P_{\kappa\alpha}), \quad c_{\kappa\alpha} = \frac{1}{\sqrt{2\hbar\omega_{\kappa\alpha}}} (\omega_{\kappa\alpha} Q_{\kappa\alpha} + i P_{\kappa\alpha}). \tag{64.9}$$

Damit erhält der Hamilton-Operator H die Gestalt

$$H = \sum_{\kappa\alpha} \hbar\omega_{\kappa\alpha} (c^+_{\kappa\alpha} c_{\kappa\alpha} + \tfrac{1}{2}). \tag{64.10}$$

Um später die (klassischen) Wechselwirkungsglieder in Operatoren der Photonen-Wechselwirkung mit den elementaren Anregungen des Festkörpers umformen zu können, benötigen wir den Zusammenhang der $c_{\kappa\alpha}$ mit den Feldern. Unter Einführung des Polarisationsvektors $e_{\kappa\alpha}(\perp \kappa)$ ergibt sich:

$$A = \sum_{\kappa\alpha} \sqrt{\frac{2\pi}{\hbar\omega_{\kappa\alpha}}} e_{\kappa\alpha} (c_{\kappa\alpha} e^{i\kappa\cdot r} + c^+_{\kappa\alpha} e^{-i\kappa\cdot r}). \tag{64.11}$$

E und H folgen hieraus unter Benutzung von (64.3). Für die Zeitabhängigkeit der $c_{\kappa\alpha}$ gilt das gleiche, wie für die $a_{\kappa\alpha}$: $c_{\kappa\alpha} \sim \exp(-i\omega_{\kappa\alpha} t)$.

65. Polaritonen

Absorption elektromagnetischer Strahlung im Festkörper bedeutet Energieübertragung aus dem elektromagnetischen Feld an den Festkörper, oder anders ausgedrückt: Absorption von Photonen unter Erzeugung elementarer Anregungen. Damit die Energie tatsächlich dem Strahlungsfeld entzogen wird, darf die Kopplung der elementaren Anregungen an die Photonen nicht stärker sein als andere Wechselwirkungen im Festkörper, die die absorbierte Energie weiter dissipieren. Denn sonst ist die Reemissionswahrscheinlichkeit für Photonen zu stark, und die absorbierte Energie wird an das Strahlungsfeld zurückgegeben (Abb. 67).
Ein typisches Beispiel ist die Wechselwirkung des transversalen elektromagnetischen Feldes mit den transversalen Polarisationswellen des Festkörpers. Die zugehörigen elementaren Anregungen sind für die Polarisation des Ionengitters die *TO*-Phononen, für die Polarisation des Elektronensystems die Exzitonen. Beide sind Bose-Teilchen. Wir fassen sie zunächst als *Polarisationsquanten* zusammen. Die Wechselwirkung mit dem elektromagnetischen Feld besteht dann in Übergängen Photon→Polarisationsquant und umgekehrt. Absorption erfolgt nur

dann, wenn das Polarisationsquant vor Reemission eines Photons in (eine oder mehrere) andere elementare Anregungen zerfällt.
Die Dispersion der Polarisationsquanten ist so schwach, daß die Dispersionskurven des Photons und des Polarisationsquants sich bei kleinen Wellenvektoren schneiden

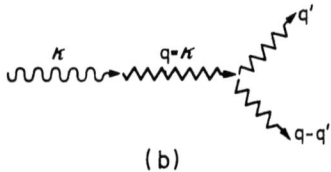

Abb. 67. Absorption eines Photons unter Emission eines Phonons. (a) In einem Folgeprozeß wird das Photon reemittiert, (b) in einem Folgeprozeß zerfällt das Phonon in zwei Phononen geringerer Energie; erst dadurch ist die Photonenenergie endgültig dem Strahlungsfeld entzogen

(Abb. 68). In der Nähe des Schnittpunktes – Energie und Impuls beider Anregungen stimmen dort überein – wird die Kopplung so stark, daß beide nicht mehr als unabhängige elementare Anregungen betrachtet werden können. Photon und Polarisationsquant sind vielmehr eine Einheit, die als elementare Anregung aufgefaßt werden kann, und deren Wechselwirkung mit den anderen elementaren Anregungen des Festkörpers den eigentlichen Absorptionsprozeß darstellt. Sie wird *Polariton* genannt.

Um den Begriff des Polaritons genauer zu fassen, führen wir neben dem Vektorpotential des Lichtes (64.11) die Polarisation des Dielektrikums ein. Beide Vektoren drücken wir durch Erzeugungs- und Vernichtungsoperatoren aus:

$$A = \sum_{\varkappa\alpha} A_0 (c_{\varkappa\alpha} + c^+_{-\varkappa\alpha}) e^{i\varkappa \cdot r}, \qquad (65.1)$$

$$P = \sum_{k\alpha} P_0 (b_{k\alpha} + b^+_{-k\alpha}) e^{ik \cdot r}. \qquad (65.2)$$

Dabei geht die Summation über die Wellenvektoren $\varkappa$ bzw. k und die beiden Polarisationsrichtungen in der Ebene senkrecht dazu. Zur Vereinfachung schreiben wir für die Gesamtheit der Summationsindizes in beiden Fällen künftig den Index k.

Für den Hamilton-Operator der Photon-Polarisationsquant-Wechselwirkung setzen wir an:

$$H = \sum_k \{E_{1k}(c_k^+ c_k + \tfrac{1}{2}) + E_{2k}(b_k^+ b_k + \tfrac{1}{2})$$
$$+ E_{3k}(c_k^+ b_k - c_k b_k^+ - c_k b_{-k} + c_{-k}^+ b_k^+)\}. \tag{65.3}$$

Das erste Glied ist der Hamilton-Operator des Photonenfeldes, das zweite Glied der des Polarisationsfeldes. Das dritte Glied beschreibt die Wechselwirkung, wobei die Vorzeichen gemäß folgender Argumentation festgelegt sind: Die Wechselwirkung hängt vom Produkt beider Felder $\boldsymbol{E} \cdot \boldsymbol{P}$ ab. Wegen $\boldsymbol{E} \cdot \boldsymbol{P} \sim -(1/c)\dot{\boldsymbol{A}} \cdot \boldsymbol{P}$ treten im Wechselwirkungsglied nach (65.1) und (65.2) Produkte der Form $-(c_k - c_{-k}^+)(b_k + b_{-k}^+)$ oder, nach Vertauschung des Summationsindex k mit $-k$ in den b_k, die vier Kombinationen im letzten Glied von (65.3) auf. Um die Energien E_{ik} zu bestimmen, müßten wir den Hamilton-Operator explizit ableiten. Wir wollen diesen etwas mühsamen Weg vermeiden und die E_{ik} durch eine andere Betrachtung gewinnen.

Dazu gehen wir zum klassischen Problem zurück. Das elektromagnetische Feld beschreiben wir durch die Maxwellschen Gleichungen, das Polarisationsfeld durch eine Bewegungsgleichung, in der freie Oszillatoren der Eigenfrequenz ω_0 durch eine Suszeptibilität χ mit dem elektrischen Feld gekoppelt sind:

$$\operatorname{rot} \boldsymbol{H} = \frac{1}{c}(\dot{\boldsymbol{E}} + 4\pi \dot{\boldsymbol{P}}), \quad \operatorname{rot} \boldsymbol{E} = -\frac{1}{c}\dot{\boldsymbol{H}}, \quad \ddot{\boldsymbol{P}} + \omega_0^2 \boldsymbol{P} = \chi \boldsymbol{E}. \tag{65.4}$$

Dies sind drei Bestimmungsgleichungen für die Felder $\boldsymbol{E}, \boldsymbol{H}$ und $\boldsymbol{P}$. Setzen wir für diese Felder transversale ebene Wellen an, die in z-Richtung fortschreiten

$$E_x = E_{x0} e^{i(kz - \omega t)}, \quad H_y = H_{y0} e^{i(kz - \omega t)}, \quad P_x = P_{x0} e^{i(kz - \omega t)}, \tag{65.5}$$

so wird

$$\frac{\omega}{c} E_x + \frac{4\pi\omega}{c} P_x - k H_y = 0, \quad k E_x - \frac{\omega}{c} H_y = 0, \quad \chi E_x + (\omega^2 - \omega_0^2) P_x = 0. \tag{65.6}$$

Dieses Gleichungssystem ist nur lösbar, wenn die Determinante

$$\begin{vmatrix} \dfrac{\omega}{c} & \dfrac{4\pi\omega}{c} & -k \\ k & 0 & -\dfrac{\omega}{c} \\ \chi & \omega^2 - \omega_0^2 & 0 \end{vmatrix} \tag{65.7}$$

verschwindet. Das führt auf

$$\omega^4 - \omega^2(\omega_0^2 + 4\pi\chi + c^2 k^2) + \omega_0^2 c^2 k^2 = 0, \tag{65.8}$$

woraus sich die Dispersionsbeziehung $\omega(k)$ der Polaritonen berechnen läßt.

Wir diskutieren diese in Abb. 68 gezeigte Beziehung weiter unten.

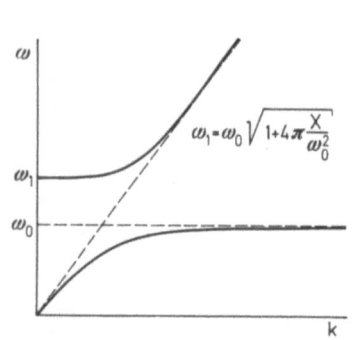

Abb. 68. Am Kreuzungspunkt zweier Dispersionskurven (hier der Dispersion der Photonen $\omega = ck$ und der Polarisationsquanten $\omega = \omega_0$) erlauben Energie- und Wellenzahlerhaltungssatz eine Umwandlung der einen Anregung in die andere nach Abb. 67. Die starke Wechselwirkung führt zu einer Mischform beider Anregungen, zu dem *Polariton*. Die Dispersionskurve des Polaritons besitzt zwei Äste. Weit oberhalb des Kreuzungspunktes geht das Polariton des einen Astes in ein Photon, das Polariton des anderen Astes in ein Polarisationsquant über. Unterhalb des Kreuzungspunktes ($k \to 0$) gilt das gleiche, nur ist dort die Geschwindigkeit des Photons und die Eigenfrequenz des Polarisationsquants geändert

Zunächst versuchen wir, diese Beziehung aus dem Hamilton-Operator (65.3) zu gewinnen. (65.3) enthält Vernichtungs- und Erzeugungsoperatoren für Photonen und Polarisationsquanten. Durch lineare Kombination führen wir Erzeuger und Vernichter für *Polaritonen* ein:

$$\alpha_k = w c_k + x b_k + y c^+_{-k} + z b^+_{-k}. \tag{65.9}$$

Entsprechend definieren wir die α_k^+. Die Koeffizienten gewinnen wir ähnlich wie in Abschnitt 39 bei den antiferromagnetischen Magnonen (Gl. (39.4)) durch die Forderung, daß der in den α_k ausgedrückte Hamilton-Operator die Form

$$H = \sum_k \{ E_k^{(1)} (\alpha_{1k}^+ \alpha_{1k} + \tfrac{1}{2}) + E_k^{(2)} (\alpha_{2k}^+ \alpha_{2k} + \tfrac{1}{2}) \} \tag{65.10}$$

erhalten soll.

Dabei wurde beachtet, daß für ein gegebenes *k* zu jedem der beiden Zweige der Polaritonen (Abb. 68) ein Erzeugungs- und ein Vernichtungsoperator existiert.

Aus (65.9) und (65.10) folgt für die Vertauschungsrelation eines der neu eingeführten Operatoren mit H

$$[\alpha_k, H] = E_k \alpha_k, \tag{65.11}$$

wobei wir den Index 1 bzw. 2 weggelassen haben. Dann muß diese Relation auch zwischen dem in (65.9) definierten Operator und dem Hamilton-Operator (65.3) gelten. Schreibt man sie explizit hin, so folgt eine Operatorgleichung der Form

$$A_1 c_k + A_2 b_k + A_3 c^+_{-k} + A_4 b^+_{-k} = 0, \tag{65.12}$$

die durch Bildung geeigneter Matrixelemente in die Gleichungen $A_i = 0$ oder $a_i w + b_i x + c_i y + d_i z = 0$ zerfällt. Diese Gleichungen für w, x, y und z sind nur lösbar, wenn ihre Determinante verschwindet. Man erhält hier

$$\begin{vmatrix} E_{1k}-E_k & -E_{3k} & 0 & -E_{3k} \\ E_{3k} & E_{2k}-E_k & -E_{3k} & 0 \\ 0 & -E_{3k} & -E_{1k}-E_k & -E_{3k} \\ -E_{3k} & 0 & E_{3k} & -E_{2k}-E_k \end{vmatrix} = 0. \qquad (65.13)$$

Dies ergibt die Säkulargleichung

$$E_k^4 - E_k^2(E_{1k}^2 + E_{2k}^2) + E_{1k}^2 E_{2k}^2 + 4 E_{1k} E_{2k} E_{3k}^2 = 0. \qquad (65.14)$$

Durch Vergleich mit (65.8) findet man also für die E_{ik} des Hamilton-Operators (65.3)

$$E_{1k} = \hbar c k, \quad E_{2k} = \hbar \omega_0 \sqrt{1 + 4\pi \frac{\chi}{\omega_0^2}}, \quad E_{3k} = i \left[\frac{\pi \chi c k \hbar^2}{\omega_0 \sqrt{1 + 4\pi \frac{\chi}{\omega_0^2}}} \right]^{\frac{1}{2}}. \qquad (65.15)$$

Wir betrachten jetzt Abb. 68. Für große k werden die beiden Zweige des Dispersionsspektrums identisch mit den Zweigen $\omega = ck$ der Photonen und $\omega = \omega_0$ der Polarisationsquanten. Für kleine k weist das Spektrum dagegen krasse Abweichungen hier auf. Der eine Zweig steigt zwar vom Wert Null linear an. Seine Steigung ist aber nicht c sondern $c/\sqrt{1 + 4\pi(\chi/\omega_0^2)}$. Der andere Zweig beginnt bei $\omega = \omega_0 \sqrt{1 + 4\pi(\chi/\omega_0^2)}$.

Wir betrachten nun die beiden möglichen Polarisationsquanten, die optischen Phononen und die Exzitonen.

Schon in Abschnitt 36 hatten wir eine Anhebung der Grenzfrequenz der longitudinalen optischen Phononen gegenüber der der transversalen Phononen gefunden (Lyddane-Sachs-Teller-Beziehung). Sie beruhte auf der Tatsache, daß die longitudinalen Schwingungen geladener Ionen mit dem Auftreten eines inneren, makroskopischen elektrischen Feldes verbunden sind, die transversalen dagegen nicht. Ähnlich ist hier die Anhebung der Grenzfrequenz des oberen Polaritonenzweiges auf das elektrische Feld des Lichtes zurückzuführen.

Um das Dispersionsspektrum der *Phonon-Polaritonen* (im Gegensatz zu den Exziton-Polaritonen) zu bestimmen, setzen wir an die Stelle der dritten Gleichung (65.4) die beiden Gleichungen (36.5). Neben E und H treten also die Felder P und w. (65.7) wird dann eine (4 × 4)-Determinante mit der Säkulargleichung

$$\omega^4 - \omega^2 \left(\omega_l^2 + \left(\frac{ck}{\varepsilon_\infty} \right)^2 \right) + \omega_t^2 \left(\frac{ck}{\varepsilon_\infty} \right)^2 = 0. \qquad (65.16)$$

Das zugehörige Spektrum ist in Abb. 69 gezeigt. Die Frequenzverschiebung des oberen Astes bei $k = 0$ ist genau die Lyddane-Sachs-Teller-Verschiebung. Gegenüber Abb. 68 kommt als einzige Änderung hinzu, daß die Steigung des oberen

Astes für große k nicht gleich c, sondern gleich $c/\sqrt{\varepsilon_\infty}$ ist. Der untere Ast hat zunächst die Steigung $c/\sqrt{\varepsilon_0}$ und mündet später in den Wert ω_t.
Ganz ähnliche Verhältnisse finden wir für die *Exziton-Polaritonen*. Dazu müssen wir die bisher noch nicht genannte Tatsache erwähnen, daß longitudinale und transversale Exzitonen existieren, daß es also Exzitonenzustände gibt, die mit einer Polarisation senkrecht oder parallel zum Wellenzahlvektor K des Exzitons verbunden sind. Wir verweisen für nähere Einzelheiten auf das Buch von Knox [71].

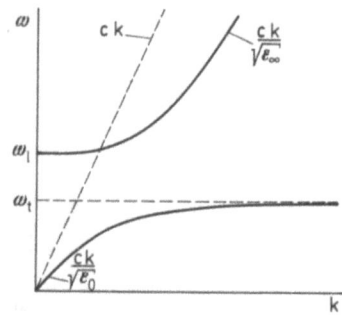

Abb. 69. Dispersionskurven des Phonon-Polaritons. Im Unterschied zu Abb. 68 ist die Steigung des photon-ähnlichen Astes oberhalb des Kreuzungspunktes kleiner als die Lichtgeschwindigkeit

Optische Phononen und Exzitonen besitzen viele gemeinsame Eigenschaften. Beide sind Bose-Teilchen. In nicht-polaren Festkörpern sind die drei Phononenzweige bei $q=0$ entartet. Exzitonen mit $K=0$, die durch einen erlaubten Dipol-Übergang zwischen zwei Bändern (z. B. einem s-p-Übergang) entstanden sind, besetzen ebenfalls einen dreifach-entarteten Zustand (Entartung der drei p-Funktionen). Geht man zu kleinen q- bzw. K-Werten über, so spaltet die dreifache Entartung in einen einfachen und einen zweifachen Zweig auf, die mit den longitudinalen bzw. transversalen Zweigen identifiziert werden können. Für die Phononen hatten wir dies in Abb. 48 gesehen (vgl. auch Anhang B.8). Für polare Festkörper wird die dreifache Entartung bereits bei $q=0$ bzw. $K=0$ aufgehoben.

Die früher für die Phononen geführte Diskussion zeigt aber auch, daß in beiden Fällen die Auftrennung in streng longitudinale und transversale Polarisationsquanten nur längs einzelner Symmetrieachsen möglich ist. Für einen allgemeinen Punkt in der Brillouin-Zone trifft dies nicht zu. Dies ist für das Polaritonen-Problem von untergeordneter Bedeutung, da in der unmittelbaren Umgebung von $k=0$ (der κ-Vektor des Lichts ist um einen Faktor 10^{-4} kleiner als die Abmessungen der Brillouin-Zone) eine Aufteilung in longitudinale und transversale Zweige immer möglich ist.

„Mischformen" elementarer Anregungen, wie die hier behandelten Polaritonen treten noch in anderen Fällen auf, so bei der Photon-Magnon-Kopplung (vgl.

Kittel [12]) oder bei der starken Kopplung zwischen *LO*-Phononen und Plasmonen (vgl. z. B. Mooradian [58.IX]). Zum Polaritonen-Problem vgl. speziell noch die Artikel von Hopfield in [35] und [49] und von Burstein in [62].

66. Die komplexe Dielektrizitätskonstante

Die makroskopische Wechselwirkung eines elektrischen Feldes und eines Magnetfeldes mit Materie ist bereits in den Maxwellschen Gleichungen enthalten. In Materie gelten die Gleichungen (64.1) ebenfalls, wobei in Leitern die erste Gleichung um ein Stromglied $(4\pi/c)i$ zu ergänzen ist und Raumladungen als Quellen des Verschiebungsfeldes auftreten können. Beide Erweiterungen benötigen wir nicht, solange wir uns auf optische Erscheinungen in Nichtleitern beschränken. Ladungen brauchen wir im allgemeinen ebenfalls nicht zu berücksichtigen, zumal mit den transversalen, elektromagnetischen Wellen der Optik keine Ladungsverschiebungen verbunden sind.

Die Felder E und D bzw. B und H sind jetzt aber durch *Materialgleichungen* gekoppelt

$$D = \varepsilon E, \quad B = \mu H. \tag{66.1}$$

Im weiteren wollen wir noch $\mu = 1$ setzen, uns also auf nichtmagnetisierbare Körper beschränken. Die Materialkonstante ε enthält dann die gesamte Information über die Wechselwirkung der Felder mit der Materie.

Die beiden Materialgleichungen (66.1) (zusammen mit dem Ohmschen Gesetz $i = \sigma E$) tragen der Erfahrung Rechnung, daß in der Elektro- bzw. Magnetostatik die „Erregungen" linear mit den erregenden Feldern verbunden sind. Es ist nicht selbstverständlich, daß diese Gleichungen auch bei hochfrequenten Feldern gelten. Es ist deshalb zweckmäßig, ohne expliziten Rückgriff auf die Maxwellschen Gleichungen, die erste Gleichung (66.1) aus einigen allgemeinen Annahmen über die Natur der Wechselwirkung neu zu formulieren.

Auch in der Optik besteht zwischen dem elektrischen Feld der Lichtwelle und dem Verschiebungsfeld in der Materie eine Beziehung. In der Form (66.1) ist diese Beziehung *skalar, linear, lokal* und *synchron*. Die skalare Form bedeutet die Annahme eines isotropen Mediums, die wir im weiteren beibehalten wollen. Der Übergang zu anisotropen Medien durch Ansetzen einer tensoriellen Beziehung stößt auf keine prinzipiellen Schwierigkeiten. Die Linearität der Beziehung bedeutet eine Beschränkung auf (im Vergleich zu den inneren elektrischen Feldern) schwache äußere Felder. Ein nicht-linearer Zusammenhang läßt sich natürlich nicht ausschließen, doch ist die *lineare Optik* – solange man Anregung durch Laser außer acht läßt – hinreichend. Gl. (66.1) beinhaltet ferner, daß die Verschiebung $D(r,t)$ durch den Wert des makroskopischen Feldes E am gleichen Ort und zur gleichen Zeit gegeben ist. Die Forderung der Lokalität werden wir aufrechterhalten, auch wenn die Möglichkeit einer *räumlichen Dispersion* nicht allgemein auszuschließen ist. Dagegen ist bei zeitlich schnell veränderlichen Feldern die Erregung nicht notwendig mit dem erregenden Feld synchron gekoppelt. Notwendig ist nur, daß die Kopplung *kausal* ist, also nur die Werte von E *vor* dem Zeitpunkt t zur Erregung in t beitragen.

Aufgrund dieser Annahmen definieren wir die *Dielektrizitätskonstante* wie folgt (für nähere Einzelheiten vgl. z. B. den Beitrag von Tauc in [36]):
Wir setzen an

$$D = E + 4\pi P = E + 4\pi \int_{-\infty}^{t} f(t-\bar{t}) E(\bar{t}) d\bar{t}, \qquad (66.2)$$

führen also noch die Polarisation P ein und verknüpfen sie kausal mit dem elektrischen Feld. Faßt man (66.2) als lineare Verknüpfung zwischen D und E durch eine „Dielektrizitätskonstante" auf, so ist diese ein linearer Integraloperator. Stellt man E als Fourier-Summe aus ebenen Wellen verschiedener Frequenz dar, so wird die Beziehung zwischen den einzelnen Summanden frequenzabhängig:

$$P(t) = \int_{-\infty}^{t} f(t-t') E_0 e^{-i\omega t'} dt' = e^{-i\omega t} \int_{0}^{\infty} f(t'') e^{i\omega t''} dt'' E_0 = e^{-i\omega t} P_0. \qquad (66.3)$$

Dies definiert uns die *frequenzabhängige komplexe Dielektrizitätskonstante*

$$\varepsilon(\omega) = 1 + 4\pi \int_{0}^{\infty} f(t) e^{i\omega t} dt. \qquad (66.4)$$

Wegen der Voraussetzung der Lokalität ist sie nicht wellenzahlabhängig wie die in Abschnitt 13 definierte Dielektrizitätskonstante des Elektronengases. Auch in anderer Beziehung sind beide Größen verschieden. So beschreibt die hier eingeführte DK die „Antwort" (response) des Festkörpers auf eine *transversale* Störung, während wir in Abschnitt 13 eine *longitudinale* (mit Dichteschwankungen des Elektronengases verbundene) Störung betrachtet hatten.

Der Ansatz (66.2) ist ein Spezialfall der allgemeinen Beziehung zwischen einer Störung und der durch sie hervorgerufenen Erregung in der *linearen Antworttheorie*. Für den die Beziehung vermittelnden Integraloperator, die *verallgemeinerte Suszeptibilität*, gelten allgemeine Gesetzmäßigkeiten, so z. B. Beziehungen zwischen Realteil und Imaginärteil dieser Größe *(Dispersionsrelationen, Kramers-Kronig-Relationen)*.

Für den vorliegenden Fall (transversale DK in einem Nichtleiter) lautet die Dispersionsrelation (zum Beweis vgl. die in Abschnitt 63 angegebene Literatur):

$$\varepsilon(\omega) - 1 = \frac{1}{i\pi} P \int_{-\infty}^{+\infty} \frac{\varepsilon(\xi) - 1}{\xi - \omega} d\xi, \qquad (66.5)$$

wo der Hauptwert des Integrals zu nehmen ist. Trennen wir Realteil und Imaginärteil der Dielektrizitätskonstanten

$$\varepsilon(\omega) = \varepsilon_1(\omega) + i\varepsilon_2(\omega), \qquad (66.6)$$

so folgen aus (66.5) die beiden Beziehungen

$$\varepsilon_1(\omega) - 1 = \frac{1}{\pi} P \int_{-\infty}^{+\infty} \frac{\varepsilon_2(\xi)}{\xi - \omega} d\xi = \frac{2}{\pi} P \int_0^\infty \frac{\xi \varepsilon(\xi)}{\xi^2 - \omega^2} d\xi, \qquad (66.7)$$

$$\varepsilon_2(\omega) = -\frac{1}{\pi} P \int_{-\infty}^{+\infty} \frac{\varepsilon_1(\xi) - 1}{\xi - \omega} d\xi = -\frac{2\omega}{\pi} P \int_0^\infty \frac{\varepsilon_1(\xi)}{\xi^2 - \omega^2} d\xi. \qquad (66.8)$$

Der Realteil kann also berechnet werden, wenn der Imaginärteil im gesamten Frequenzbereich gegeben ist und umgekehrt.

Wir werden im folgenden praktisch alle theoretischen Ergebnisse auf die beiden Funktionen $\varepsilon_1(\omega)$ und $\varepsilon_2(\omega)$ zurückführen. Wir müssen also noch ihren Zusammenhang mit den experimentell zugänglichen Parametern angeben.

Dazu betrachten wir eine monochromatische ebene Welle in einem absorbierenden Medium.

Sie ist Lösung einer Wellengleichung, die sich von (64.2) nur dadurch unterscheidet, daß im zweiten Glied links ein Faktor $\varepsilon(\omega)$ hinzukommt. Dann tritt an die Stelle der Beziehung (64.4) $\kappa = \omega/c$ die Beziehung $\kappa^2 = (\omega/c)^2 \varepsilon$. Führen wir den *komplexen Brechungsindex* N durch $N^2 = \varepsilon$, $N = n + ik$, ein, so wird $\kappa = (\omega/c)N$. Die beiden *optischen Konstanten* n (reeller Brechnungsindex) und k (Extinktionskoeffizient) sind dann mit ε_1 und ε_2 verknüpft durch

$$\varepsilon_1 = n^2 - k^2, \qquad \varepsilon_2 = 2nk, \qquad (66.9)$$

Setzt man dies in die Gleichung für eine ebene Welle ein, die in z-Richtung läuft, so wird

$$E = E_0 e^{-\frac{\omega k}{c} z} e^{i\left(\frac{n\omega}{c} z - \omega t\right)}. \qquad (66.10)$$

Die Welle ist gedämpft. k beschreibt die *Absorption* der Welle im Medium, n ihre *Dispersion*. Nach (66.9) bestimmt also ε_1 über n wesentlich die Dispersion, ε_2 über den Faktor k die Absorption.

Die optischen Konstanten werden vorwiegend aus Messungen der *Durchlässigkeit* (Transmission) und der *Reflexion* bestimmt. Bei senkrechter Inzidenz sind sie mit der Durchlässigkeit D und dem Reflexionskoeffizienten R verknüpft durch die Beziehungen:

$$D = \frac{(1 - R^2) e^{-kz}}{1 - R^2 e^{-2kz}}, \qquad R = \frac{(n-1)^2 + k^2}{(n+1)^2 + k^2}, \qquad (66.11)$$

wobei K die *Absorptionskonstante*

$$K = \frac{2\omega k}{c} \qquad (66.12)$$

ist.

B. Elektron-Photon-Wechselwirkung

67. Einführung

Wir besprechen in den folgenden Abschnitten diejenigen Wechselwirkungsprozesse, bei denen unter Absorption von Photonen Elektronen in höhere Ein-Teilchen-Zustände des Bändermodells gehoben werden. Dabei nehmen wir zunächst an, daß der Ausgangszustand in einem besetzten Band (Valenzband) und der Endzustand in einem leeren Band (Leitungsband) liegt. Wir betrachten also die optische Absorption in Halbleitern und Isolatoren.

Abb. 70 zeigt typische experimentelle Ergebnisse: Abb. 70a zeigt das Reflexionsspektrum von Germanium im Bereich unterhalb von 20 eV, die beiden anderen Teilfiguren die aus dem Reflexionsspektrum bestimmten Funktionen $\varepsilon_1(\omega)$ und $\varepsilon_2(\omega)$. Daß Realteil und Imaginärteil der komplexen DK aus *einem* experimentell gemessenen Spektrum gewonnen werden können, liegt an den Kramers-Kronig-Relationen (66.7), (66.8), die die eine Funktion aus der Kenntnis der anderen im gesamten Spektralbereich zu bestimmen gestatten. Vgl. hierzu z. B. [107].

Wichtig für uns ist vor allem Abb. 70c, da ε_2 für die Absorption bestimmend ist. Man erkennt, daß oberhalb einer Schwellenenergie ein Gebiet hoher Absorption und starker Struktur folgt, während dann die Absorption kontinuierlich abklingt. Das Spektrum der Abb. 70c ist für alle Halbleiter und Isolatoren typisch: Die Schwellenenergie entspricht dem Abstand des Maximums des Valenzbandes vom Minimum des Leitungsbandes (verbotene Zone). Sie ist die Mindestenergie, die einem Elektron übertragen werden muß, um in das Leitungsband zu gelangen. Die Struktur oberhalb der Schwellenenergie rührt von Übergängen aus Termen des Valenzbandes in höhere Leitungsbänder her. Ihr Beitrag zu ε_2 ist stark abhängig davon, wo in der Brillouin-Zone Anfangs- und Endzustand liegen, wie groß dort die Zustandsdichten sind, und ob die Übergänge von der Symmetrie der beteiligten Zustände her erlaubt oder verboten sind.

Im einfachsten Fall sind außer dem Photon und dem Elektron keine weiteren elementaren Anregungen am Wechselwirkungsprozeß beteiligt (direkte Übergänge).

Die Erhaltungssätze fordern, daß die Anregungsenergie des Elektrons $E_e(\mathbf{k}_e) - E_a(\mathbf{k}_a)$ gleich der Energie des absorbierten Photons $\hbar\omega$ ist, und daß $\mathbf{k}_e - \mathbf{k}_a$ gleich dem Wellenzahlvektor $\mathbf{\kappa}$ des Photons ist. Da bei den in Frage kommenden Energien (Größenordnung eV) die Wellenzahlen der Photonen $\kappa = \omega c$ um einen Faktor der Größenordnung 10^{-4} kleiner als die Ausmessungen der Brillouin-Zone sind, kann κ vernachlässigt werden. Es kann also die $\mathbf{k}$-Erhaltung beim Übergang angenommen werden. Mit solchen Übergängen befassen wir uns in Abschnitt 68.

Es ist zweckmäßig – ähnlich wie in Abb. 57 – die möglichen Wechselwirkungsprozesse durch Graphen darzustellen (Abb. 71). Die Einzelprozesse sind die Absorption eines Photons unter Übergang eines Elektrons aus dem Valenzband in das Leitungsband (bei angenäherter $\mathbf{k}$-Erhaltung!) und das Zurückfallen des

Elektrons unter Emission eines Photons (strahlender Übergang). Diese Prozesse sind in Abb. 71 oben dargestellt.

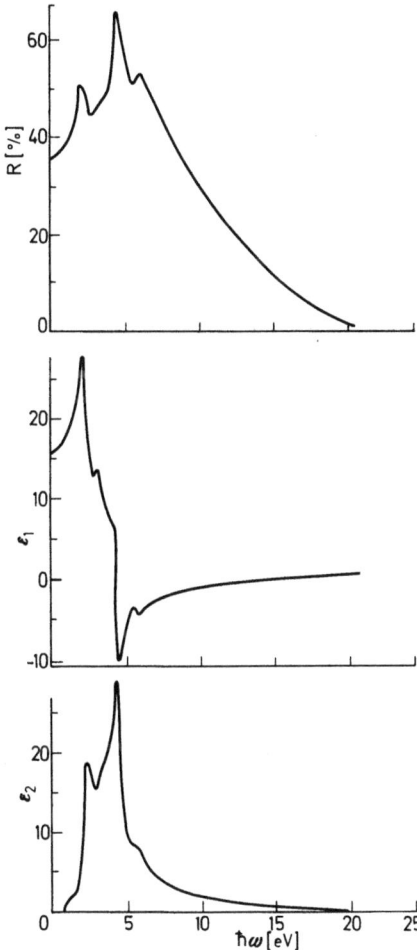

Abb. 70. Das Reflexionsspektrum des Germaniums zwischen 0 und 20 eV und die daraus abgeleiteten Spektren des Realteils und des Imaginärteils der komplexen Dielektrizitätskonstanten

Der Gesamtprozeß, mit dem wir uns in den folgenden Abschnitten beschäftigen wollen, ist der Übergang eines Elektrons von einem Zustand k im Valenzband in einen Zustand $k+q$ im Leitungsband. Dabei müssen wir drei Voraussetzungen beachten: a) Der Übergang muß einer der Einzelprozesse sein oder aus Einzelprozessen (mit virtuellen Zwischenzuständen) aufgebaut sein. b) Die Einzelprozesse

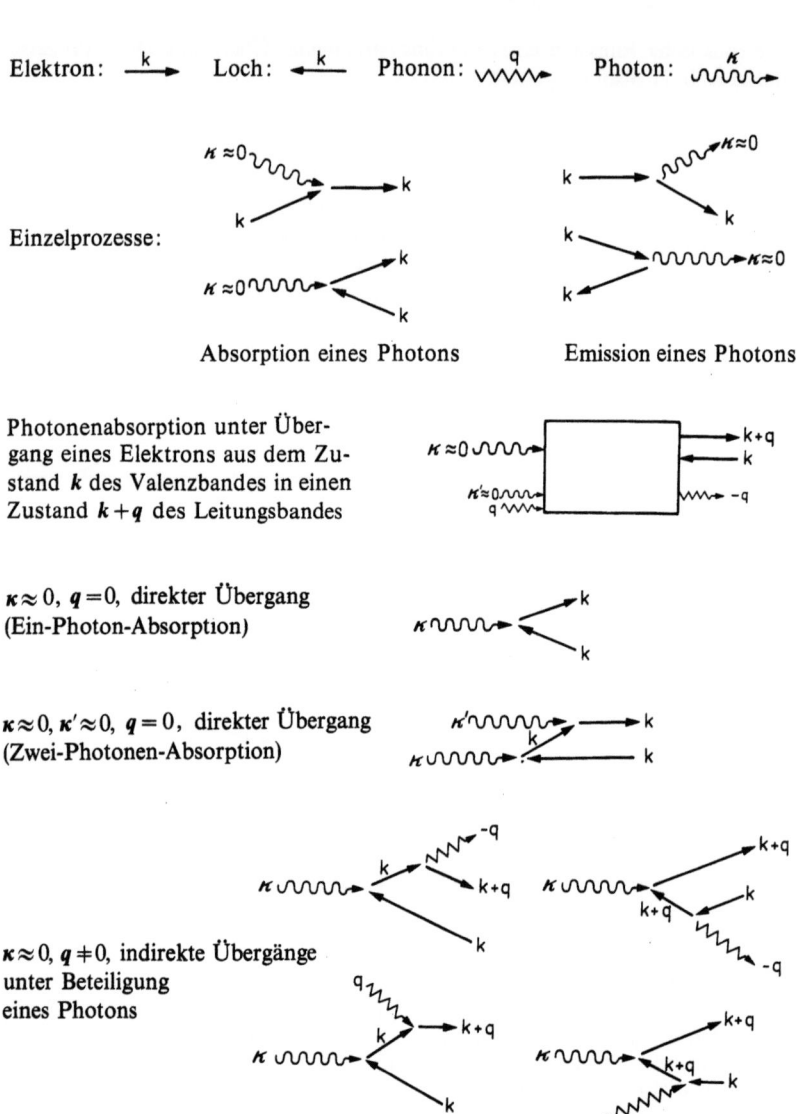

Abb. 71. Graphen zur Elektron-Photon-Wechselwirkung

müssen symmetrie-erlaubt sein. c) Energie- und Impulssatz müssen erfüllt sein, wobei die Energieerhaltung nur für den Gesamtprozeß, nicht für die Einzelschritte gefordert wird.

Ist $q=0$, so sind direkte Übergänge möglich. Energiesatz und Auswahlregeln können für bestimmte Übergänge die aufeinanderfolgende Absorption zweier Photonen fordern. Diesen Fall besprechen wir in Abschnitt 70.

Ist $q\neq 0$, so läßt sich der Impulssatz nur erfüllen, wenn zusätzlich ein Phonon des Impulses q absorbiert oder ein Phonon des Impulses $-q$ emittiert wird (Abb. 71, unten). Diese *indirekten* Übergänge behandeln wir in Abschnitt 69.

Abschnitt 71 berücksichtigt die bis dahin vernachlässigte Wechselwirkung des Elektrons mit seinem im Valenzband zurückgelassenen Loch, also Exzitoneneffekte im Absorptionsspektrum.

In den Abschnitten 68–71 werden wir noch keinen Vergleich der theoretischen Ergebnisse mit dem Experiment bringen können, da alle genannten Prozesse gemeinsam zur Gestalt des Absorptionsspektrums und Reflexionsspektrums beitragen. Der Abschnitt 72 ist deshalb einem Vergleich mit dem Experiment gewidmet.

Bei diesen Absorptionsprozessen haben wir den Fall außer acht gelassen, daß ein Elektron von einem Ausgangszustand in einen Endzustand im selben Band übergeht. Dieser bei Metallen und Halbleitern mögliche Prozeß erfordert zu seiner Behandlung andere Methoden. Wir behandeln ihn als Transportproblem: als das Verhalten eines Elektronengases in einem hochfrequenten elektrischen Feld. Die hierbei gewonnene Hochfrequenzleitfähigkeit verknüpfen wir mit der Dielektrizitätskonstanten. Dies erfolgt in Abschnitt 73.

Optische Spektren lassen sich durch äußere Parameter beeinflussen. Einer der ausgeprägtesten Effekte ist die Änderung der Elektronenübergänge durch die Änderung der Bandstruktur im Magnetfeld (Abschnitt 8). Wie behandeln das Phänomen der *Magnetoabsorption und -reflexion* in Abschnitt 74 und die *Magnetooptik freier Ladungsträger* in Abschnitt 75.

68. Direkte Übergänge

Als einfachsten Wechselwirkungsprozeß betrachten wir in diesem Abschnitt die Absorption von Photonen durch Elektronen. Die Elektronen ändern dabei ihre Energie und ihren Impuls um die Energie und den Impuls des absorbierten Photons. Ziel ist die Berechnung der Absorptionskonstanten bzw. des Imaginärteils der komplexen Dielektrizitätskonstanten durch solche Elementarprozesse.

Die Absorptionskonstante ist definiert als der Quotient aus der absorbierten Energie pro Volumen- und Zeiteinheit und der einfallenden Energie. Sei $W(\omega)$ die Zahl der pro Volumen- und Zeiteinheit absorbierten Photonen, so ist $\hbar\omega W(\omega)$ die absorbierte Energie.

Die einfallende Lichtwelle stellen wir durch ihr Vektorpotential dar:

$$A(r,t) = A_0\, e\, e^{i(\kappa \cdot r - \omega t)} + \text{konj. komplex.} \tag{68.1}$$

Die einfallende Energie pro Zeit- und Volumeneinheit folgt dann als Produkt der Energiedichte $u = 1/(8\pi)\,(\varepsilon E^2 + H^2)$ und der Lichtgeschwindigkeit im Medium $v = c/n$. Damit wird:

$$K = \frac{4\pi c \hbar}{n\omega A_0^2} W(\omega), \tag{68.2}$$

oder für den Imaginärteil der komplexen Dielektrizitätskonstanten mit (66.9) und (66.12)

$$\varepsilon_2 = \frac{4\pi c^2 \hbar}{\omega^2 A_0^2} W(\omega). \tag{68.3}$$

Zur Berechnung der Funktion $W(\omega)$ gehen wir aus von der Schrödinger-Gleichung

$$\left[\frac{1}{2m}\left(p + \frac{e}{c}A\right)^2 + V(r)\right]\psi = i\hbar\dot\psi. \tag{68.4}$$

p ist hier der Impulsoperator $-i\hbar\,\text{grad}$. Der Hamilton-Operator setzt sich zusammen aus dem ungestörten Anteil H_0 und einer Störung H'

$$H = H_0 + H', \qquad H' = \frac{e}{mc} p \cdot A, \tag{68.5}$$

wobei wir das Glied $(e^2/2mc^2)A^2$ als klein gegen H' weggelassen haben.
Wir entwickeln jetzt ψ nach den Lösungen des ungestörten Problems $H_0\psi_0 = i\hbar\dot\psi_0$:

$$\psi = \sum_{nk} a_n(k,t)\, e^{-\frac{i}{\hbar} E_n(k) t}\, |n,k\rangle. \tag{68.6}$$

Dabei bedeutet $|n,k\rangle$ die Bloch-Funktion $\psi_n(k,r)$.
Einsetzen von (68.6) in (68.4) und Multiplikation mit $\exp((i/\hbar)E_m(k')t)\langle m,k'|$ ergibt

$$\dot a_m(k',t) = \frac{1}{i\hbar} \sum_{nk} a_n(k,t)\, e^{\frac{i}{\hbar}(E_m(k') - E_n(k))t}\, \langle m,k'|H'|n,k\rangle. \tag{68.7}$$

Es sei nun $a_j(k,0) = 1$ und alle anderen $a_n(k,0) = 0$. Zur Zeit $t = 0$ sei also das durch (68.4) beschriebene Elektron im Zustand k des j-ten Bandes. Dann ist die Wahrscheinlichkeit $W(j,k,j',k',\omega,t)$, es zur Zeit t im Zustand $|j',k'\rangle$ anzutreffen, gleich $|a_{j'}(k',t)|^2$. In erster Näherung wird dann

$$\dot a_{j'}^{(1)}(k',t) = \frac{1}{i\hbar}\, e^{\frac{i}{\hbar}(E_{j'}(k') - E_j(k))t}\, \langle j',k'|H'|j,k\rangle \tag{68.8}$$

und

$$W(j,k,j',k',\omega,t) = -\frac{1}{\hbar^2}\left|\int_0^t e^{\frac{i}{\hbar}(E_{j'}(k') - E_j(k))t'}\, \langle j',k'|H'|j,k\rangle\, dt'\right|^2. \tag{68.9}$$

Wir betrachten zunächst das in (68.9) auftretende Matrixelement genauer:

$$\langle j',k'|H'|j,k\rangle = \frac{e}{mc}\frac{\hbar}{i}A_0\{e^{-i\omega t}\langle j',k'|e^{i\kappa\cdot r}e\cdot\text{grad}|j,k\rangle$$
$$+e^{i\omega t}\langle j',k'|e^{-i\kappa\cdot r}e\cdot\text{grad}|j,k\rangle\}. \qquad (68.10)$$

Wir werden weiter unten sehen, daß nur das erste Glied zur Absorption einen Beitrag leistet. Das zweite Glied lassen wir deshalb zunächst unberücksichtigt. Im ersten Glied teilen wir die Integration auf in Teilintegrationen über die einzelnen Wigner-Seitz-Zellen. Da sich der Wert einer Bloch-Funktion an äquivalenten Punkten zweier Wigner-Seitz-Zellen nur um einen Faktor $\exp(i k \cdot R_l)$ unterscheidet, wird

$$\langle\cdots|\cdots|\cdots\rangle = \langle\cdots|\cdots|\cdots\rangle_{WSZ}\cdot\sum_l e^{i(k+\kappa-k')\cdot R_l}. \qquad (68.11)$$

Die letzte Summe ist nur dann ungleich Null, wenn $k+\kappa-k'$ gleich einem Gittervektor im reziproken Gitter ist. Da k und k' in der Brillouin-Zone liegen und κ sehr klein gegen jeden Vektor K_j ist, folgt

$$k' = k + \kappa \qquad (68.12)$$

als Ausdruck der Wellenzahl- bzw. *Impulserhaltung* beim Übergang.

Die Impulsänderung des Elektrons von k zu k' ist gering. Wie wir schon früher betonten, ist der κ-Vektor des Lichtes weniger als 10^{-4} reziproke Gittervektoren. In guter Näherung können wir deshalb

$$\kappa = 0, \quad k = k' \qquad (68.13)$$

setzen. Der Übergang findet dann unter Erhaltung des k-Vektors des Elektrons statt *(direkter Übergang)*.

Damit wird (68.9)

$$W(j,j',k,\omega,t) = -\frac{e^2 A_0^2}{m^2 c^2}|M_{jj'}(k)|\int_0^t e^{\frac{i}{\hbar}(E_{j'}(k)-E_j(k)-\hbar\omega)t'}dt'\bigg|^2, \qquad (68.14)$$

wobei $M_{jj'}(k)$ das Matrixelement (68.11) ist.
Für das Integral in (68.14) findet man

$$-\bigg|\int_0^t\ldots dt'\bigg|^2 = \frac{\sin^2 xt}{x^2} \approx \pi t\delta(x) = 2\pi\hbar t\delta(2\hbar x); \quad x = \frac{E_{j'}-E_j-\hbar\omega}{2\hbar}. \qquad (68.15)$$

Dabei gilt die letzte Umformung (Einführung der δ-Funktion) für große t. Es wird dann

$$W(j,j',k,\omega,t) = \frac{e^2 A_0^2}{m^2 c^2}|M_{jj'}(k)|^2 2\pi\hbar t\delta(E_{j'}(k)-E_j(k)-\hbar\omega). \qquad (68.16)$$

Die δ-Funktion in (68.16) bedeutet, daß neben dem Impuls beim Übergang auch die Energie erhalten bleibt:

$$E_{j'}(k) = E_j(k) + \hbar\omega. \tag{68.17}$$

Hätten wir in (68.10) das zweite Glied betrachtet, so stände in (68.16) $-\hbar\omega$ anstelle von $+\hbar\omega$. Dieses Glied beschreibt also die induzierte Emission eines Photons beim Übergang.

Die Gesamtzahl der Übergänge pro Volumen- und Zeiteinheit finden wir aus (68.17) durch Division durch t, Summation über alle j (besetzte Bänder) und j' (unbesetzte Bänder) und Integration über die Brillouin-Zone

$$W(\omega) = \sum_{jj'} \frac{1}{t} \frac{2}{(2\pi)^3} \int W(j,j',k,\omega,t) d\tau_k. \tag{68.18}$$

Damit wird schließlich

$$\varepsilon_2 = \frac{8\pi^2 e^2 \hbar^2}{m^2 \omega^2} \sum_{jj'} \frac{2}{(2\pi)^3} \int |\langle j',k|e\cdot\text{grad}|j,k\rangle|^2 \delta(E_{j'}(k) - E_j(k) - \hbar\omega) d\tau_k. \tag{68.19}$$

Dies formen wir noch um unter Benutzung von Gl. (22.4):

$$\varepsilon_2 = \frac{8\pi^2 e^2 \hbar^2}{m^2 \omega^2} \sum_{jj'} \frac{2}{(2\pi)^3} \int\limits_{E_{j'} - E_j = \hbar\omega} |\langle j',k|e\cdot\text{grad}|j,k\rangle|^2$$
$$\times \frac{df}{|\text{grad}_k(E_{j'}(k) - E_j(k))|}. \tag{68.20}$$

Eine häufig benutzte Näherung geht von der Annahme aus, daß das Matrixelement sich wenig mit k ändert. Man kann es dann vor das Integral ziehen. Es bleibt ein Integral, das sich von der Zustandsdichte (22.4) nur dadurch unterscheidet, daß anstelle der Bandstruktur-Funktion $E_j(k)$ die Differenz zweier solcher Funktionen steht. Man bezeichnet dieses Integral als *kombinierte Zustandsdichte* $z_{jj'}(\omega)$. Sie gibt die Anzahl der Zustandspaare in den Bändern j und j' an, die sich um eine gegebene Energie $\hbar\omega$ voneinander unterscheiden. Wir erhalten in dieser Näherung

$$\varepsilon_2 = \frac{8\pi^2 e^2 \hbar^2}{m^2 \omega^2} \sum_{jj'} |\langle j',k|e\cdot\text{grad}|j,k\rangle|^2 z_{jj'}(\omega). \tag{68.21}$$

Zum Gültigkeitsbereich von (68.21) ist noch zu bemerken, daß wir alle Zustände im Band j als besetzt, alle Zustände im Band j' als frei angenommen haben. Trifft dies nicht zu, so sind die Besetzungswahrscheinlichkeiten der Zustände beider Bänder in geeigneter Form einzubeziehen.

Besonders wichtig sind die Übergänge zwischen dem Maximum des Valenzbandes eines Halbleiters und dem Minimum seines Leitungsbandes. Sie sind die Übergänge geringster Energie des Absorptionsspektrums – solange keine indirekten Übergänge erfolgen (Abschnitt 69) –, bestimmen also die Form der *Absorptionskante*.

Wir nehmen an, daß wir die Extrema durch eine effektive Masse beschreiben können:

$$\hbar\omega = E_{j'}(k) - E_j(k) = E_G + \frac{\hbar^2 k^2}{2m_{j'}} + \frac{\hbar^2 k^2}{2m_j} = E_G + \frac{\hbar^2 k^2}{2m_{\text{komb}}}. \qquad (68.22)$$

Dann findet man für die kombinierte Zustandsdichte gemäß (22.4) und (6.12)

$$z_{jj'}(\omega) = \frac{4\pi}{h^3}(2m_{\text{komb}})^{\frac{3}{2}}(\hbar\omega - E_G)^{\frac{1}{2}}. \qquad (68.23)$$

Zur Untersuchung der Energieabhängigkeit des Matrixelements in (68.21) setzen wir Bloch-Funktionen ein:

$$\begin{aligned}\langle j',k|e\cdot\text{grad}|j,k\rangle &= \int u_{j'}^*(k,r)e^{-i\mathbf{k}\cdot\mathbf{r}} e \cdot \text{grad}(u_j(k,r)e^{i\mathbf{k}\cdot\mathbf{r}})d\tau \\ &= \int u_{j'}^* e \cdot \text{grad}\, u_j\, d\tau + i e \cdot k \int u_{j'}^* u_j\, d\tau \\ &\equiv M_{j'j} + i e \cdot k \bar{M}_{j'j}.\end{aligned} \qquad (68.24)$$

Der zweite Summand kann im allgemeinen neben dem ersten vernachlässigt werden. Er wäre Null, wenn beim Übergang der *k*-Vektor exakt erhalten bliebe (Orthogonalität der Bloch-Funktionen mit gleichem *k* und verschiedenem *j*).

Dabei haben wir allerdings nicht untersucht, ob aufgrund der Symmetrien von Ausgangs- und Endzustand die durch das Matrixelement $M_{j'j}$ vermittelten Übergänge überhaupt *erlaubt* sind, oder ob aus Symmetriegründen die $M_{j'j}$ verschwinden. Im letzteren Fall (*verbotene* Übergänge) ist dann gerade das Matrixelement $\bar{M}_{j'j}$ in (68.24) von Bedeutung.

Die Energieabhängigkeit von ε_2 läßt sich für erlaubte und verbotene Übergänge leicht angeben. Für verbotene Übergänge ersetzen wir den Betrag von *k* nach (68.22) durch $((2m_{\text{komb}}/\hbar^2)(\hbar\omega - E_G))^{\frac{1}{2}}$. Dann wird

für *erlaubte Übergänge*

$$\varepsilon_2 \sim (\hbar\omega)^{-2} |M_{j'j}|^2 (\hbar\omega - E_G)^{\frac{1}{2}}, \qquad (68.25)$$

für *verbotene Übergänge*

$$\varepsilon_2 \sim (\hbar\omega)^{-2} |\bar{M}_{j'j}|^2 (\hbar\omega - E_G)^{\frac{3}{2}}. \qquad (68.26)$$

Neben dem Auftreten einer Absorptionskante, also einer Schwellenenergie für Absorption durch direkte Übergänge, ist das Absorptionsspektrum eines Halbleiters oder Isolators durch das Auftreten deutlicher Strukturen gekennzeichnet. Abb. 70 zeigte ein Beispiel. Diese Strukturen sind sicher nicht in einer stark variierenden Energieabhängigkeit des Matrixelementes zu suchen (wenn auch dieser Faktor eine deutliche Energieabhängigkeit haben kann). Immer dann, wenn Ausgangs- oder Endzustand des Übergangs in einem Energiebereich liegen, wo sich Teilbänder des Valenz- oder Leitungsbandes überlappen, wird vielmehr die kombinierte Zustandsdichte stark von der Übergangsenergie abhängig sein. Gl. (68.20) zeigt, daß der Integrand der kombinierten Zustandsdichte Singularitäten immer dann besitzt, wenn $\mathrm{grad}_k(E_{j'}(k)-E_j(k))=0$ ist. Dies ist der Fall bei Übergängen zwischen Bandextrema, bei denen bereits die Gradienten der Einzel-Energien verschwinden. Die Bedingung ist darüber hinaus erfüllt, wenn die Gradienten zweier Terme, die um die absorbierte Energie auseinander liegen, gleich sind: $\mathrm{grad}_k E_{j'}(k) = \mathrm{grad}_k E_j(k)$. Das heißt nicht, daß an diesen *kritischen Punkten* die kombinierte Zustandsdichte unendlich wird. Man kann vielmehr zeigen, daß an jedem kritischen Punkt des Spektrums Knicke, also Unstetigkeiten der ersten Ableitung von $z_{jj'}(\omega)$ auftreten.

Setzt man für $E_{j'}(k)-E_j(k)$ eine Taylor-Entwicklung um den kritischen Punkt an, so lauten die ersten beiden nicht verschwindenden Glieder

$$E_{j'}(k)-E_j(k) = E_0 + \sum_i a_i(k_i - k_{0i})^2, \tag{68.27}$$

wobei die a_i zunächst dem Betrag und dem Vorzeichen nach unbestimmt sind. Sind alle a_i positiv und gleich, so hat (68.27) gerade die Form (68.22). Die Absorptionskante ist also ein möglicher kritischer Punkt mit der kombinierten Zustandsdichte $z=0$ unterhalb E_0 und $z \sim (E-E_0)^{\frac{1}{2}}$ oberhalb E_0. Die gleiche Energieabhängigkeit folgt auch für positive, aber ungleiche a_i.

Andere kritische Punkte treten auf, wenn alle a_i negativ sind ($z \sim (E_0-E)^{\frac{1}{2}}$ unterhalb und $z=0$ oberhalb E_0), wenn zwei a_i negativ und eines positiv ist ($z \sim \mathrm{const} - (E_0-E)^{\frac{1}{2}}$ unterhalb und $z = \mathrm{const}$ oberhalb E_0) und wenn zwei a_i positiv und eines negativ ist ($z = \mathrm{const}$ unterhalb und $z \sim \mathrm{const} - (E-E_0)^{\frac{1}{2}}$ oberhalb E_0). Diese Möglichkeiten sind zusammen mit der Bezeichnung der kritischen Punkte (M_0 bis M_3) in Abb. 72 dargestellt.

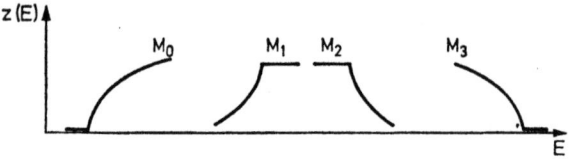

Abb. 72. Verlauf der (kombinierten) Zustandsdichte in der Umgebung kritischer Punkte

Die Aufeinanderfolge zahlreicher kritischer Punkte – überlagert einem schwächer energieabhängigen Untergrund – gibt Anlaß zu der detaillierten Struktur eines Absorptionsspektrums. Wir behandeln Beispiele in Abschnitt 72.

69. Indirekte Übergänge

Direkte Übergänge bestimmen die Absorptionskante eines Isolators oder Halbleiters nur dann, wenn das Maximum des Valenzbandes und das Minimum des

Leitungsbandes bei demselben k-Vektor liegen. In vielen Festkörpern ist dies jedoch nicht der Fall. Ein Beispiel ist die in Abb. 37 gezeigte Bandstruktur des Siliziums. Dort liegt das Maximum des Valenzbandes in Γ, die Minima des Leitungsbandes auf den Δ-Achsen.
Zwischen diesen Extrema sind ebenfalls Übergänge möglich, so daß im Absorptionsspektrum der „direkten Absorptionskante" ein Vorläufer vorgeschaltet ist. Die hierfür verantwortlichen Übergänge können nach den Ergebnissen des letzten Abschnitts keine einstufigen Photon-Absorptionsprozesse sein, da dann der Impulssatz nicht erfüllbar wäre. Die Impulsänderung des Elektrons wird vielmehr von einem *Phonon* aufgenommen, das bei dem Übergang zusätzlich absorbiert oder emittiert wird. Ist q der Wellenzahlvektor und $\hbar\omega_q$ die Energie des Phonons, so lauten Impuls- und Energiesatz

$$k' = k + \kappa \pm q, \qquad E(k') = E(k) + \hbar\omega \pm \hbar\omega_q. \tag{69.1}$$

Das Plus-Zeichen bedeutet Absorption, das Minus-Zeichen Emission eines Phonons.
Wir schließen an den Formalismus des letzten Abschnittes an. Der Störoperator H' enthält jetzt zwei Glieder

$$H' = H'_{\text{photon}} + H'_{\text{phonon}} \tag{69.2}$$

wo der erste Beitrag durch (68.5) gegeben ist. Für den zweiten Beitrag verwenden wir (49.9), beschränken uns also auf LA-Phononen. Der wesentliche Beitrag zur Übergangsenergie wird dann vom Photon, der wesentliche Beitrag zum Übergangsimpuls vom Phonon getragen.
Uns interessieren im weiteren Zwei-Stufen-Prozesse. In der einen der beiden Stufen ändert das Elektron seinen Zustand durch die Absorption eines Photons, in der anderen Stufe durch Absorption oder Emission eines Phonons. Der Zwischenzustand ist virtuell. Er wird in so kurzer Zeit durchlaufen, daß der Energiesatz nicht erfüllt zu sein braucht. Nur für den Gesamtprozeß bleibt die Energie erhalten. Im Gegensatz hierzu muß für jede der beiden Stufen der Impulserhaltungssatz gelten.
Wir beginnen zunächst mit dem allgemeinen Formalismus: H'_{photon} hat die Form:

$$H'_{\text{photon}} = \frac{e\hbar}{imc} A_0 e^{-i\omega t} \boldsymbol{e} \cdot \text{grad}. \tag{69.3}$$

Dies folgt aus (68.5), wenn wir nur Photonen*absorption* zulassen und κ gleich Null setzen. H'_{phonon} wird:

$$H'_{\text{phonon}} = M_{kq}(a^+_{-q0} e^{i\omega_q t} + a_{q0} e^{-i\omega_q t}) c^+_{k+q} c_k. \tag{69.4}$$

Dies folgt aus Gl. (49.9), wobei aus den a^+ und a die Zeitabhängigkeit explizit herausgezogen wurde. Wegen der Verwendung von H'_{phonon} in der zeitabhängigen Schrödinger-Gleichung ist das notwendig. Die verbleibenden zeitunabhängigen Anteile a^+_0 und a_0 wirken in gleicher Weise auf die Zustandsvektoren der Phononen wie die a^+ und a, führen also ebenfalls zu den Matrixelementen (49.12) und (49.13).

Zur Beschreibung eines Zwei-Stufen-Prozesses müssen wir Störungsrechnung zweiter Ordnung treiben. Dazu gehen wir aus von (68.7). Zur Zeit $t=0$ sei wieder $a_j=1$ und alle anderen $a_n=0$. Zur Zeit t setzen wir an:

$$a_j(k,t) = 1 + a_j^{(1)} + a_j^{(2)} + \cdots, \qquad a_n(k,t) = a_n^{(1)} + a_n^{(2)} + \cdots \qquad (n \neq j). \tag{69.5}$$

Dabei ist jedes der Summenglieder um die Größenordnung von H' kleiner als das vorhergehende. Nach (69.3), (69.4) können wir H' in (69.2) in der Form $H' = \sum_i H'_i e^{-i\omega_i t}$ schreiben. Setzen wir (69.5) dann in (68.7) ein und vergleichen rechts und links jeweils Glieder gleicher Größenordnung, so erhalten wir

$$\dot{a}_n^{(1)}(k'',t) = \frac{1}{i\hbar} \sum_i e^{\frac{i}{\hbar}(E_n(k'') - E_j(k) - \hbar\omega_i)t} \langle n,k'' | H'_i | j,k \rangle, \tag{69.6}$$

$$\dot{a}_{j'}^{(2)}(k',t) = \frac{1}{i\hbar} \sum_{i'} \sum_{nk''} a_n^{(1)}(k'',t) e^{\frac{i}{\hbar}(E_{j'}(k') - E_n(k'') - \hbar\omega_{i'})t} \langle j',k' | H'_{i'} | n,k'' \rangle. \tag{69.7}$$

Aus (69.6) läßt sich $a_n^{(1)}$ durch Integration bestimmen. Setzt man das Ergebnis in (69.7) ein, so erhält man auf der rechten Seite einen zweigliedrigen Ausdruck, in dem die Zeitabhängigkeit beider Glieder durch Exponentialfunktionen $\exp((i/\hbar)\Delta E t)$ gegeben ist. Die Zeitintegration ist also wiederum einfach, und man erhält in abgekürzter Schreibweise:

$$a_e^{(2)}(k_e,t) = \sum_{z,i,i'} \frac{\langle e|H'_{i'}|z\rangle \langle z|H'_i|a\rangle}{E_z - E_a - E_i}$$

$$\cdot \left\{ \frac{e^{\frac{i}{\hbar}(E_e - E_a - E_i - E_{i'})t} - 1}{E_e - E_a - E_i - E_{i'}} - \frac{e^{\frac{i}{\hbar}(E_e - E_z - E_{i'})t} - 1}{E_e - E_z - E_{i'}} \right\}. \tag{69.8}$$

Dabei sind E_a und $|a\rangle$ Energie und Wellenfunktion des Ausgangszustandes des Elektrons, E_e und $|e\rangle$ die entsprechenden Größen des Endzustandes, E_z und $|z\rangle$ die des virtuellen Zwischenzustandes. E_i und $E_{i'}$ sind die zu den Frequenzen $\omega_{i(')}$ gehörigen Energien $\hbar\omega_{i(')}$.

Summiert wird in (69.8) über alle möglichen Prozesse, die über einen Zwischenzustand führen, und über alle Zwischenzustände. Hierfür sind folgende Möglichkeiten zu berücksichtigen (Abb. 73):

a) Das Elektron geht von seinem Ausgangszustand im Valenzband in einen Zwischenzustand mit gleichem k_a im tiefsten Leitungsband oder einem der höher liegenden Leitungsbänder über (direkter Übergang unter Absorption eines Photons). Von dort führt der zweite Übergang unter Absorption oder Emission eines Phonons der Wellenzahl $q = \pm(k_e - k_a)$ in den Endzustand. Von diesen Möglichkeiten wird der Übergang der wahrscheinlichste sein, bei dem der virtuelle Zwischenzustand energetisch dem Endzustand am nächsten liegt. Wir betrachten deshalb künftig nur den Leitungsbandzustand mit k_a als möglichen Zwischenzustand.

b) Die Photonenabsorption erfolgt bei der Wellenzahl k'_e des Endzustandes. Anfangszustand und virtueller Zwischenzustand sind durch Phononenabsorption oder -emission gekoppelt. Die größte Übergangswahrscheinlichkeit wird der Prozeß liefern, bei dem der virtuelle Zustand – wie der Ausgangszustand – im obersten Valenzband liegt.

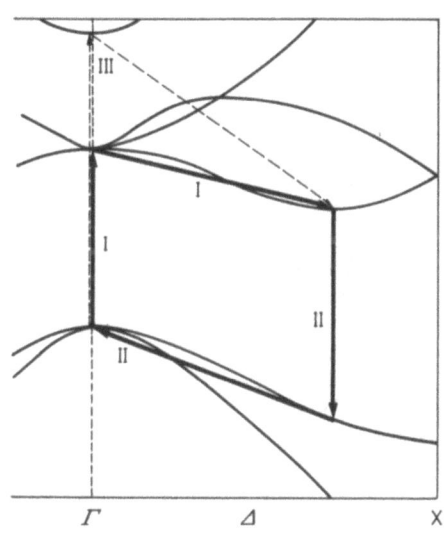

Abb. 73. Indirekte Übergänge in der Bandstruktur des Siliziums (vgl. Abb. 37). I: Übergang eines Elektrons vom Valenzband in das Leitungsband unter Absorption eines Photons, anschließender Übergang innerhalb des Leitungsbandes unter Absorption oder Emission eines Phonons, II: Übergang eines Lochs vom Leitungsband in das Valenzband unter Absorption eines Photons, anschließender Übergang innerhalb des Valenzbandes unter Absorption oder Emission eines Phonons. Übergänge unter Beteiligung höherer Bänder (III) sind möglich, tragen aber wenig zur Absorption bei

Diese Betrachtungen reduzieren die Zahl der in (69.8) zu betrachtenden Prozesse auf einige wenige. Vergleichen wir zunächst die beiden Glieder in der Klammer rechts: Der Nenner des ersten Gliedes ist bei Erfüllung des Energiesatzes Null. Das Quadrat dieses Gliedes führt – wie in (68.15) – auf eine δ-Funktion. Wegen des Resonanznenners überwiegt dieses Glied immer, und das zweite Glied kann weggelassen werden. Das Quadrat der rechten Seite von (69.8) ergibt dann gerade die Übergangswahrscheinlichkeit. Hier können die den verschiedenen Prozessen zugeordneten Glieder getrennt quadriert werden, da die Einzelprozesse unabhängig voneinander sind. Man erkennt dies daran, daß die gemischten Glieder keine mit t ansteigenden Beiträge zur Übergangswahrscheinlichkeit geben. Es folgt schließlich

$$|a_e^{(2)}(k_e,t)|^2 = \sum_{zii'} \frac{|\langle e|H'_{i'}|z\rangle|^2 |\langle z|H'_i|a\rangle|^2}{(E_z - E_a - E_i)^2} 2\pi\hbar t \delta(E_e - E_a - E_i - E_{i'}). \quad (69.9)$$

Die Gesamtzahl der Übergänge erhält man wie in (68.18) durch Division durch t und Summation über alle Ausgangs- und Endzustände. Dabei ist nur zu beachten, daß jetzt $k_e \neq k_a$ ist, so daß über k_e und k_a getrennt zu Integrieren ist. Dann folgt der Imaginärteil der komplexen DK zu

$$\varepsilon_2 = \sum_{I\,II} \int z(k_a)d\tau_{k_a} \int z(k_e)d\tau_{k_e}$$

$$\cdot \left\{ \frac{C_{ae}^{(abs)}}{\omega^2} \delta(E_e(k_e) - E_a(k_a) - \hbar\omega - \hbar\omega_q) \right. \tag{69.10}$$

$$\left. + \frac{C_{ae}^{(em)}}{\omega^2} \delta(E_e(k_e) - E_a(k_a) - \hbar\omega + \hbar\omega_q) \right\}.$$

Die Summation geht über die beiden oben genannten Möglichkeiten (direkter Übergang bei k_a oder k_e).

Die Faktoren C_{ae} enthalten:
a) das Quadrat des Matrixelements für einen Phononenübergang. Nach (49.12) und (49.13) ist es proportional zu $(1-\bar{n}_{k+q})\bar{n}_k\bar{n}_q$ für Phononenabsorption und zu $(1-\bar{n}_{k+q})\bar{n}_k(\bar{n}_q+1)$ für Phononenemission. Gehen wir von einem gefüllten Valenzband und einem leeren Leitungsband aus, so erlauben die Faktoren $(1-\bar{n}_{k+q})\bar{n}_k$ nur zwei Übergänge. Bei dem einen geht zunächst ein Elektron bei k_a aus dem Valenzband in das Leitungsband über und dann unter Phononenabsorption oder Emission im Leitungsband nach k_e. Im anderen Fall geht erst ein Elektron bei k_e vom Valenzband in das Leitungsband; dann wird ein anderes Elektron im Valenzband von k_a nach k_e gestreut. Diesen letzteren Prozeß kann man auch als Loch-Übergang von k_e im Leitungsband über k_e im Valenzband zu k_a im Valenzband deuten. Dann ist es genau der zur ersten Möglichkeit inverse Prozeß (Abb. 73).
b) einen Energienenner $(E_z - E_a - \hbar\omega_i)$. Da nach diesen Bemerkungen der Übergang $a \to z$ immer der direkte Übergang ist, ist $E_z - E_a$ die Energie der „direkten Absorptionskante" in k_a und $\hbar\omega_i$ die Photonenenergie $\hbar\omega$. Indirekte Übergänge interessieren wegen ihrer vergleichsweise geringen Intensität nur dort, wo direkte Übergänge noch nicht möglich sind, also unterhalb der direkten Absorptionskante. Dort ist aber $\hbar\omega$ noch klein gegenüber $E_z - E_a$. Der Energienenner ist also nicht wesentlich.

Zu beachten bleibt weiter der Faktor $\bar{n}_q$ bzw. $\bar{n}_q+1$ in $C_{ea}^{(abs)}$ bzw. $C_{ea}^{(em)}$. Das ist für tiefe Temperaturen bedeutsam, da dort mit $\bar{n}_q \to 0$ auch $C_{ae}^{(abs)}$ gegen Null geht. Emissionsprozesse bleiben jedoch möglich.

Die Integrationen in (69.10) lassen sich ausführen, wenn wir wie in (68.23) parabolische Energieflächen mit skalarer effektiver Masse in der Nähe der Extrema des Valenz- und des Leitungsbandes annehmen. Sind ferner die direkten Übergänge erlaubt, so lassen sich alle Matrixelemente als k-unabhängig vor die Integrale ziehen. Sind sie verboten, so tritt nach (68.24) ein Faktor k^2 hinzu.

Ziehen wir alle konstanten Faktoren in die C_{ae}, so folgt für erlaubte Übergänge:

$$\varepsilon_2 = \sum_{I\,II} \frac{C_{ae}}{\omega^2} \int dE_a \int dE_e \sqrt{(E_V - E_a)(E_e - E_L)}\, \delta(E_e - E_a - \hbar\omega \pm \hbar\omega_q)$$

$$= \sum_{I\,II} \frac{C_{ae}}{\omega^2} \int_{E_L}^{E_V + \hbar\omega \pm \hbar\omega_q} dE_e \sqrt{(E_e - E_L)(E_V + \hbar\omega \pm \hbar\omega_q - E_e)} \qquad (69.11)$$

$$= \sum_{I\,II} \frac{C_{ae}}{\omega^2} (\hbar\omega \pm \hbar\omega_q - E_G)^2.$$

Damit wird schließlich

$$\varepsilon_2 = C^{(abs)} \omega^{-2} (\hbar\omega + \hbar\omega_q - E_G)^2 + C^{(em)} \omega^{-2} (\hbar\omega - \hbar\omega_q - E_G)^2. \qquad (69.12)$$

Für verbotene Übergänge steht in (69.12) die dritte Potenz anstelle des Quadrates der Energiedifferenzen. E_G ist die Energiedifferenz zwischen den beiden Bandextrema (Breite der verbotenen Zone). Zu bemerken ist noch, daß die Glieder in (69.12) nur $\neq 0$ sind, wenn die Klammern positiv sind, also wenn $\hbar\omega \pm \hbar\omega_q > E_G$ ist.
Beispiele für indirekte Übergänge in Festkörpern zeigen wir in Abschnitt 72.

70. Zwei-Photonen-Absorption

Ein weiterer wichtiger Zwei-Stufen-Prozeß ist die Absorption zweier Photonen. In der ersten Stufe wird ein Elektron unter Absorption eines Photons der Frequenz ω_1 und Polarisation e_1 in einen virtuellen Zwischenzustand gehoben; in der zweiten Stufe geht es unter Absorption eines zweiten Photons der Frequenz ω_2 und Polarisation e_2 in den Endzustand über. Die Wahrscheinlichkeit solcher Prozesse ist sehr gering, so daß Lichtquellen hoher Intensität (Laser) benötigt werden. Ihre Bedeutung liegt also weniger darin, daß sie neben direkten und indirekten Übergängen einen weiteren Absorptionsmechanismus darstellen. Wichtiger ist, daß für Zwei-Photonen-Prozesse andere Auswahlregeln gelten als für Ein-Photonen-Prozesse. Übergänge, die im normalen Absorptionsspektrum nicht beobachtet werden, können also mittels Zwei-Photonen-Absorption gemessen werden.
Der Hamilton-Operator lautet hier:

$$H = \frac{1}{2m}\left(p + \frac{e}{c}A_1 + \frac{e}{c}A_2\right)^2 + V(r). \qquad (70.1)$$

Vernachlässigen wir wie in (68.5) Glieder mit A_i^2 neben $p \cdot A_i$, so bleibt als Störoperator

$$H' = \frac{e}{mc}(p \cdot A_1 + p \cdot A_2) + \frac{e^2}{mc^2} A_1 \cdot A_2. \qquad (70.2)$$

Wir betrachten zunächst die beiden ersten Glieder rechts. In Störungsrechnung erster Ordnung findet man direkte Übergänge unter Absorption eines der beiden Photonen. In Störungsrechnung zweiter Ordnung erhält man die Übergangswahrscheinlichkeit aus Gl. (69.9) mit $i, i' = 1, 2$ und $k_a = k_z = k_e$. Es folgt

$$W(a,e,k,\omega,t) = \frac{e^4 A_{10}^2 A_{20}^2}{m^4 c^4} 2\pi\hbar t\, \delta(E_e(k) - E_a(k) - \hbar\omega_1 - \hbar\omega_2)$$

$$\cdot \left\{ \frac{|\langle e|e_2 \cdot p|z\rangle \langle z|e_1 \cdot p|a\rangle|^2}{(E_z - E_a - \hbar\omega_1)^2} \right.$$

$$\left. + \frac{|\langle e|e_1 \cdot p|z\rangle \langle z|e_2 \cdot p|a\rangle|^2}{(E_z - E_a - \hbar\omega_2)^2} \right\}. \tag{70.3}$$

Unter Absorption eines Photons geht das Elektron zunächst in einen Zwischenzustand über, aus dem es unter Absorption des zweiten Photons den Endzustand erreicht. Zu (70.3) tragen zwei Prozesse bei, bei denen die Reihenfolge beider Absorptionsprozesse vertauscht ist. Energieerhaltung gilt wieder nur für den Gesamtprozeß, Wellenzahlvektor-Erhaltung gilt für jeden Teilprozeß.

Das dritte Glied rechts in (70.2) liefert Zwei-Photonen-Prozesse schon in erster Näherung, wenn man die Annahme $\kappa_1 = 0, \kappa_2 = 0$ aufgibt. Es wird dann nämlich

$$H' = \frac{e^2}{mc^2} A_{10} A_{20} e_1 \cdot e_2\, e^{i((\kappa_1 + \kappa_2)\cdot r - (\omega_1 + \omega_2)t)}$$

$$= \frac{e^2}{mc^2} A_{10} A_{20} e_1 \cdot e_2\, e^{-i(\omega_1 + \omega_2)t} \{1 + i(\kappa_1 + \kappa_2)\cdot r + \cdots\}. \tag{70.4}$$

Bildet man mit diesem Operator Matrixelemente zwischen Bloch-Funktionen, so verschwinden diese in Dipol-Näherung ($\kappa_i = 0$). Das zweite Glied der Entwicklung rechts (Quadrupol-Näherung) liefert zur Übergangswahrscheinlichkeit und damit zur Absorption Beiträge proportional

$$W^{A^2}(a,e,k,\omega,t) \sim e_1 \cdot e_2 |\langle e|(\kappa_1 + \kappa_2)\cdot r|a\rangle|^2. \tag{70.5}$$

Es läßt sich abschätzen, daß dieser Beitrag klein gegen (70.3) ist, also wenig zur Zwei-Photonen-Absorption beiträgt. In der Literatur wird deshalb nur der erste Beitrag behandelt.

Für direkte Übergänge unter Beteiligung eines Photons und für Zwei-Photonen-Übergänge gelten verschiedene Auswahlregeln. Qualitativ läßt sich dies leicht einsehen durch Vergleich mit Übergängen im freien Atom. Für einen entsprechenden Übergang gilt dort die Auswahlregel, daß die Quantenzahl l sich um ± 1 ändern muß. Zwei-Photonen-Übergänge sind aus zwei Ein-Phononen-Übergängen zusammengesetzt; die Auswahlregeln sind dann $\Delta l = 0$ oder $\Delta l = 2$. Bei gleichem Ausgangszustand sind also durch die beiden Möglichkeiten nur verschiedene Endzustände erreichbar. Die entsprechenden Auswahlregeln zwischen Termen des Bändermodells diskutieren wir in Anhang B.9.

Zu solchen Symmetriebetrachtungen kommt hinzu, daß die Polarisation der beiden Photonen verschieden sein kann. Bei den hier nicht weiter verfolgten Übergängen der Gl. (70.4) sieht man sofort, daß wegen des Faktors $e_1 \cdot e_2$ eine Polarisationsabhängigkeit besteht. Bei den Übergängen der Gl. (70.3) ist die Polarisationsabhängigkeit komplizierter. Es zeigt sich, daß z. B. bei einem $\Gamma_1 \to \Gamma_1$-Übergang die Polarisation durch den Faktor $(e_1 \cdot e_2)^2$, bei einem $\Gamma_1 \to \Gamma_{15'}$-Übergang durch den Faktor $(e_1 \times e_2)^2$ berücksichtigt wird (zur Bezeichnung dieser Übergänge vgl. Anhang B.9). Der eine Übergang ist also bei $e_1 \perp e_2$ verboten, der andere bei $e_1 \| e_2$. Durch Verwendung verschieden polarisierten Lichtes lassen sich so die Symmetrien von Zwei-Photonen-Übergängen bestimmen. Für nähere Einzelheiten und eine Zusammenstellung der Literatur über Zwei-Photonen-Übergänge vgl. z. B. Fröhlich [58, X]. Ein experimentelles Ergebnis diskutieren wir in Abschnitt 72.

Wir haben uns in diesem Abschnitt darauf beschränkt, daß beide an dem Zwei-Stufen-Prozeß beteiligten Photonen absorbiert werden. Daneben sind Prozesse interessant, bei denen ein Photon absorbiert, ein zweites emittiert wird. Dies ist ein Prozeß der inelastischen Streuung von Licht an Materie *(Raman-Effekt)*. Da Raman-Streuung von Licht jedoch meist durch Photon-Phonon-Wechselwirkung zustande kommt, behandeln wir diese Zwei-Photonen-Prozesse erst in Abschnitt 79.

71. Exzitonen-Absorption

Die in den letzten drei Abschnitten betrachteten Absorptionsprozesse führen zur Bildung eines Elektron-Loch-Paares. Dabei haben wir immer angenommen, daß zwischen Elektron und Loch keine Wechselwirkung besteht. Das mag gerechtfertigt sein, wenn die übertragene Energie beträchtlich größer als die Mindestenergie E_G ist, da dann Elektron und Loch eine hinreichende kinetische Energie mitbekommen. In der Gegend der Absorptionskante E_G kann die Elektron-Loch-Wechselwirkung jedoch eine beträchtliche Rolle spielen.

Hinzu kommt, daß bei direkten und bei indirekten Übergängen in unseren bisherigen Überlegungen nicht berücksichtigt wurde, daß sich Elektron und Loch unmittelbar nach ihrer Erzeugung am gleichen Ort befinden.

Die gegenseitige Wechselwirkung und die Ortskorrelation des Elektron-Loch-Paares führen zur Bildung eines *Exzitons* (Kapitel VII). Wir betrachten also in diesem Abschnitt Exzitonen-Effekte im Absorptionsspektrum eines Festkörpers. Dabei wollen wir die in Abschnitt 65 behandelten Polaritonen-Aspekte außer acht lassen und annehmen, daß die Exzitonen durch ihre Kopplung mit Phononen oder mit Gitterstörungen so schnell zerfallen, daß die Exzitonen-Erzeugung ein echter absorptiver Mechanismus ist.

Wir schließen an den Formalismus von Kapitel VII an. Dort hatten wir zur Beschreibung des Exzitons Slater-Determinanten $\Phi_{c k_e v k_h}$ eingeführt, die einen Zustand beschreiben, in dem in einem sonst gefüllten Valenzband (v) ein Zustand

$|vk_h\rangle$ frei und dafür im Leitungsband (c) ein Zustand $|ck_e\rangle$ besetzt ist. Die Exziton-Wellenfunktion hatten wir durch Superposition solcher Determinanten gebildet, wobei zu beachten war, daß nur Determinanten mit festem $K = k_e - k_h$ zu nehmen waren:

$$\Psi_K = \sum_{k_e} A_{k_e, k_e - K} \Phi_{k_e, k_e - K}. \tag{71.1}$$

Durch Einführung der Fourier-Transformierten von A

$$U_K(\beta) = \frac{1}{\sqrt{N}} \sum_{k_e} A_{k_e, k_e - K} e^{ik_e \cdot \beta} \tag{71.2}$$

kommt man dann auf die Exziton-Wellenfunktion der Gl. (44.5) und (44.3):

$$\Psi_K = \frac{1}{\sqrt{N}} \sum_{k_e} \sum_{\beta} U_K(\beta) e^{-ik_e \cdot \beta} \Phi(k_e - K, k_e) \tag{71.3}$$

oder schließlich mit $\Phi(K, \beta) = (1/\sqrt{N}) \sum_{k_e} e^{-ik_e \cdot \beta} \Phi(k_e - K, k_e)$ auf:

$$\Psi_K = \sum_{\beta} U_K(\beta) \Phi(K, \bar{\beta}). \tag{71.4}$$

Für Wannier-Exzitonen schlossen sich weitere Umformungen an, die zur Schrödinger-Gleichung (45.8) für die Relativbewegung von Elektron und Loch führten.

Betrachten wir zunächst nur *direkte Übergänge*, so sind die Wellenzahlvektoren von Elektron und Loch gleich ($K = 0$). Die weiteren Transformationen in Abschnitt 45, die von U über F zur Funktion F' führten, sind dann überflüssig. Alle drei Funktionen sind gleich. Die Wellenfunktion (71.4) und die Schrödinger-Gleichung (45.8) werden dann:

$$\Psi_0 = \sum_{\beta} U_0(\beta) \Phi(0, \beta), \quad \left(-\frac{\hbar^2}{2\mu}\Delta - \frac{e^2}{\beta}\right) U_0 = (E - E_G) U_0. \tag{71.5}$$

Der Unterschied zur theoretischen Beschreibung der Absorptionsvorgänge ohne Elektron-Loch-Wechselwirkung liegt allein darin, daß wir anstelle der Matrixelemente $\langle ck|e \cdot p|vk\rangle$ für den direkten Übergang jetzt Matrixelemente der Form

$$\int \Psi_0 e \cdot p_i \Phi_0 d\tau_1 \ldots d\tau_N \tag{71.6}$$

betrachten müssen. Dabei ist Ψ_0 die durch (71.5) gegebene Wellenfunktion eines Exzitons mit $K = 0$, Φ_0 die Wellenfunktion des Grundzustandes (gefülltes Valenzband, freies Leitungsband). Es wird dann

$$\int \Psi_0 e \cdot p \Phi_0 d\tau_1 \ldots d\tau_N = \sum_k A_{k,k} \langle ck|e \cdot p|vk\rangle$$
$$= \sum_k A_{k,k} (M_{cv} + ie \cdot k \bar{M}_{cv}), \tag{71.7}$$

da wegen der Normierung der Eigenfunktionen von der mehrfachen Integration nur das Integral über die Koordinaten eines Elektrons übrigbleiben. Die letzte Umformung in (71.7) erfolgte mittels Gl. (68.24).
Wir beschränken uns jetzt auf Übergänge aus der Umgebung des Maximums eines parabolischen, isotropen Valenzbandes in ein entsprechendes Leitungsband. Wir nehmen an, daß zu der Summe in (71.7) nur k-Vektoren aus der unmittelbaren Umgebung von $k=0$ beitragen. Dann können wir die Matrixelemente aus der Summation herausziehen. (Das können wir natürlich auch ohne diese Annahme tun, wenn wir nachweisen können, daß die Matrixelemente allgemein k-unabhängig sind.) Wir erhalten dann

$$\int \Psi_0 e \cdot p \Phi_0 d\tau_1 \ldots d\tau_N = M_{cv} \sum_k A_{k,k} + i\bar{M}_{cv} \sum_k A_{k,k} e \cdot k, \quad (71.8)$$

oder mit (71.2)

$$\frac{1}{\sqrt{N}} \int \Psi_0 e \cdot p \Phi_0 d\tau_1 \ldots d\tau_N = M_{cv} U_0(\boldsymbol{\beta}) + \bar{M}_{cv} e \cdot \mathrm{grad}_\beta U_0(\boldsymbol{\beta})|_{\beta=0}. \quad (71.9)$$

Dies unterscheidet sich von (68.24) nur durch die beiden Faktoren bei den Matrixelementen. In (68.24) hatten wir gesehen, daß das erste Glied die *erlaubten*, das zweite Glied die *verbotenen* Übergänge beschreibt. Da in die Endformeln das Quadrat der Matrixelemente eingeht, können wir sofort für den Imaginärteil der komplexen DK schreiben:

$$\begin{aligned}\varepsilon_2 &= \varepsilon_2^0 |U_0(0)|^2 && \text{für erlaubte Übergänge,} \\ &= \bar{\varepsilon}_2^0 |e \cdot \nabla_\beta U_0(\boldsymbol{\beta})|_{\beta=0}|^2 && \text{für verbotene Übergänge.}\end{aligned} \quad (71.10)$$

Für die beiden Korrekturfaktoren benötigen wir die Funktion $U_0(\boldsymbol{\beta})$ und ihre Ableitung für $\beta=0$. U ist die Lösung der Schrödinger-Gleichung (71.6), die wir von der Behandlung des H-Atoms kennen. Von dort übernehmen wir für das *diskrete Spektrum* des Exzitons

$$|U_0(0)|^2 = \frac{1}{a_0^3 n^3 \pi}, \quad |e \cdot \nabla_\beta U_0(\boldsymbol{\beta})|_{\beta=0}|^2 = \frac{(n^2-1)}{a_0^5 n^5 \pi}, \quad (71.11)$$

$a_0 =$ Bohrscher Radius (in einem Medium der Dielektrizitätskonstanten ε).

Dabei ist für erlaubte Übergänge der Korrekturfaktor nur bei s-Exzitonen, für verbotene Übergänge der Korrekturfaktor nur bei p-Exzitonen ungleich Null. Der Absorptionskante vorgelagert ist also ein Linienspektrum, das im einen Fall alle s-Übergänge, im anderen Fall alle p-Übergänge ab $n=2$ (!) zeigt.
Die Korrekturfaktoren ändern auch das Absorptionsspektrum oberhalb der Absorptionskante. Hier haben wir für die U_0 die Eigenfunktionen des H-Atoms im *kontinuierlichen Spektrum* zu nehmen. Wir erhalten

$$|U_0(0)|^2 = \frac{\gamma e^\gamma}{\mathrm{Sinh}\,\gamma}, \quad |e \cdot \nabla_\beta U_0(\boldsymbol{\beta})|_{\beta=0}|^2 = \frac{\gamma e^\gamma}{\mathrm{Sinh}\,\gamma}\left(1+\frac{\gamma^2}{\pi^2}\right),$$

$$\gamma = \sqrt{\frac{\pi^2 R}{E-E_G}}, \quad R = \frac{\mu e^4}{2\hbar^2 \varepsilon^2}. \quad (71.12)$$

Wenn wir hier von s- und p-Exzitonen sprechen, so meinen wir damit die Symmetrie der Funktion U_0. Für die Symmetrie der vollen Exzitonen-Wellenfunktion (71.5) müssen wir noch die Transformationseigenschaften von $\Phi(0,\beta)$ hinzunehmen. Diese Funktion ist aus Slater-Determinanten aufgebaut, in denen eine Bloch-Funktion $|v\boldsymbol{k}\rangle$ durch ein $|c\boldsymbol{k}\rangle$ ersetzt wurde. Sie transformiert sich also gemäß der Produktdarstellung der Darstellungen der Bloch-Funktionen des Elektrons und des Loches (vgl. hierzu Anhang B). Kombiniert man Elektronen und Löcher gegebener Symmetrie mittels einer „Enveloppe-Funktion" U_0, so erhält man Exzitonenzustände, deren Symmetrieeigenschaften durch die Zerlegung

$$\Gamma_\alpha(\text{Elektron}) \times \Gamma_\beta(\text{Loch}) \times \Gamma_\gamma(\text{Enveloppe}) = \sum_\delta g_{\alpha\beta\gamma\delta} \Gamma_\delta(\text{Exziton}) \qquad (71.13)$$

gegeben sind. Solche Betrachtungen sind für die Auswahlregeln in allgemeinen Fällen wichtig.

Setzt man (71.12) in (71.10) ein, so findet man eine starke Erhöhung von ε_2 bei $E \approx E_G$. Mit wachsendem E nähern sich die Korrekturfaktoren (71.12) dem Wert 1, in Übereinstimmung mit dem Bild, daß mit wachsender kinetischer Energie die Wechselwirkung zwischen Elektron und Loch an Bedeutung verliert. Man muß beachten, daß die hier benutzte Effektiv-Massen-Näherung nur in der unmittelbaren Umgebung von E_G gilt. Elektronen im Leitungsband eines Festkörpers haben nur in dieser Näherung Ähnlichkeiten mit freien Elektron. Dementsprechend findet man Exzitoneneffekte im ε_2-Spektrum auch für Energien $E \gg E_G$. Am ausgeprägtesten sind diese Einflüsse jedoch immer an den kritischen Punkten des ε_2-Spektrums.

Wir gehen noch kurz auf indirekte Exziton-Übergänge ein, begnügen uns dabei jedoch mit einigen Bemerkungen.

Die Energie eines indirekten Exzitons (Elektronenübergang aus einem parabolischen Maximum des Valenzbandes bei $\boldsymbol{k}=0$ in ein parabolisches Minimum des Leitungsbandes bei $\boldsymbol{k}=\boldsymbol{k}_0$) sei

$$E = E_G - \frac{R}{n^2} + \frac{\hbar^2}{2M}(\boldsymbol{K}-\boldsymbol{k}_0)^2. \qquad (71.14)$$

Dabei ist E_G die indirekte verbotene Zone. M und R sind durch die effektiven Massen beider Extrema bestimmt. Ähnlich wie in Abschnitt 69 müssen wir jetzt unter Beachtung des Energiesatzes über alle möglichen $\boldsymbol{K}$ mitteln. Dann wird die Absorption proportional zu

$$\int z(\boldsymbol{K})\delta\left(\hbar\omega - E_G + \frac{R}{n^2} - \frac{\hbar^2}{2M}(\boldsymbol{K}-\boldsymbol{k}_0)^2 \pm \hbar\omega_q\right)d\tau_k$$
$$\sim \int \sqrt{E-\left(E_G - \frac{R}{n^2}\right)}\delta(\hbar\omega - E \pm \hbar\omega_q)dE \qquad (71.15)$$
$$\sim \sqrt{\hbar\omega - E_G + \frac{R}{n^2} \pm \hbar\omega_q}.$$

Wir haben die Übergangswahrscheinlichkeit auch hier mit einem Faktor zu mitteln, der die Wahrscheinlichkeit dafür angibt, Elektron und Loch am selben Ort zu finden. Das ergibt, wie in der ersten Gleichung (71.11), einen Faktor n^{-3}. Summiert man schließlich über alle n, so findet man für *indirekte erlaubte Übergänge in diskrete Exzitonenzustände*

$$\varepsilon_2 \sim \sum_{n=1}^{\infty} \frac{1}{n^3} \sqrt{\hbar\omega - E_G + \frac{R}{n^2} \pm \hbar\omega_q}. \qquad (71.16)$$

Dies unterscheidet sich grundsätzlich von dem entsprechenden Spektrum bei den direkten Übergängen. An die Stelle diskreter Exzitonenlinien im Spektrum treten *Stufen*, die jeweils der Schwellenenergie für den Übergang in ein diskretes Exzitonenband unter Absorption oder Emission eines Phonons entsprechen.

Auch oberhalb E_G erhalten wir wieder eine Änderung des Spektrums. Das wesentlichste Ergebnis ist hier, daß an die Stelle der quadratischen Abhängigkeit von der Energie in (69.12) ein Exponent $\frac{3}{2}$ tritt. Außerdem ändern sich die Faktoren C in (69.12) durch das Hinzufügen eines Korrekturfaktors ähnlich wie in (71.10).

Für *verbotene Übergänge des indirekten Exzitons* findet man schließlich

$$\varepsilon_2 \approx \sum_{n=1}^{\infty} \frac{n^2-1}{n^5} \left(\hbar\omega - E_G + \frac{R}{n^2} \pm \hbar\omega_q \right)^{\frac{1}{2}} \qquad (71.17)$$

im diskreten Spektrum und ein $E^{\frac{5}{2}}$-Gesetz im Kontinuum.

Im folgenden Abschnitt zeigen wir einige experimentell gewonnene Exzitonenspektren.

Für weitere Einzelheiten verweisen wir auf das Buch von Knox [71], die Artikel von Elliott in [39], von Dimmock in [110] und von McLean in [111,5].

72. Vergleich mit experimentellen Absorptions- und Reflexionsspektren

Die wichtigsten Details eines Absorptionsspektrums finden sich in der Nähe der *Absorptionskante*. Wir beginnen mit einer Diskussion dieses Bereiches und diskutieren das Gebiet oberhalb der Absorptionskante anschließend.

Absorption durch Band-Band-Übergänge setzt oberhalb der Schwellenenergie $E_G - \hbar\omega_q - E_{ex}$ ein, wo E_G die Breite der verbotenen Zone eines Halbleiters oder Isolators, $\hbar\omega_q$ die Energie eines bei diesem Prozeß eventuell absorbierten Phonons und E_{ex} die Bindungsenergie eines bei dem Übergang gebildeten Exzitons ist. Alle diese Phänomene finden sich im Absorptionsspektrum des Germaniums wieder. Abb. 74 zeigt als instruktives Beispiel den Absorptionskoeffizienten im Bereich von 0.62 eV bis 0.86 eV für verschiedene Temperaturen. Dies ist der Bereich der indirekten Übergänge. Da die verbotene Zone E_G temperaturabhängig ist, verschiebt sich die Schwellenenergie mit der Temperatur. Bei 4.2 °K sind zwei Schwellenenergien bei 0.75 eV und 0.77 eV zu erkennen, oberhalb derer die Absorption stark zunimmt. Bei 77 °K sind vier Komponenten erkennbar mit Schwellenenergien bei 0.705, 0.725, 0.745 und 0.760 eV. Oberhalb 195 °K zeigt die genaue Analyse sechs Komponenten. Vermutlich sind zwei weitere Komponenten nicht aufgelöst, so daß insgesamt acht Komponenten auftreten. Sie werden paarweise indirekten Übergängen mit Phononenemission bzw. -absorption zugeordnet. Vier verschiedene Phononen sind danach an den Übergängen beteiligt.

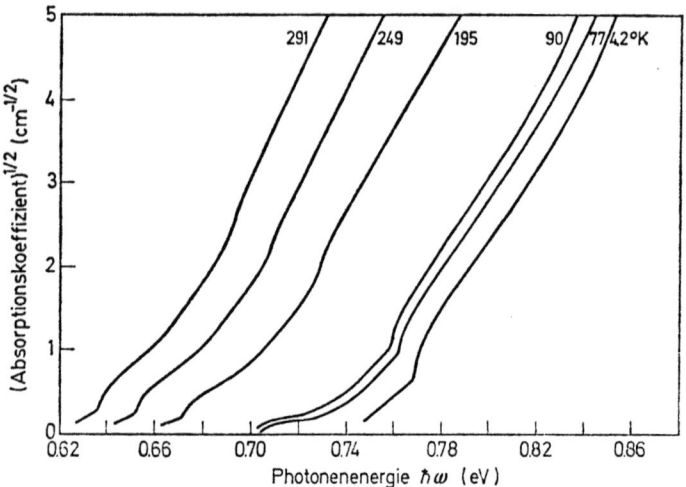

Abb. 74. Die Absorptionskante von Germanium im Bereich der indirekten Übergänge für verschiedene Temperaturen (nach Macfarlane et al.: Phys. Rev. **108**, 1377 (1957))

Indirekte Übergänge erfolgen in Germanium vom höchsten Term des Valenzbandes in Γ in den tiefsten Term des Leitungsbandes in L (vgl. Abb. 39). Die beteiligten Phononen müssen also im $\omega_j(q)$-Spektrum (vgl. Abb. 48 für Diamant) q-Vektoren haben, die im Punkt L liegen. Die vier Übergangspaare sind mit je einem $TA(L)$, $LA(L)$, $TO(L)$ und $LO(L)$-Phonon gekoppelt.
Über die Zuordnung der einzelnen Phononen zu den Übergängen und die Frage der Beteiligung von Exzitonen entscheidet die Gestalt der einzelnen Komponenten. Der bei 20 °K tiefste Übergang beginnt mit der Steigung $(\hbar\omega - E_1)^{\frac{3}{2}}$, der zweite hat die komplizierte Form $a(\hbar\omega - E' + 0.0027)^{\frac{1}{2}} + b(\hbar\omega - E' + 0.0017)^{\frac{1}{2}} + c(\hbar\omega - E')^{\frac{3}{2}}$.
Dabei ist der Wert von E' gerade die Breite der verbotenen Zone plus der Energie eines $LA(L)$-Phonons bei der betreffenden Temperatur. Die beiden bei 77 °K hinzukommenden Komponenten haben jeweils die gleiche Gestalt, nur einen anderen E'-Wert, so daß die beiden ersten Übergänge unter Phonon-Emission, die beiden später einsetzenden unter Phonon-Absorption erfolgen werden. Diese Zuordnung liegt nahe, da bei tiefen Temperaturen Phononen zur Absorption nicht zur Ver-

fügung stehen, wohl aber emittiert werden können. Nach Abb. 48 sind die beiden Phononen niedrigster Energie ein $TA(L)$- und $LA(L)$-Phonon.
Die oben genannte Form der einen 20°K-Komponente hat die im letzten Abschnitt behandelte Gestalt der indirekten Exzitonen-Absorption. Übergänge erfolgen in den diskreten Grundzustand (Bindungsenergie 0.0027 eV) und in den ersten angeregten Zustand (Bindungsenergie 0.0017 eV), dann in das Konkontinuum.
Eine Betrachtung der TA- und LA-Übergänge zeigt, daß erstere verboten, letztere erlaubt sind. Dies erklärt die Exponenten der Energieabhängigkeit der einzelnen Komponenten. Bei den TA-Übergängen sind offensichtlich die diskreten Stufen nicht aufgelöst.
Auch die bei höheren Temperaturen hinzukommenden Komponenten lassen sich in ihrer Struktur und in ihren Schwellenenergien durch indirekte (erlaubte bzw. verbotene) Exzitonen-Übergänge mit Absorption oder Emission eines optischen Phonons deuten.

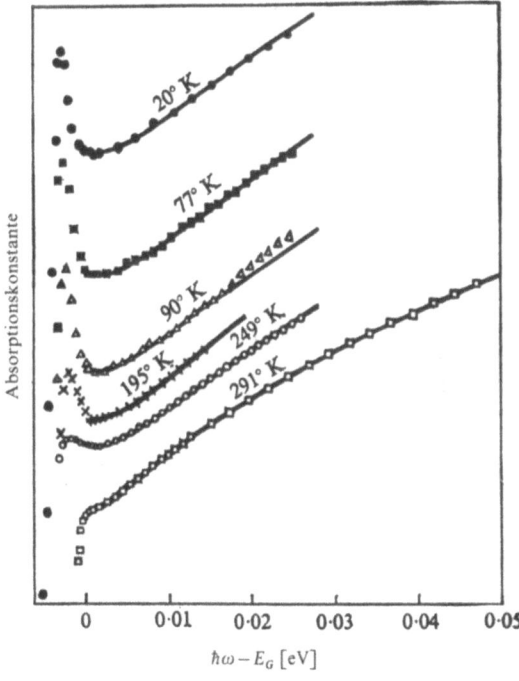

Abb. 75. Exzitonenlinien vor der direkten Absorptionskante des Germaniums. Die Linien sind zu einem Kontinuum verschmolzen, das bei tiefen Temperaturen scharf ausgeprägt ist. Bei hohen Temperaturen verschwinden die Exzitonenbeiträge. Nach McLean [39]

B
V
G
Y
R
log K
6
4
2
0
16
18
20
22×10³
(Wellenlänge)⁻¹ [cm⁻¹]

6p
5p
4p
3p
2p
6s
5s
4d
4p
4s 3d
3s
0
5kV/cm
10kV/cm
12·5kV/cm
15kV/cm
17·5kV/cm
20kV/cm
·25kV/cm
3s
2p
2s
5710
5740
5770
Wellenlänge [Å]

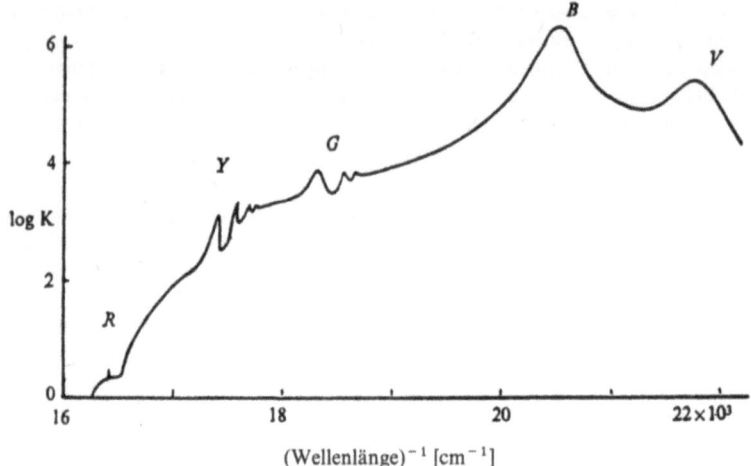

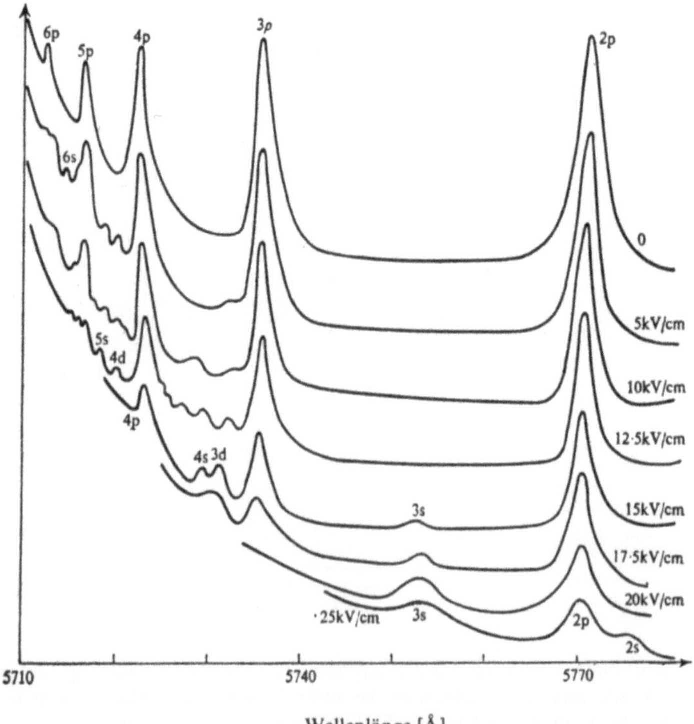

Bei höherer Photonenenergie setzen in Germanium auch Übergänge vom Maximum des Valenzbandes in das tiefste Leitungsband in Γ ein. Diese sind die direkten Übergänge niedrigster Schwellenenergie. Abb. 75 zeigt die Gestalt der direkten Absorptionskante für verschiedene Temperaturen. Bei hoher Temperatur hat die Absorptionskante angenähert die für direkte Übergänge geforderte $(\hbar\omega - E_G)^{\frac{1}{2}}$-Abhängigkeit. Mit sinkender Temperatur treten Exzitonen-Effekte hinzu, die die Gestalt gemäß (71.10), (71.12) modifizieren. Die dem Kontinuum vorgelagerten Exzitonen-Zustände sind im einzelnen nicht aufgelöst. Sie treten als Absorptionsspitze in Erscheinung.

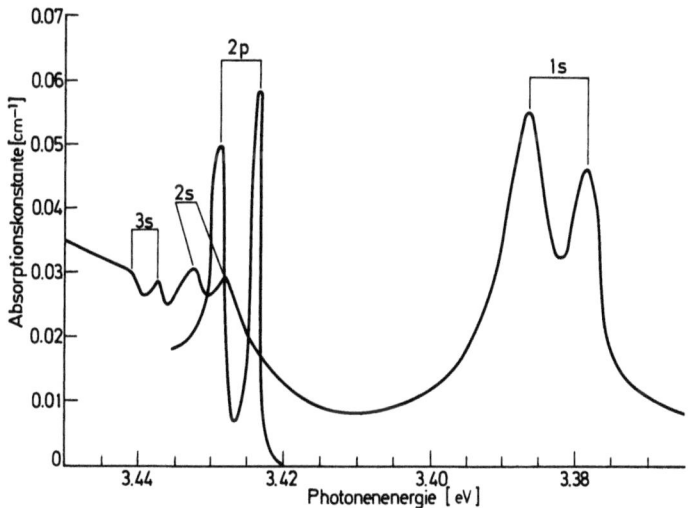

Abb. 77. Ein-Photonen- und Zwei-Photonen-Absorption in ZnO. Die Auswahlregeln gestatten in Ein-Photonen-Absorption nur ein Auftreten von s-Exzitonen-Linien, in Zwei-Photonen-Absorption nur ein Auftreten von p-Exzitonen-Linien. Die Aufspaltung in Linienpaare rührt von der Aufspaltung des Valenzbandes in ZnO her. Nach Fröhlich, Proc. of the 10. Conference on the Physics of Semiconductors, Cambridge/Mass. 1970

◄─────

Abb. 76. Exzitonenlinien in Cu_2O. Das in der oberen Teilfigur mit Y bezeichnete diskrete Spektrum ist in der unteren Teilfigur in geänderter Darstellung nochmals aufgetragen. Auf Grund der Auswahlregeln treten nur p-Exzitonen-Linien auf. Stört man durch ein elektrisches Feld die Symmetrie, so werden auch s-Exzitonen-Übergänge möglich. Nach Grosmann [39]

Bevor wir uns der Absorption oberhalb der Kante zuwenden, betrachten wir als Beispiel eines gut aufgelösten Linienspektrums direkter Exzitonen das Absorptionsspektrum des Cu_2O in Abb. 76. Hier sind einige verschiedenen Übergängen zuzuordnende Serien zu erkennen. Die bekannteste „gelbe" Serie bei $17{,}5 \cdot 10^3$ cm^{-1} (5700 bis 5800 Å) ist in der unteren Teilfigur in anderer Darstellungsweise vergrößert wiedergegeben. Da diese Übergänge verboten sind, findet man p-Exzitonen ab $n=2$ (Gl. (71.10), (71.12)). Die s-Exzitonen-Übergänge treten nicht auf. Legt man ein elektrisches Feld an, so werden auch diese Übergänge schwach erlaubt (untere Kurven in Abb. 76).

Eine andere Möglichkeit, sonst verbotene Exzitonen-Übergänge zu messen, ist die Zwei-Photonen-Absorption. Abb. 77 zeigt das Ein-Photonen- und das Zwei-Photonen-Spektrum des ZnO. Hier handelt es sich um direkte, erlaubte Übergänge. Symmetriebetrachtungen ähnlich denen in Abschnitt 70 und in Anhang B.9 zeigen, daß hier die s-Exzitonen im Ein-Phononen-Spektrum, die p-Exzitonen im Zwei-Photonen-Spektrum sichtbar sind.

Wir wenden uns nun höheren Übergängen zu. Schon in Abb. 70 hatten wir das ε_2-Spektrum des Germaniums gezeigt. In Abschnitt 68 hatten wir gesehen, daß Absorptions-Spitzen und -Kanten dann auftreten, wenn die Photonenenergie gleich der Energie eines kritischen Punktes in der kombinierten Zustandsdichte

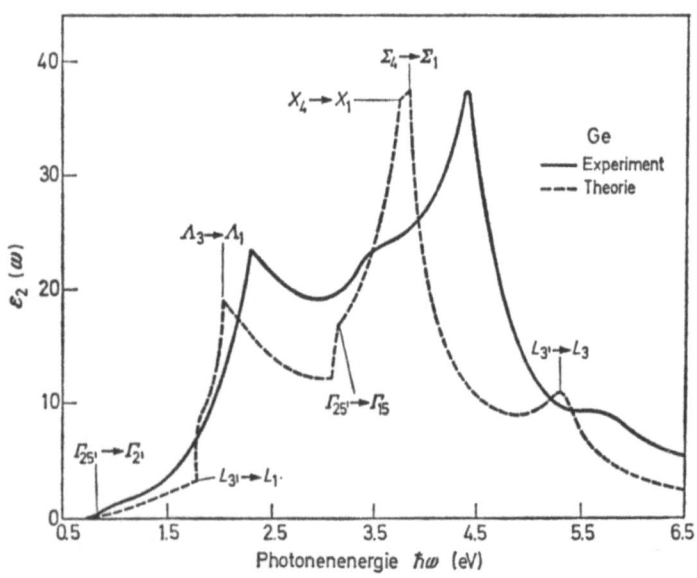

Abb. 78. Theoretisches ε_2-Spektrum für Germanium mit Zuordnung der kritischen Punkte zu Übergängen im Bändermodell. Nach Phillips [57.18]

ist. Abb. 78 zeigt ein berechnetes ε_2-Spektrum. Die Übergänge an den kritischen Punkten, die fast immer in Symmetriepunkten der Brillouin-Zone liegen, und eine experimentelle Kurve sind mit eingezeichnet. Genaue Analysen dieser Art haben sehr viel dazu beigetragen, die Bandstruktur der verschiedenen Halbleiter aufzuklären. Wir können hier nicht näher darauf eingehen. Hierzu sei – wie zu anderen Punkten der Diskussion dieses Abschnittes – auf das in der gleichen Reihe erschienene Taschenbuch [95] verwiesen.

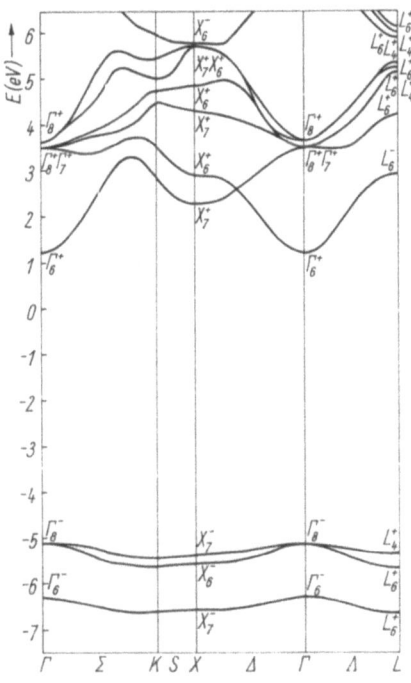

Abb. 79. Bandstruktur des Kaliumjodids nach Overhof (Phys. stat. sol. (b) **43**, 575 (1971))

Besonders in Ionenkristallen ist auch das Spektrum weit oberhalb der Absorptionskante durch Exzitonen gekennzeichnet. Als letztes Beispiel bringen wir in Abb. 79 das Bänderschema und in Abb. 80 das Reflexions- und Absorptionsspektrum des KI. Die wichtigsten direkten Übergänge erfolgen an den kritischen Punkten bei Γ und X.

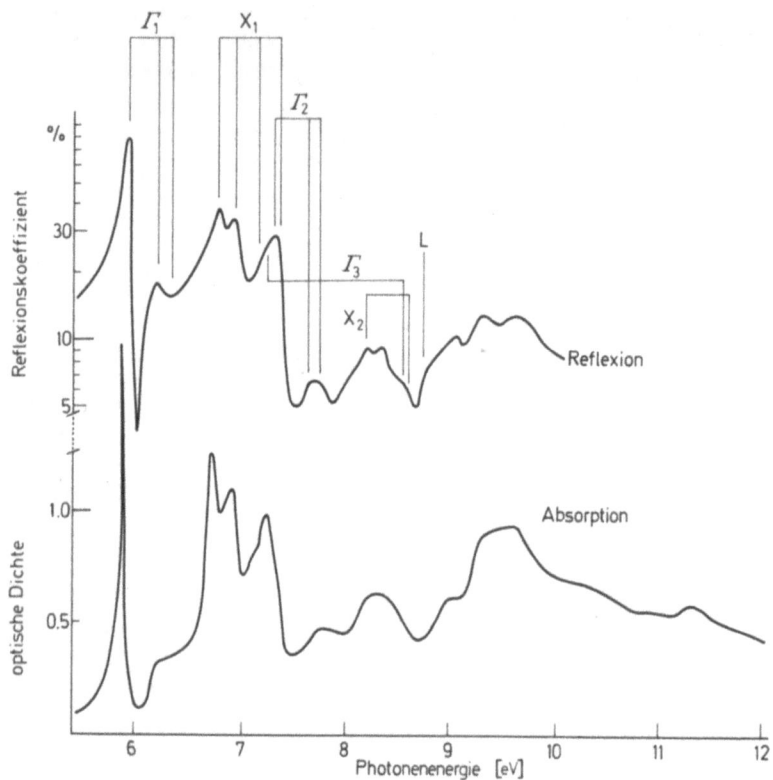

Abb. 80. Reflexions- und Absorptionsspektrum von KI nach Baldini und Bosacchi (Phys. Rev. **166**, 863 (1968)) bzw. Teegarden und Baldini (Phys. Rev. **155**, 896 (1967)). Zuordnung der Details des Reflexionsspektrums zu Übergängen im Bändermodell nach Baldini und Bosacchi, loc. cit. (vgl. hierzu Abb. 79): Γ_1: Zwei Exzitonenlinien und Schwellenenergie für den Übergang aus dem höchsten Valenzband in das tiefste Leitungsband in Γ. X_1: Zwei Exzitonenlinien und Schwellenenergien für die Übergänge aus den beiden oberen Valenzbändern in das tiefste Leitungsband im Punkt X. Γ_2: Zwei Exzitonenlinien und Schwellenenergie für Übergänge aus dem tieferen Valenzband in das untere Leitungsband in Γ. Γ_3 und X_2: Exzitonenlinien und Band-Band-Übergänge in ein höheres Leitungsband. L: Schwellenenergie für Übergänge im Punkt L.

73. Absorption freier Ladungsträger

Neben den bisher betrachteten Übergängen zwischen verschiedenen Bändern sind auch optische Übergänge möglich, bei denen das absorbierende Elektron vor und nach dem Übergang demselben Band angehört. Anfangs- und Endzustand sind durch eine kontinuierliche Folge von Zwischenzuständen miteinander verbunden.

Solche Übergänge sind wichtig, wenn in einem Band besetzte und unbesetzte Zustände vorhanden sind (Metalle und Halbleiter). Wir behandeln diesen Fall als Wechselwirkung des Lichtes mit einem Gas freier, durch eine effektive Masse charakterisierter Elektronen. Für Metalle ist die Dichte dieses Gases sehr groß, für Halbleiter klein. Vernachlässigt werden im folgenden alle Effekte, die durch nicht-sphärische Fermi-Flächen oder durch nicht-skalare oder anisotrope effektive Massen ins Spiel kommen.

Direkte Übergänge zwischen zwei Zuständen $|k\rangle$ und $|k'\rangle$ sind im freien Elektronengas nicht möglich, da das Matrixelement $\langle k'|e\cdot\text{grad}|k\rangle$ verschwindet, wenn man für die $|k\rangle$ ebene Wellen einsetzt. Bei den Übergängen muß also die Elektron-Phonon-Wechselwirkung beteiligt sein. Die kontinuierliche Folge von Zuständen, die von einem Elektron in einem Band durchlaufen werden kann, legt es nahe, den „Übergang" als Beschleunigung des Elektrons durch das hochfrequente elektrische Wechselfeld der Lichtwelle aufzufassen. Diese Licht*absorption durch quasifreie Ladungsträger* kann deswegen als Transportproblem behandelt werden.

Wir wollen dieses Problem nicht mit den Mitteln der Boltzmann-Gleichung angehen, sondern uns auf eine einfache Näherung beschränken, die alles Wesentliche zeigt.

In Gl. (61.11) hatten wir gesehen, daß in der Relaxationszeit-Näherung mit energieunabhängiger Relaxationszeit die Bewegung eines Ladungsträgers mit effektiver Masse m^* unter einer äußeren Kraft sich so beschreiben läßt, als befände er sich in einem reibenden Medium der Reibungskonstanten $1/\tau$, wo τ die Relaxationszeit ist. Mittels dieses Modells berechnen wir die *Hochfrequenz-Leitfähigkeit*. Die Reibungskonstante schreiben wir, um ihre Größenordnung besser mit der Kreisfrequenz des Lichtes vergleichen zu können: $1/\tau = \omega_0$. Nach (61.11) setzen wir an:

$$m^*(\dot v + \omega_0 v) = -eE = -eE_0 e e^{i(\kappa\cdot r - \omega t)}. \tag{73.1}$$

Diese Gleichung lösen wir, indem wir für die Geschwindigkeit v die gleiche Zeitabhängigkeit $e^{-i\omega t}$ ansetzen wie für das elektrische Feld E. Dann wird

$$i = \sigma E = -env = \sigma_0 \omega_0 \frac{\omega_0 + i\omega}{\omega_0^2 + \omega^2} E, \quad \sigma_0 = \frac{ne^2\tau}{m^*}. \tag{73.2}$$

Die durch (73.2) gegebene komplexe Leitfähigkeit können wir zur Bestimmung der optischen Konstanten benutzen. In Abschnitt 66 hatten wir vermieden, die komplexe Dielektrizitätskonstante mit den Materialkonstanten der Maxwellschen

Gleichungen zu verknüpfen, und einen allgemeineren Weg gewählt. Hier ist es notwendig, auf die aus den Maxwellschen Gleichungen folgende Wellengleichung

$$\frac{\varepsilon_{st}}{c^2}\ddot{E} + \frac{4\pi\sigma}{c^2}\dot{E} = -\text{rot rot } E \tag{73.3}$$

zurückzugeben, wo ε_{st} die aus den Maxwellschen Gleichungen folgende „statische" Dielektrizitätskonstante ist. Einsetzen von (73.2) liefert für isotrope Medien

$$\left[\left(\frac{\omega}{c}\right)^2 \varepsilon_{st} + \frac{4\pi}{c^2} i\omega\sigma\right] E = \kappa^2 E - \kappa(\kappa \cdot E). \tag{73.4}$$

Aus (73.4) folgt zunächst durch Vergleich beider Seiten, daß E senkrecht auf κ steht. Wegen $\kappa = (\omega/c)(n+ik)$ wird dann

$$(n+ik)^2 = \varepsilon_{st} + i\frac{4\pi\sigma}{\omega} \tag{73.5}$$

und mit (66.10) wird

$$\varepsilon_1 = n^2 - k^2 = \varepsilon_{st} - \frac{4\pi}{\omega}\text{Im}(\sigma) = \varepsilon_{st}\left(1 - \frac{\omega_p^2}{\omega_0^2 + \omega^2}\right), \tag{73.6}$$

$$\varepsilon_2 = 2nk = \frac{4\pi}{\omega}\text{Re}(\sigma) = \varepsilon_{st}\frac{\omega_0}{\omega}\frac{\omega_p^2}{\omega_0^2 + \omega^2} \tag{73.7}$$

wo ω_p die Plasmafrequenz in einem Medium der Dielektrizitätskonstanten ε_{st}: $\omega_p^2 = 4\pi n e^2/m^* \varepsilon_{st}$ ist.

Wir betrachten zunächst ε_1. Zu dem Glied ε_{st} tritt hier ein (negativer) Zusatzterm, der proportional zur Elektronendichte ist. ε_{st} ist nur der Beitrag des Gitters, also die statische Dielektrizitätskonstante in einem Isolator. Der Beitrag der freien Elektronen ist vernachlässigbar, wenn die Elektronenkonzentration (ω_p) klein, die Elektron-Phonon-Kopplung (ω_0) groß oder die Frequenz des Lichtes (ω) groß ist. Wichtig wird der Beitrag des Elektronenplasmas, wenn ω und ω_p von gleicher Größenordnung sind.

ε_1 ist maßgebend für die Reflexion. Nach (66.11) ist bei schwacher Absorption (Halbleiter) der Reflexionskoeffizient gleich $(n-1)^2/(n+1)^2$. Totale Reflexion haben wir für $n=0$ ($\varepsilon_1 = 0$, jeweils bei Vernachlässigung von k neben n), keinerlei Reflexion haben wir für $n=1$ ($\varepsilon_1 = 1$). Gl. (73.6) zeigt, daß diese Fälle für $\omega_0 = 0$ (das ist gerade die Bedingung $k=0$) dann auftreten, wenn $\omega = \omega_p$ bzw. wenn $\omega = (\varepsilon_{st}/(\varepsilon_{st}-1))^{\frac{1}{2}}\omega_p$ ist. Bei großer statischer DK, wie sie in Halbleitern vorkommt, können die Werte $R=1$ bzw. $R=0$ sehr dicht beieinander liegen (*Plasma-Reflexions-Kante*, Abb. 86).

Der Imaginärteil der DK ε_2 ist maßgebend für die Absorption des Elektronengases. Er ist offensichtlich proportional zur Elektronenkonzentration, aber auch zur Elektron-Phonon-Kopplung ω_0. Für das Absorptionsspektrum wichtig ist das Gebiet, wo ω groß gegen ω_0 ist. Dann wird $\varepsilon_2 \sim \omega^{-3}$. Die Frequenzabhängigkeit der Absorptionskonstanten $K = 2\omega k/c$ hängt davon ab, ob $\omega \gg \omega_p$ oder $\omega \ll \omega_p$ ist. Gehen wir zu so hohen Frequenzen, daß ω größer als ω_p wird, so folgt $k \sim \omega^{-3}$ und damit $K \sim \omega^{-2} \sim \lambda^2$. Wir finden dann einen quadratischen Anstieg der Ab-

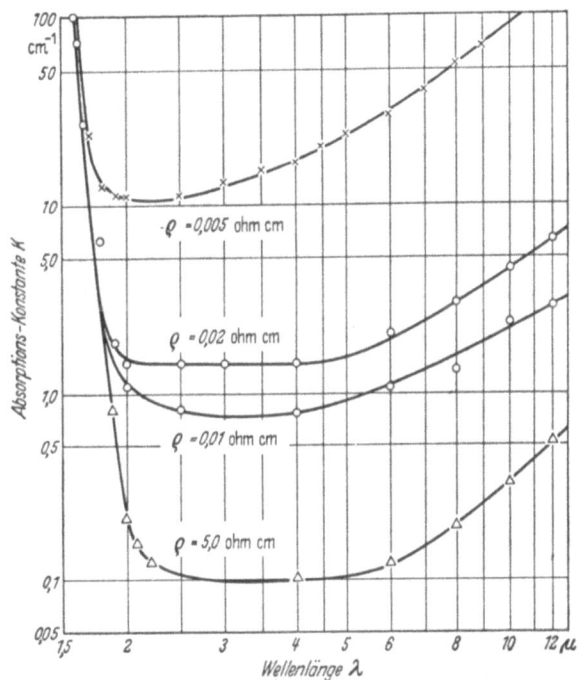

Abb. 81. Absorptionskonstante von n-leitendem Germanium für einen Wellenlängenbereich oberhalb der Absorptionskante. Mit wachsender Wellenlänge fällt die Absorption zunächst stark ab, wenn die Photonenenergie nicht mehr ausreicht, um Elektronen aus dem Valenzband in das Leitungsband zu bringen. Durch die Absorption der freien Elektronen im Leitungsband steigt die Absorptionskonstante angenähert quadratisch wieder an. Der Absolutwert von K ist proportional zur Elektronenkonzentration, also umgekehrt proportional zum Widerstand ρ. Nach Fan und Becker, Proc. of the International Conference on Semiconductors, Reading 1951

sorption mit der Wellenlänge des Lichtes. Das ist (wieder für Germanium) in Abb. 81 gezeigt. Für Wellenlängen oberhalb der Absorptionskante zeigt K ein λ^2-Verhalten, wobei der Absolutwert von K mit fallendem spezifischen Widerstand (steigender Elektronenkonzentration) ansteigt.

Alles dies sind Ergebnisse der einfachsten Näherung. Abweichungen durch Einbeziehung der Dämpfung ω_0, Beachtung der Energieabhängigkeit der Relaxationszeit, der Energieabhängigkeit oder Anisotropie der effektiven Masse usw. können zu einem komplizierteren Verlauf des Absorptionsspektrums führen.

74. Absorption und Reflexion im Magnetfeld

In Abschnitt 8 hatten wir die Änderung des Energiespektrums und damit der Zustandsdichte freier Elektronen im Magnetfeld behandelt. Wir benutzen diese Ergebnisse, um den Einfluß eines Magnetfeldes auf Interband-Übergänge zu studieren.

Dabei beschränken wir uns auf die Näherung der Gl. (68.21), d. h. wir vernachlässigen die k-Abhängigkeit der Interband-Matrixelemente. Im Fall eines zusätzlichen Magnetfeldes hat der Störoperator H' der Gl. (68.5) die Gestalt

$$H' = \frac{e}{mc} A \cdot \left(p + \frac{e}{c} A_{\text{magn}} \right), \qquad (74.1)$$

wo A_{magn} das Vektorpotential des äußeren Magnetfeldes ist. Diese Form folgt aus (68.4), wenn man neben $(e/c)A$ noch $(e/c)A_{\text{magn}}$ betrachtet, also zum Impulsoperator p die Glieder $(e/c)(A + A_{\text{magn}})$ addiert.

Um die Matrixelemente berechnen zu können, benötigen wir die Bloch-Funktionen für Elektronen im Magnetfeld. In Gl. (8.10) hatten wir für die Wellenfunktionen der freien Elektronen die Gestalt

$$F_{\nu k_y k_z}(x) = (L_y L_z)^{-\frac{1}{2}} e^{i(k_y y + k_z z)} \varphi_\nu(x - x_0) \qquad (74.2)$$

gefunden. Dabei ist hier ein Normierungsfaktor beigefügt worden. Die $\varphi_\nu(x)$ sind die Oszillator-Wellenfunktionen der Gl. (8.11) zu den Eigenwerten E_ν der Gl. (8.12).

Betrachten wir speziell direkte Übergänge bei $k = 0$, so läßt sich zeigen, daß man F durch einen Faktor $u_n(0, r)$ ergänzen muß, um die gesuchten Bloch-Funktionen zu erhalten. Wir verzichten hier auf den Beweis dieser naheliegenden Annahme.

An die Stelle der Matrixelemente (68.10) für direkte Übergänge treten also jetzt die Integrale

$$\langle u_{n'} F_{\nu' k_y' k_z'} | H' | u_n F_{\nu k_y k_z} \rangle. \qquad (74.3)$$

In den Wellenfunktionen sind die F ein langsam veränderlicher und die u ein schnell veränderlicher Faktor. Teil man wie in (68.11) die Integration in Teilintegrale über einzelne Wigner-Seitz-Zellen auf, so kann man in den Teilintegralen alle langsam veränderlichen Funktionen vor das Integral ziehen. Die anschließende

Summation über die Zellen läßt sich in eine Integration über die langsam veränderlichen Anteile umformen. Damit wird aus (74.3)

$$\langle\cdots|H'|\cdots\rangle = \langle F_{v'k_y'k_z'}|H'|F_{vk_yk_z}\rangle \langle u_{n'}|u_n\rangle_{WSZ} \qquad (74.4)$$
$$+ \langle F_{v'k_y'k_z'}|F_{vk_yk_z}\rangle \langle u_{n'}\left|\frac{e}{mc}\boldsymbol{A}\cdot\boldsymbol{p}\right|u_n\rangle_{WSZ}.$$

Das erste Glied wird für $n' \neq n$ wieder sehr klein gegen das zweite (vgl. (68.24)). Für die F enthaltenden Integrale in (74.4) findet man

$$\langle F_{v'k_y'k_z'}|F_{vk_yk_z}\rangle = C\delta_{k_zk_z'}\delta_{vv'} \qquad (74.5)$$

und

$$\langle F_{v'k_y'k_z'}|H'|F_{vk_yk_z}\rangle = C'\delta_{k_zk_z'}\delta_{v,v'\pm 1}. \qquad (74.6)$$

Zu den beiden Gleichungen kommen noch Auswahlregeln für die k_y, die wir hier aber nicht benötigen.
In (74.4) können wir uns für direkte erlaubte Übergänge auf das zweite Glied beschränken. Die Auswahlregeln (74.5) sagen dann, daß die Übergänge unter Erhaltung der Wellenzahl k_z und des Teilband-Index v erfolgen.
Für den Imaginärteil der Dielektrizitätskonstanten können wir in der Näherung der Gl. (68.21) ansetzen:

$$\varepsilon_2 \sim \sum_v \int\frac{dk_y}{2\pi}\int\frac{dk_z}{2\pi}\delta\left(\hbar\omega - \left[E_{n'} + \left(v' + \frac{1}{2}\right)\hbar\omega_{cn'} + \frac{\hbar^2 k_z^2}{2m_{n'}}\right]\right.$$
$$\left. + \left[E_n - \left(v + \frac{1}{2}\right)\hbar\omega_{cn} - \frac{\hbar^2 k_z^2}{2m_n}\right]\right) \qquad (74.7)$$
$$= \sum_v \int\frac{dk_y}{2\pi}\int\frac{dk_z}{2\pi}\delta\left(\hbar\omega - E_G - \left(v + \frac{1}{2}\right)\hbar\omega_c^* - \frac{\hbar k_z^2}{2m^*}\right)$$

mit

$$\omega_c^* = \frac{eB}{cm^*}, \quad \frac{1}{m^*} = \frac{1}{m_{n'}} + \frac{1}{m_n}.$$

In (74.7) sind beide Integrationen voneinander unabhängig. Die Integrationsgrenzen gewinnen wir aus Abschnitt 8. Dort war k_y mit x_0, dem Bezugspunkt der x-Koordinate, durch die Beziehung $k_y = (eB/c\hbar)x_0$ verknüpft. Da x_0 im Grundgebiet liegen muß (also nur zwischen zwei konstanten Werten variieren kann), kann auch k_y nur zwischen zwei Grenzwerten liegen, die beide linear in B sind. Das Integral über k_y wird dann proportional zu B, also ω_c^*. Das Integral über k_z läßt sich einfach auswerten. Wegen

$$\delta(f(x)) = \frac{\delta(x - x_0)}{|f'(x_0)|} \qquad (74.8)$$

wird

$$\int dk_z \delta\left(\alpha - \frac{\hbar^2 k_z^2}{2m^*}\right) = \left\{\left|\frac{d}{dk_z}\left(\alpha - \frac{\hbar^2 k_z^2}{2m^*}\right)\right|_{\alpha = \frac{\hbar^2 k_z^2}{2m^*}}\right\}^{-1} \sim \alpha^{-\frac{1}{2}}. \qquad (74.9)$$

Damit wird schließlich

$$\varepsilon_2(\omega, \omega_c^*) \sim \hbar\omega_c \sum_v (\hbar\omega - E_G - (v+\tfrac{1}{2})\hbar\omega_c^*)^{-\tfrac{1}{2}}. \tag{74.10}$$

Bevor wir diese Gleichung diskutieren, geben wir die entsprechenden Gleichungen für die indirekten Übergänge und für direkte verbotene Übergänge an. Nach (69.10) haben wir eine doppelte Integration über k_y' und k_y sowie über k_z' und k_z auszuführen und über v' und v zu summieren. In der δ-Funktion von (74.7) tritt ein additives Glied $\hbar\omega_q$ auf. Die doppelte Integration über k_y' und k_y liefert entsprechend zu (74.10) einen Faktor $(\hbar\omega_c)^2$. Die erste Integration über k_z' führt auf

$$\varepsilon_2 \sim (\hbar\omega_c^*)^2 \sum_{vv'} \int dk_z \left(\hbar\omega - E_G - (v'+\tfrac{1}{2})\hbar\omega_{cn'} - (v+\tfrac{1}{2})\hbar\omega_{cn} \pm \hbar\omega_q - \frac{\hbar^2 k_z^2}{2m^*}\right)^{-\tfrac{1}{2}}. \tag{74.11}$$

Das Integral ist über den Bereich zu erstrecken, für den die Wurzel reell bleibt. Damit wird

$$\varepsilon_2 \sim (\hbar\omega_c^*)^2 \sum_{vv'} S(\hbar\omega - E_G - (v'+\tfrac{1}{2})\hbar\omega_{cn'} - (v+\tfrac{1}{2})\hbar\omega_{cn} \pm \hbar\omega_q). \tag{74.12}$$

Dabei ist $S(x)$ eine Stufenfunktion, die für $x<0$ verschwindet und für $x>0$ gleich Eins wird.

Für *verbotene direkte Übergänge* geben wir die entsprechenden Ausdrücke ohne Beweis an. Je nach Polarisation der einfallenden Strahlung haben wir zu unterscheiden zwischen

$$\boldsymbol{E} \parallel \boldsymbol{B}: \varepsilon_2 \sim \hbar\omega_c^* \sum_v (\hbar\omega - E_G - (v+\tfrac{1}{2})\hbar\omega_c^*)^{\tfrac{1}{2}}, \tag{74.13}$$

$$\boldsymbol{E} \perp \boldsymbol{B}: \varepsilon_2 \sim (\hbar\omega_c^*)^2 \sum_v \{c_1(v+1)(\hbar\omega - E_G - (v+\tfrac{1}{2})\hbar\omega_c^* - \hbar\omega_{cn})^{-\tfrac{1}{2}}$$
$$+ c_2 v(\hbar\omega - E_G - (v+\tfrac{1}{2})\hbar\omega_c^* - \hbar\omega_{cn'})^{-\tfrac{1}{2}}\}. \tag{74.14}$$

Die Summation erstreckt sich in (74.13) und (74.14), wie auch in (74.10) über alle v, für die die Wurzeln reell bleiben. Neben die Auswahlregel $k_z' = k_z$ tritt in (74.12) $v' = v$ und in (74.14) $v' = v+1$ für das erste Glied und $v' = v-1$ für das zweite Glied.

In allen bisher angegebenen Ausdrücken wurde die Effektiv-Massen-Näherung ohne Spin zugrunde gelegt. Bei Berücksichtigung des Spins treten in den Wurzelausdrücken und in $S(x)$ zusätzliche Glieder der allgemeinen Form $\pm(g/2)\mu_B B$ auf, wo der g-Faktor von der Art des Übergangs und der Polarisation der einfallenden Strahlung abhängt.

Wir haben nach (74.10)–(74.14) zwei verschiedene Typen von Absorptionsspektren zu erwarten. Bei erlaubten direkten Übergängen und bei verbotenen direkten Übergängen mit $\boldsymbol{E} \parallel \boldsymbol{B}$ stehen die Wurzeln im Nenner der Summenglieder. Wir erhalten also Absorptionsspitzen, die immer dann auftreten, wenn die Energie

der einfallenden Strahlung mit der für den Übergang zwischen zwei Teilbändern erforderlichen Mindestenergie übereinstimmt. Die Abstände zwischen zwei Absorptionsspitzen sind bei erlaubten direkten Übergängen und innerhalb der zwei Serien (74.14) $\Delta\omega = \omega_c$. Der Abstand dieser beiden Serien ist $\omega_{cn'} - \omega_{cn}$. Berücksichtigt man die Spinaufspaltung, so spaltet die Serie (74.10) in vier Serien (je zwei für $E \parallel B$ und $E \perp B$) auf, die beiden Serien (74.14) jeweils in zwei.
Anders ist das Verhalten bei indirekten Übergängen und bei den verbotenen direkten Übergängen mit $E \perp B$. Hier stehen die Wurzeln im Zähler der Summenglieder. Das Absorptionsspektrum besteht dann aus Stufen an den Stellen, an denen die Wurzeln Null werden bzw. an denen die Stufenfunktion $S(x)$ von Null auf Eins springt. Der Abstand der Stufen ist wieder ω_c.
Die eben diskutierten Gleichungen gelten natürlich nur für den Idealfall $T=0$. Die Gitterschwingungen liefern eine Stoßverbreiterung der Spektren. Die Stufen sind also verschmiert, und die Absorptionsspitzen führen zu einem oszillatorischen Verhalten der Absorption.
Alle geschilderten Feinheiten des Absorptionsspektrums im Magnetfeld sind experimentell bestätigt. Entsprechende Phänomene finden sich auch im Reflexionsspektrum. Wir beschränken uns auf ein Beispiel: die direkten Übergänge im Magnetoabsorptionsspektrum des Germaniums. Die Endzustände dieser Übergänge liegen in einem höheren Leitungsband (vgl. Abb. 39). Es ist angenähert isotrop, so daß wir nach Abschnitt 8 zwei Termleitern für die beiden Spinmöglichkeiten mit jeweils äquidistanten Termen in $k=0$ zu erwarten haben. Komplizierter liegen die Verhältnisse für die Ausgangszustände. Die Oberkante des Valenzbandes ist vierfach entartet und spaltet für $k \neq 0$ in zwei Teilbänder, das Band der „schweren Löcher" und das Band der „leichten Löcher" auf. Dies führt im Magnetfeld zu vier Termleitern für $k=0$, deren Terme wegen der Wechselwirkung beider

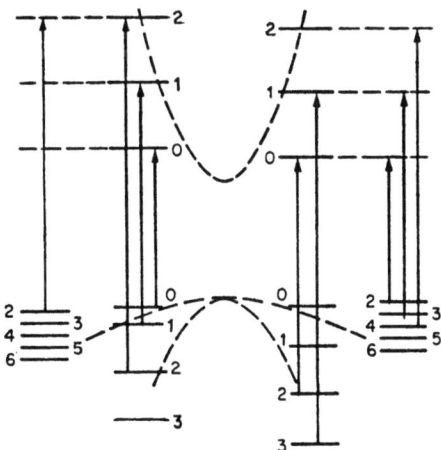

Abb. 82. Aufspaltung der Terme des Leitungsbandes und Valenzbandes von Germanium im Punkt Γ der Brillouin-Zone im Magnetfeld. Für die eingezeichneten Übergänge vgl. den Text. Nach Roth, Lax und Zwerdling, Phys. Rev. **114**, 90 (1959)

Teilbänder nicht äquidistant sind. Für die Termleitern der „leichten Löcher" fallen zudem die Teilbänder mit $v=0$ und $v=1$ aus. Dies ist in Abb. 82 gezeigt. Die vier Termleiter des Valenzbandes sind durch

$$E_1^\pm(v)=\left\{av-\left(\frac{a}{2}+b-\frac{c}{2}\right)\pm\left[\left(bv-\left(a-c+\frac{b}{2}\right)\right)^2+3dv(v-1)\right]^{\frac{1}{2}}\right\}\hbar\omega_c,$$

(74.15)

$$E_2^\pm(v)=\left\{av-\left(\frac{a}{2}-b+\frac{c}{2}\right)\pm\left[\left(bv+\left(a-c-\frac{b}{2}\right)\right)^2+3dv(v-1)\right]^{\frac{1}{2}}\right\}\hbar\omega_c$$

gegeben, wobei die Konstanten aus der Struktur des Valenzbandes ohne Magnetfeld folgen.

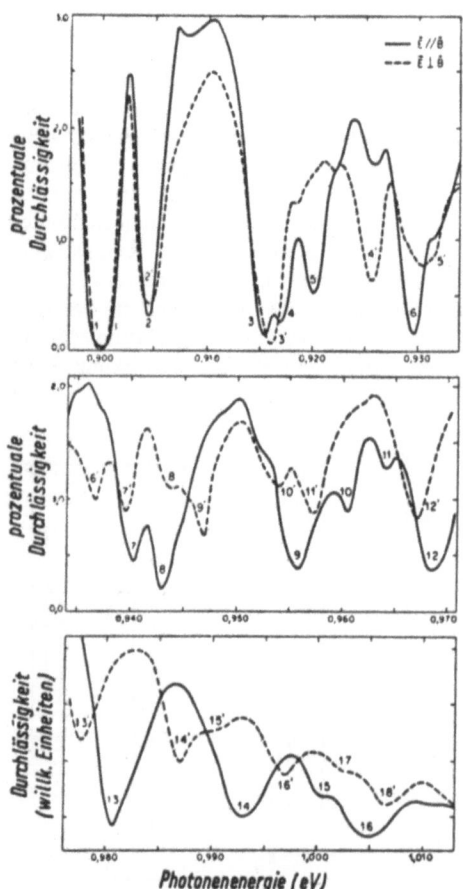

Abb. 83. Feinstruktur der Magneto-Absorption von Ge bei 38,9 Kilogauß, und 4,2 °K. Nach Zwerdling, Roth und Lax, Phys. Rev. **109**, 2207 (1958)

Die direkten Übergänge werden durch Gl. (74.10) beschrieben. Als Auswahlregeln findet man, wenn man noch die Termleitern des Leitungsbandes durch $c^+(v)$ und $c^-(v)$ unterscheidet:

$$\left.\begin{array}{l} E_1^\pm(v) \to c^-(v), \\ E_2^\pm(v) \to c^+(v-2) \end{array}\right\} E \parallel B \,; $$
$$\left.\begin{array}{l} E_1^\pm(v) \to c^+(v) \quad \text{und} \quad c^+(v-2), \\ E_2^\pm(v) \to c^-(v) \quad \text{und} \quad c^-(v-2) \end{array}\right\} E \perp B. \tag{74.16}$$

Die Übergänge für $E \parallel B$ sind in Abb. 82 eingezeichnet.
Abb. 83 zeigt die Feinstruktur der Magneto-Absorption in Ge. Das unterschiedliche Verhalten für $E \parallel B$ und $E \perp B$ ist deutlich sichtbar. Abb. 84 bringt für $E \parallel B$ einen Vergleich zwischen Theorie und Experiment. Fast alle Details des Spektrums können hierdurch erklärt werden.

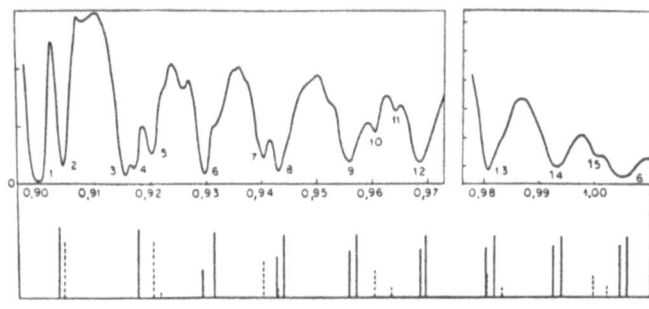

Photonenenergie (eV)

Abb. 84. Vergleich des Absorptionsspektrums der Abb. 83 mit der Theorie für $E \parallel B$. Oben: Experimentelles Spektrum, unten: berechnete Übergangs-Energien. Ausgezogene Linien: Übergänge aus den Termen der schweren Löcher (oberes Valenzband), gestrichelte Linien: Übergänge aus den Termen der leichten Löcher (unteres Valenzband). Die Höhe der Linien gibt die theoretische Intensität. Nach Roth, Lax und Zwerdling, Phys. Rev. 114, 90 (1959).

75. Magnetooptik freier Ladungsträger

Zur Beschreibung der optischen Eigenschaften freier Ladungsträger in einem statischen Magnetfeld ergänzen wir die rechte Seite der Gl. (73.1) um das Glied $-(e/c)\,\boldsymbol{v} \times \boldsymbol{B}$. Dabei wählen wir speziell $\boldsymbol{B} = (0,0,B)$, legen das Magnetfeld also in die

z-Richtung des Koordinatensystems. Dann wird unter Einführung der Cyclotron-Resonanz-Frequenz $\omega_c = eB/cm^*$

$$\sigma = \begin{vmatrix} \sigma_{xx} & \sigma_{xy} & 0 \\ -\sigma_{xy} & \sigma_{xx} & 0 \\ 0 & 0 & \sigma_{zz} \end{vmatrix} \tag{75.1}$$

mit

$$\sigma_{xx} = \sigma_0 \omega_0 \frac{\omega_0 - i\omega}{(\omega_0 - i\omega)^2 + \omega_c^2}, \qquad \sigma_{xy} = \sigma_0 \omega_0 \frac{\omega_c}{(\omega_0 - i\omega)^2 + \omega_c^2},$$

$$\sigma_{zz} = \sigma_0 \omega_0 \frac{1}{\omega_0 - i\omega}. \tag{75.2}$$

Die Dispersionsgleichung (73.4) bleibt erhalten, nur daß jetzt die spezifische Leitfähigkeit ein Tensor ist:

$$\kappa^2 E - \kappa(\kappa \cdot E) = \left(\frac{\omega}{c}\right)^2 \varepsilon_{st} E + 4\pi i \frac{\omega}{c^2} \sigma E. \tag{75.3}$$

Diese Gleichung betrachten wir für zwei Grenzfälle:
a) *Longitudinaler Fall:* Magnetfeld parallel zum Ausbreitungsvektor des Lichtes. Der Vektor κ hat also nur eine z-Komponente. Aus (75.3) folgt neben $E_z = 0$:

$$\kappa^2 E_x = \left(\frac{\omega}{c}\right)^2 \varepsilon_{st} E_x + 4\pi i \frac{\omega}{c^2}(\sigma_{xx} E_x + \sigma_{xy} E_y),$$

$$\kappa^2 E_y = \left(\frac{\omega}{c}\right)^2 \varepsilon_{st} E_y + 4\pi i \frac{\omega}{c^2}(-\sigma_{xy} E_x + \sigma_{xx} E_y) \tag{75.4}$$

oder für zirkular polarisiertes Licht durch Zusammenfassen von E_x und E_y zu $E_\pm = E_x \pm i E_y$ und $\sigma_\pm = \sigma_{xx} \pm i \sigma_{xy}$ schließlich

$$(n + ik)^2_\pm = \varepsilon_{st} + \frac{4\pi i}{\omega} \sigma_\pm. \tag{75.5}$$

Diese Gleichung unterscheidet sich von (73.5) durch Ersetzen der skalaren Leitfähigkeit σ durch $\sigma_\pm$.
b) *Transversaler Fall:* Magnetfeld senkrecht zum Ausbreitungsvektor des Lichtes. Da wir bisher nur über die z-Richtung verfügt haben, haben wir noch die Freiheit κ in der x-y-Ebene festzulegen. Wir wählen speziell $\kappa = (0, \kappa, 0)$. Aus (75.3) folgt dann

$$\kappa^2 E_x = \left(\frac{\omega}{c}\right)^2 \varepsilon_{st} E_x + 4\pi i \frac{\omega}{c^2}(\sigma_{xx} E_x + \sigma_{xy} E_y),$$

$$0 = \left(\frac{\omega}{c}\right)^2 \varepsilon_{st} E_y + 4\pi i \frac{\omega}{c^2}(-\sigma_{xy} E_x + \sigma_{xx} E_y), \tag{75.6}$$

$$\kappa^2 E_z = \left(\frac{\omega}{c}\right)^2 \varepsilon_{st} E_z + 4\pi i \frac{\omega}{c^2} \sigma_{zz} E_z.$$

Aus der zweiten Gleichung erkennt man zunächst, daß jetzt eine Feldkomponente in Fortpflanzungsrichtung des Lichtes auftritt. Da die Richtung des elektrischen Feldvektors noch nicht festgelegt ist, unterscheiden wir zwei weitere Fälle:

1. $E \parallel B$ d. h. $E_x = E_y = 0$. Dann gibt die dritte Gl. (75.6)

$$(n+ik)_\parallel^2 = \varepsilon_{st} + \frac{4\pi i}{\omega}\sigma_{zz}. \tag{75.7}$$

2. $E \perp B$ d. h. $E_z = 0$. Dann folgt aus den beiden ersten Gl. (75.6)

$$(n+ik)_\perp^2 = \varepsilon_{st} + \frac{4\pi}{\omega}\left(\sigma_{xx} + 4\pi i \frac{\sigma_{xy}^2}{\varepsilon_{st}\omega + 4\pi i \sigma_{xx}}\right). \tag{75.8}$$

Aus den Gl. (75.5), (75.7) und (75.8) folgen durch Trennung von Real- und Imaginärteil die optischen Konstanten:

a) *Longitudinaler Fall:*

$$\varepsilon_1 = \varepsilon_{st}\left(1 - \frac{\omega_0^2}{\omega}\frac{\omega \pm \omega_c}{(\omega \pm \omega_c)^2 + \omega_0^2}\right), \tag{75.9}$$

$$\varepsilon_2 = \varepsilon_{st}\frac{\omega_0}{\omega}\omega_p^2 \frac{1}{(\omega \pm \omega_c)^2 + \omega_0^2}, \tag{75.10}$$

wobei die beiden Vorzeichen die beiden Richtungen des zirkular polarisierten Lichtes angeben.

b) *Transversaler Fall; $E \parallel B$:*

$$\varepsilon_1 = \varepsilon_{st}\left(1 - \frac{\omega_p^2}{\omega^2 + \omega_0^2}\right), \tag{75.11}$$

$$\varepsilon_2 = \varepsilon_{st}\frac{\omega_0}{\omega}\omega_p^2 \frac{1}{\omega^2 + \omega_0^2}. \tag{75.12}$$

c) *Transversaler Fall: $E \perp B$:*

$$\varepsilon_1 = \varepsilon_{st}\left(1 - \frac{\omega_p^2 \beta}{\omega^2 \beta^2 + \omega_0^2 \alpha^2}\right), \tag{75.13}$$

$$\varepsilon_2 = \varepsilon_{st}\frac{\omega_0}{\omega}\omega_p^2 \frac{\alpha}{\omega^2 \beta^2 + \omega_0^2 \alpha^2} \tag{75.14}$$

mit

$$\alpha = 1 + \frac{\omega^2 \omega_c^2}{\omega^2 \omega_0^2 + (\omega^2 - \omega_p^2)^2}, \tag{75.15}$$

$$\beta = 1 - \frac{\omega_c^2(\omega^2 - \omega_p^2)}{\omega^2 \omega_0^2 + (\omega^2 - \omega_p^2)^2}. \tag{75.16}$$

Die Gleichungen (75.10) bis (75.16) enthalten jetzt vier charakteristische Frequenzen: ω, ω_p, ω_c und ω_0, die die vier Parameter Licht, Elektronenkonzentration,

Magnetfeld und Elektron-Phonon-Kopplung repräsentieren. Das Verhältnis dieser Parameter zueinander bestimmt das Auftreten verschiedener Phänomene. Wir behandeln je ein Phänomen der Absorption, der Reflexion und der Dispersion: Cyclotron-Resonanz, Magneto-Plasma-Reflexion und Faraday- bzw. Voigt-Effekt.

Cyclotron-Resonanz:

Wir betrachten den longitudinalen Fall, wählen allerdings im Gegensatz zu (75.5) linear polarisiertes Licht ($E_x \neq 0$, $E_y = 0$). Dann folgt aus der ersten Gl. (75.4)

$$\kappa^2 = \left(\frac{\omega}{c}\right)^2 (\varepsilon_1 + i\varepsilon_2) = \left(\frac{\omega}{c}\right)^2 \varepsilon_{st} + 4\pi i \frac{\omega}{c^2} \sigma_{xx}. \tag{75.17}$$

ε_2 und damit die Absorptionskonstante K werden proportional zum Realteil von σ_{xx}:

$$K \sim \frac{\omega_0^2 + \omega_c^2 + \omega^2}{(\omega_0^2 + \omega_c^2 - \omega^2)^2 + 4\omega_0^2 \omega^2}. \tag{75.18}$$

In der Nähe von $\omega = \omega_c$ tritt hiernach ein Absorptionsmaximum auf, das umso ausgeprägter ist, je kleiner ω_0 ist (Abb. 85). Dieses Phänomen läßt sich sowohl klassisch wie quantenmechanisch leicht verstehen: In einem Magnetfeld werden die Elektronen, die eine thermische Geschwindigkeit v_{th} haben, in Kreisbahnen um die Richtung des Magnetfeldes beschleunigt. Ihre Kreisfrequenz ist die Cyclotron-Resonanz-Frequenz ω_c, der Radius der Kreisbahn ist $r = v_{th}/\omega_c$. Ein hochfrequentes elektrisches Wechselfeld, dessen E-Vektor in der Ebene der Kreisbahnen

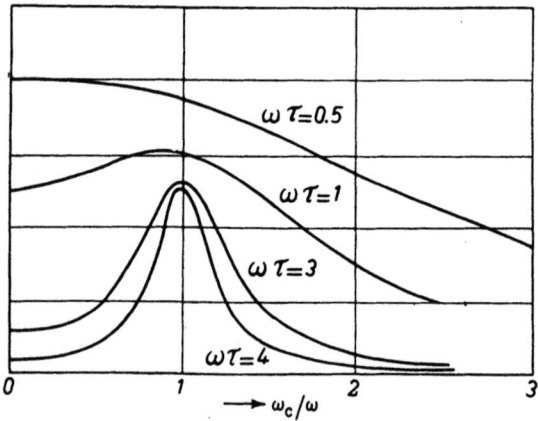

Abb. 85. Absorptionskurve in der Umgebung der Cyclotron-Resonanz-Frequenz ω_c. Bei fehlender Elektron-Phonon-Wechselwirkung ($\omega_0 = 1/\tau = \infty$) ist die Absorptionskurve eine Delta-Funktion bei $\omega = \omega_c$. Mit wachsender Elektron-Phonon-Wechselwirkung wird die Absorptionsspitze nach Gl. (75.18) immer mehr abgeflacht.

schwingt, wird dann am stärksten absorbiert, wenn seine Frequenz gerade gleich der Umlaufsfrequenz ω_c ist. In diesem Fall ist die periodische Bewegung der Elektronen in Phase mit der Änderung des elektrischen Feldes, und die Elektronen entziehen dem Feld ein Maximum an Energie. Auch vom Standpunkt der Aufspaltung eines Bandes in magnetische Teilbänder können wir die Cyclotron-Resonanz leicht verstehen. In (74.4) hatten wir bei der Theorie der direkten Übergänge im Magnetfeld das erste Glied rechts weggelassen, da das Matrixelement $\langle u_{n'}|u_n\rangle$ für $n' \neq n$ sehr klein wird. Für $n=n'$ (direkte Übergänge zwischen magnetischen Teilbändern eines Bandes n) wird das Matrixelement dagegen angenähert gleich Eins. Die Auswahlregel für dieses Glied wird nach (74.6) $v'=v\pm 1$, wo die v' und v die Teilbänder indizieren. Übergänge zwischen benachbarten Teilbändern benötigen aber gerade die Energie $\hbar\omega_c$, die von Photonen geliefert werden muß. Die Resonanzbedingung $\omega=\omega_c$ folgt hieraus zwanglos.

Cyclotron-Resonanz-Messungen sind zur Bestimmung der Frequenz ω_c und damit der effektiven Massen der Ladungsträger in Halbleitern wichtig. In Metallen stehen der Beobachtung dieser Resonanz eine Reihe von Schwierigkeiten entgegen: Elektromagnetische Wellen der Frequenz ω_c dringen nur in eine dünne Oberflächenschicht ein, die wesentlich kleiner als der Bahnradius v_{th}/ω_c ist. Trotzdem läßt sich ein Signal nachweisen, wenn das Magnetfeld parallel zur Oberfläche angelegt wird *(Azbel-Kaner-Resonanz)*. Dazu tragen nur die Bruchteile der Kreisbahnen bei, die in die Oberflächenschicht ragen. Damit verbunden ist die weitere Besonderheit, daß nicht nur die Frequenzen ω_c im Signal auftreten, sondern auch alle ganzzahligen Vielfachen $n\omega_c$, bei denen das Elektron nur bei jeder n-ten Schwingung des Feldes in die Oberflächenschicht gelangt. Eine weitere Schwierigkeit in Metallen ist die Struktur der Fermi-Flächen, die oft stark von einer Kugelgestalt abweicht. Die Annahme einer skalaren, isotropen effektiven Masse ist dann nicht gerechtfertigt.

Magneto-Plasma-Reflexion:

Nach (75.9) findet man für zirkular polarisiertes Licht, falls $\omega \approx \omega_p \gg \omega_c, \omega_0$ ist:

$$R=1 \quad \text{für} \quad \omega = \omega_p \pm \tfrac{1}{2}\omega_c + \cdots. \tag{75.19}$$

Die Plasma-Kante (vgl. Abschnitt 73) erleidet je nach der Polarisation im Magnetfeld eine Verschiebung um $\pm\omega_c/2$. In unpolarisiertem Licht überlagern sich beide Möglichkeiten, so daß die Plasma-Kante in zwei Komponenten aufgespalten wird, die um ω_c auseinander liegen (Abb. 86).

Faraday- und Voigt-Effekt:

Nach (75.9) haben rechts- und links-zirkular polarisierte Wellen verschiedene Fortpflanzungsgeschwindigkeiten. Die Phasendifferenz, die sich nach Durchlaufen einer Strecke d einstellt, ist $\delta = (\omega/c)(n_+ - n_-)d$. Wenn (für kleine Magnetfelder) n_+ und n_- sich nur wenig unterscheiden, kann dies durch

$$\delta = \frac{\omega}{2nc}(n_+^2 - n_-^2)d = \frac{\omega}{2nc}(\varepsilon_{1+} - \varepsilon_{1-})d \tag{75.20}$$

approximiert werden. Anstelle des zirkular polarisierten Lichtes betrachten wir jetzt eine linear polarisierte Welle, die wir uns aus zwei entgegengesetzt zirkular polarisierten Anteilen zusammengesetzt denken. Nach (75.20) ändert sich die Polarisationsrichtung dann um einen Winkel ϑ, der die Hälfte der Phasendifferenz δ beträgt *(Faraday-Effekt)*.

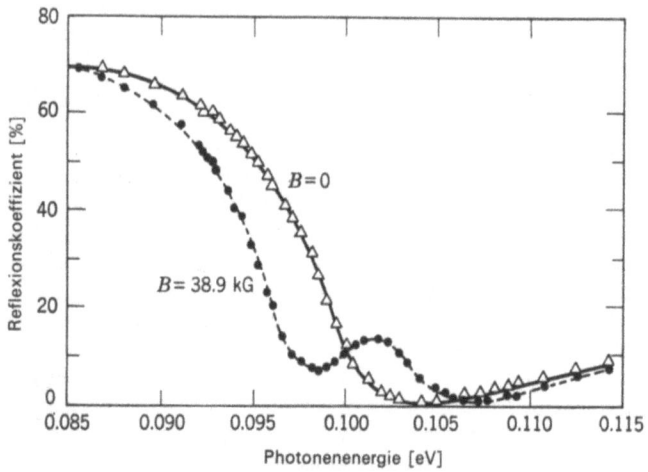

Abb. 86. Transversale Magneto-Plasma-Reflexion in n-InAs bei Zimmertemperatur. Mit eingezeichnet ist die Plasma-Kante ohne Magnetfeld. Nach Wright und Lax, J. Appl. Phys. **32**, 2113 (1961)

Auch im transversalen Fall beeinflußt das Magnetfeld die Polarisation des Lichtes, da die Dispersion für $E \| B$ und für $E \perp B$ verschieden ist. Dadurch wird linear polarisiertes Licht, dessen elektrischer Vektor unter 45° zur Richtung des Magnetfeldes steht, in elliptisch polarisiertes Licht umgewandelt *(Voigt-Effekt)*.
Als Beispiel für den Faraday-Effekt zeigen wir in Abb. 87 Messungen an GaAs. Nach (75.20) und (75.9) ergibt sich für den Faraday-Winkel $\vartheta \sim \omega_p^2 \omega_c / \omega^2$. Der Effekt ist also linear in B und quadratisch in der Wellenlänge. Das λ^2-Gesetz ist in der Abbildung für einen weiten Wellenlängenbereich gut erfüllt.
Abweichungen bei kleinen Wellenlängen, sowohl nach oben als auch nach unten, sind bei vielen Halbleitern gefunden worden. Sie werden Beiträgen der *Interband*-nicht behandelt haben, sei hier eine kurze Deutung dieses Effektes angefügt: Wir greifen zurück auf Abschnitt 74. Wir haben dort gesehen, daß für direkte erlaubte Übergänge zwischen zwei Bändern die Auswahlregel $v' = v$ gilt. Berücksichtigt

man die Spinaufspaltung der einzelnen ν-Teilbänder, so treten zur Übergangsenergie $\hbar\omega = E_G + (\nu + \frac{1}{2})\hbar\omega_c$ noch additive Glieder $\pm(g/2)\mu_B B$, wo der g-Faktor noch von der Bandstruktur abhängt, also für Valenzband und Leitungsband verschieden ist. Als weitere Auswahlregel tritt hinzu, daß ein Übergang nur zwischen

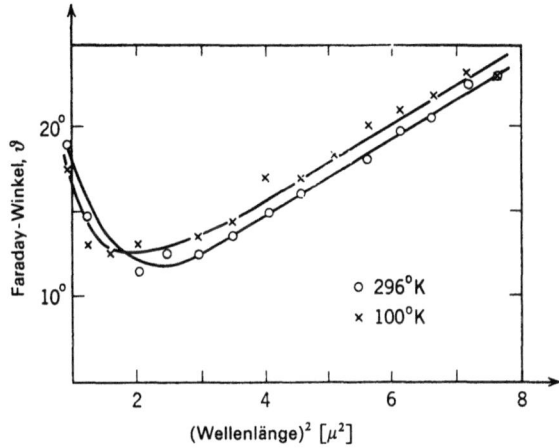

Abb. 87. Faraday-Effekt in n-GaAs ($B = 8330$ Gauß). Nach Cardona, Phys. Rev. **121**, 756 (1961)

einem Teilband $\pm(g_V/2)\mu_B B$ des Valenzbandes und einem Teilband $\mp (g_L/2)\mu_B B$ des Leitungsbandes möglich ist, wobei für beide Richtungen des zirkular polarisierten Lichtes jeweils das obere oder untere Vorzeichen gilt. Damit ist die Energiedifferenz äquivalenter Interband-Übergänge für beide Polarisationsrichtungen $(g_L + g_V)\mu_B B$. g-Faktoren können in Halbleitern sowohl im Vorzeichen als auch in der Größenordnung von dem Wert 2 für freie Elektronen abweichen. Damit wird verständlich, daß der Beitrag der Interband-Übergänge zur Dispersion sowohl positiv wie negativ sein kann, daß er aber auch – bei verschiedenem Vorzeichen von g_L und g_V – verschwinden kann.

C. Photon-Phonon-Wechselwirkung

76. Einführung

Nach der Elektron-Photon-Wechselwirkung wollen wir zum Abschluß dieses Kapitels die Wechselwirkung des Lichtes mit den Gitterschwingungen behandeln. Wir betrachten die Möglichkeiten wieder anhand von Graphen (Abb. 88, vgl.

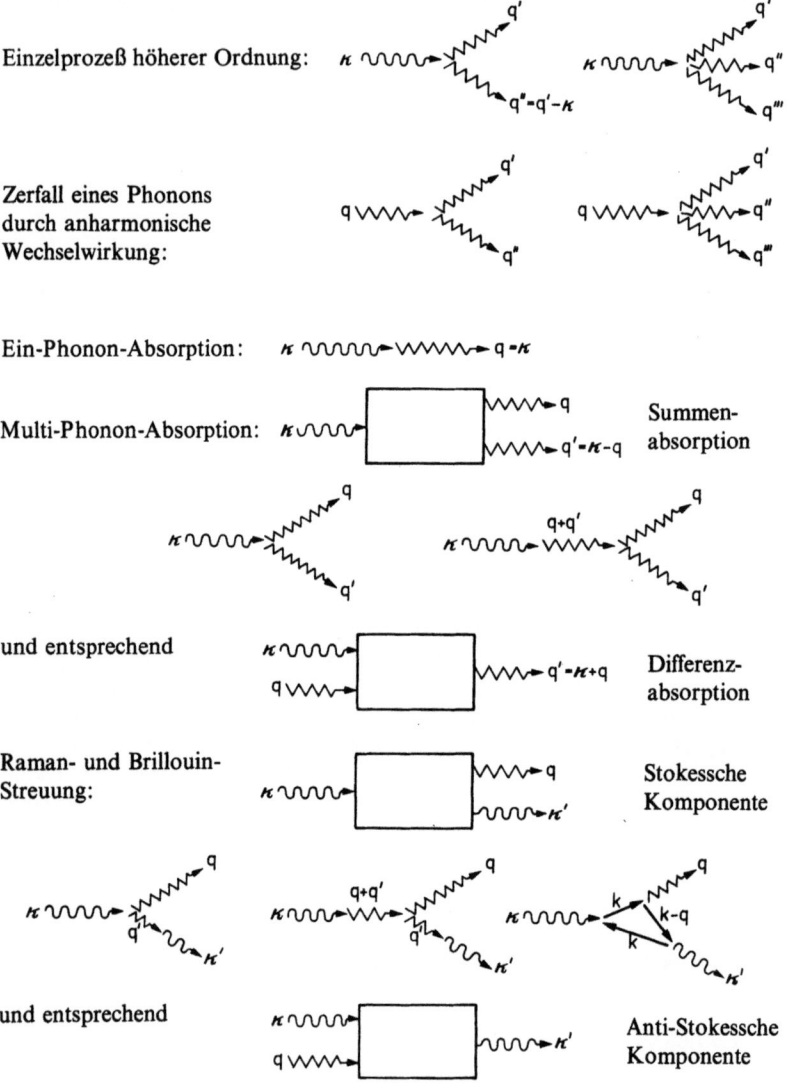

hierzu Abb. 57 und Abb. 71). Einzelprozesse sind die Umwandlung eines Photons in ein Phonon gleicher Energie und Wellenzahl. Die Auswahlregeln und Erhaltungssätze beschränken diese Prozesse auf die Bildung eines TO-Phonons und auf polare Festkörper. Wir müssen deshalb noch Prozesse zweiter Ordnung zulassen, bei denen ein Photon in zwei Phononen oder in ein Photon und ein Phonon zerfällt. Dazu kommt als weitere Möglichkeit der Zerfall eines Phonons in zwei Phononen durch Gitteranharmonizitäten. Diese Prozesse sind auch noch aus einem anderen Grund wichtig: Wir hatten in Abschnitt 68 bei der Einführung des Polaritons gesehen, daß die Absorption eines Photons unter Emission eines TO-Phonons nur dann ein absorptiver Mechanismus ist, wenn das Phonon hinreichend schnell weiter zerfällt, also seine Energie nicht an das Strahlungsfeld zurückgibt.

Folgende Prozesse sind danach wichtig (wobei es jeweils noch einer Nachprüfung bedarf, ob die Auswahlregeln und die Erhaltungssätze den einen oder anderen Prozeß zulassen):

Ein-Phonon-Absorption, d. h. Umwandlung eines Photons in ein Phonon gleicher Energie und Wellenzahl. Die hiermit verbundenen optischen Spektren besprechen wir in Abschnitt 77.

Multi-Phonon-Absorption, d. h. Absorption eines Photons unter Bildung zweier oder mehrerer Phononen. Hier sind verschiedene konkurrierende Prozesse möglich. Darauf gehen wir in Abschnitt 78 ein.

Streuung von Licht, d. h. Absorption eines Photons, Emission eines anderen Photons geänderter Energie unter Absorption oder Emission eines Phonons. Gehört das an diesen Prozessen beteiligte Phonon dem optischen Zweig an, so spricht man von *Raman-Streuung*, gehört es dem akustischen Zweig an, so spricht man von *Brillouin-Streuung*.

Auch in diesem Fall gibt es verschiedene Möglichkeiten. Zunächst kann das Phonon emittiert werden (Stokessche Streuung). Dann ist das sekundäre Photon energieärmer. Im anderen Fall (Anti-Stokessche Streuung) ist es energiereicher. In jedem der beiden Fälle kann der Gesamtprozeß ein Einzelprozeß höherer Ordnung sein, oder aus Teilprozessen mit virtuellen Zwischenzuständen aufgebaut sein. Auf diese Möglichkeiten gehen wir in Abschnitt 79 ein.

Literatur zur Phonon-Photon-Wechselwirkung geben wir in den folgenden Abschnitten an.

77. Ein-Phonon-Absorption

Energie- und Impulssatz fordern bei der Absorption eines Photons unter Emission eines Phonons, daß – soweit nicht Umklapp-Prozesse beteiligt sind – Energie und Wellenzahlvektor beider elementarer Anregungen übereinstimmen. Phononenenergien liegen unterhalb 0.1 eV, die Ein-Photonen-Absorption findet also im Ultraroten statt.

Abb. 88. Graphen zur Phonon-Photon-Wechselwirkung

Aus den Erhaltungssätzen folgt ferner, daß nur optische Phononen erzeugt werden können. Die Lichtgeschwindigkeit ist um den Faktor 10^3 bis 10^5 größer als die Fortpflanzungsgeschwindigkeit akustischer Wellen in Festkörpern. Akustische Phononen mit gleicher Energie und Wellenzahl wie die der Photonen gibt es also nicht.

Neben den Erhaltungssätzen müssen wir die möglichen Kopplungsmechanismen zwischen Strahlungsfeld und Gitterschwingungen betrachten. Nicht-verschwindende Übergangsmatrixelemente für Ein-Quanten-Übergänge findet man in der Dipolnäherung nur für transversale optische Phononen. Wir beginnen mit einer klassischen Ableitung der Lichtabsorption durch Anregung transversaler optischer Gitterschwingungen.

Dazu schließen wir an den Grenzfall langwelliger optischer Gitterschwingungen an, den wir in Abschnitt 36 behandelt haben. Wir betrachten ein Gitter mit zwei entgegengesetzt geladenen Ionen in jeder Wigner-Seitz-Zelle. Mit der relativen Auslenkung $s = s_+ - s_-$ ist ein zeitlich veränderliches Dipolelement $e^* s$ verbunden, wobei e^* die effektive Ladung der Ionen ist. Die Bewegungsgleichungen für die s bzw. die reduzierten Auslenkungen $w = \sqrt{N\bar{M}/V_g}\, s$ sind durch (36.5) gegeben. Wir setzen in der ersten Gleichung (36.5) sogleich die Werte für die Koeffizienten b_{ik} ein und ergänzen die Gleichung durch ein Dämpfungsglied:

$$\ddot{w} + \gamma \dot{w} + \omega_t^2 w = \omega_t \sqrt{\frac{\varepsilon_0 - \varepsilon_\infty}{4\pi}}\, E. \tag{77.1}$$

Die Polarisation P ist mit den reduzierten Auslenkungen und dem makroskopischen elektrischen Feld verbunden durch die zweite Gleichung (36.5)

$$P = \omega_t \sqrt{\frac{\varepsilon_0 - \varepsilon_\infty}{4\pi}}\, w + \frac{1}{4\pi}(\varepsilon_\infty - 1)E. \tag{77.2}$$

Polarisation und elektrisches Feld sind ferner durch

$$\varepsilon E = E + 4\pi P \tag{77.3}$$

miteinander verknüpft.

Setzt man für die Zeitabhängigkeit der Vektoren w, E und P die Form $\exp(+i\omega t)$ an, so folgt aus (77.1) bis (77.3) für die Dielektrizitätskonstante

$$\varepsilon = \varepsilon_\infty + (\varepsilon_0 - \varepsilon_\infty)\frac{\omega_t^2}{\omega_t^2 - \omega^2 - i\gamma\omega} \tag{77.4}$$

oder aufgeteilt in Realteil und Imaginärteil

$$\varepsilon_1 = \varepsilon_\infty + (\varepsilon_0 - \varepsilon_\infty)\frac{\omega_t^2(\omega_t^2 - \omega^2)}{(\omega_t^2 - \omega^2)^2 + \gamma^2 \omega^2}, \tag{77.5}$$

$$\varepsilon_2 = (\varepsilon_0 - \varepsilon_\infty)\frac{\omega_t^2\, \omega\gamma}{(\omega_t^2 - \omega^2)^2 + \gamma^2 \omega^2}. \tag{77.6}$$

Aus diesen beiden Gleichungen kann man Dispersion und Absorption direkt ablesen und über (66.11) den Reflexionskoeffizienten bestimmen (Abb. 89). Für fehlende Dämpfung findet man zwischen $\omega = \omega_t$ und $\omega = \omega_l$ Totalreflexion und dicht oberhalb ω_l eine Frequenz, bei der die Reflexion Null ist. Aufgrund der Dämpfung wird dieses ideale Reflexionsspektrum ausgeglättet.

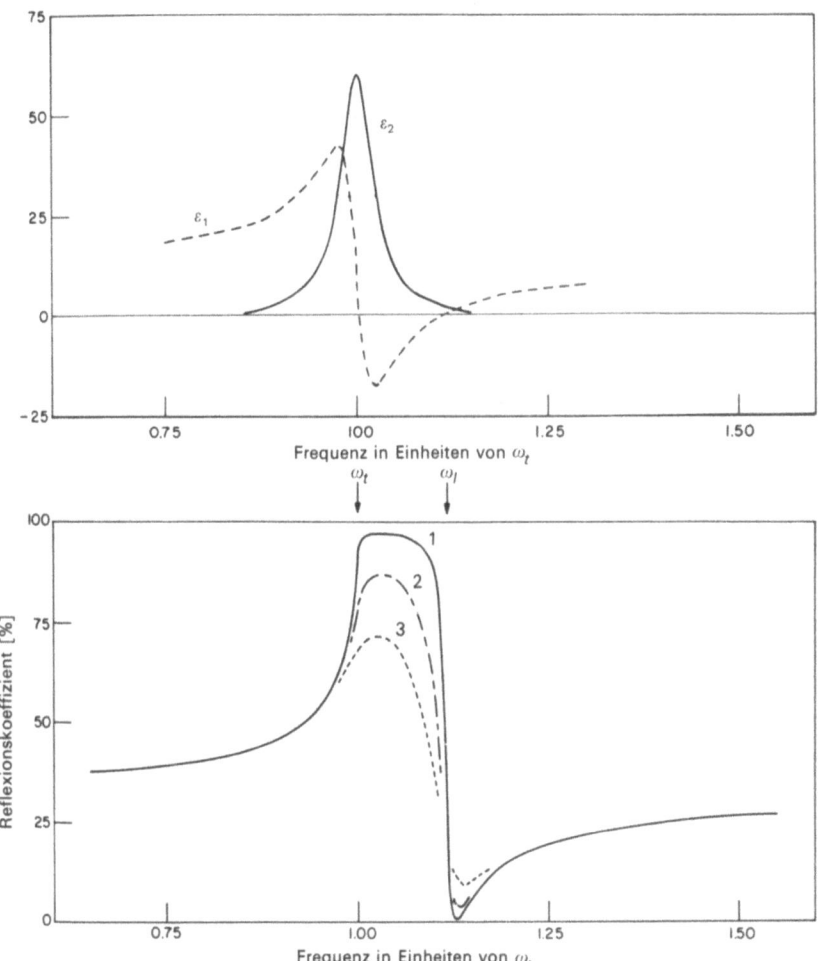

Abb. 89. Oben: Realteil und Imaginärteil der komplexen Dielektrizitätskonstanten nach Gl. (77.5) und (77.6) für $\varepsilon_0 = 15$, $\varepsilon_\infty = 12$, $\gamma/\omega_t = 0{,}05$. Unten: Reflexionskoeffizient für $\gamma/\omega_t = 0{,}004$ (Kurve 1), $= 0{,}02$ (Kurve 2), $= 0{,}05$ (Kurve 3). Nach Hass [110]

Die Ein-Phononen-Absorption stellt sich hiernach dar als die klassische Wechselwirkung einer elektromagnetischen Welle mit gedämpften „Dispersions-Oszillatoren" der Frequenz ω_t. Abb. 90 zeigt als Beispiel den Reflexionskoeffizienten von GaAs. Das Spektrum ist durch ε_0, ε_∞, ω_t und γ völlig bestimmt, so daß man diese Parameter durch Anpassung bestimmen kann. Die Lyddane-Sachs-Teller-Relation (46.12) liefert dann auch ω_l.

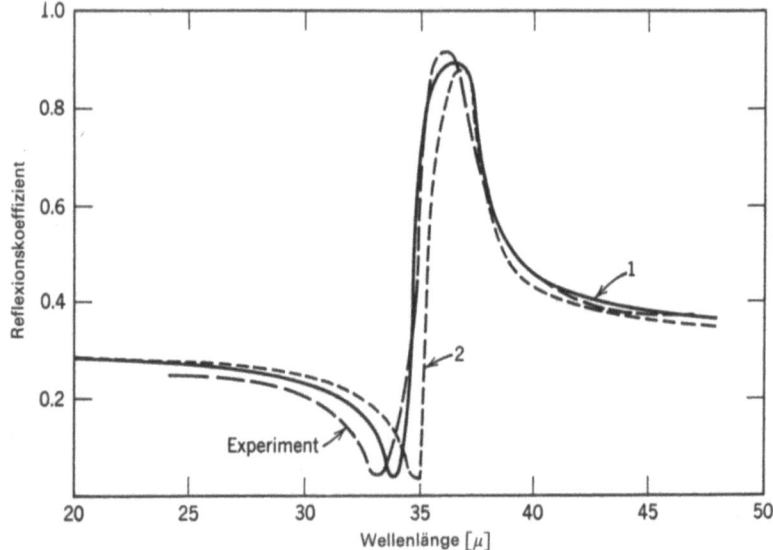

Abb. 90. Reflexionskoeffizient von GaAs und zwei theoretische Reflexionskurven, die durch Anpassung der Parameter ε_0, ε_∞, ω_t und γ gewonnen wurden. Nach Ehrenreich, Phys. Rev. **120**, 1951 (1960)

Wir haben hier als Parameter die makroskopischen Größen ε_0 und ε_∞ eingeführt. Die dem Modell zugrunde liegenden Größen wie effektive Ionenladung, Polarisierbarkeit der Ionen treten explizit nicht in Erscheinung. Häufig definiert man eine *effektive Ionenladung* e^* durch die Gleichung

$$P = \frac{N}{V_g} e^* s. \tag{77.7}$$

Diese Definition ist nicht eindeutig. Bei transversalen Schwingungen ist $E=0$ und nach (46.5)

$$P = b_{21} w = \frac{N}{V_g} \left[\omega_t \sqrt{\frac{(\varepsilon_0 - \varepsilon_\infty) V_g \overline{M}}{4\pi N}} \right] s. \tag{77.8}$$

Die eckige Klammer wird als effektive Ionenladung e_B^* (Index B nach Born) bezeichnet. Geht man von den longitudinalen Schwingungen aus, verknüpft nach (36.9) E mit s und setzt $P = -E/4\pi$, so folgt nach (77.7) eine effektive, von Callen eingeführte Ionenladung $e_C^* = e_B^*/\varepsilon_\infty$. Nach Szigeti ist es ferner üblich, die effektive Ionenladung e_S^* zu benutzen, die anstelle von e_B^* in (77.8) auftritt, wenn man nicht das äußere Feld E, sondern das effektive Feld E_{eff} (Gl. (36.1)) bei den transversalen Schwingungen gleich Null setzt: $e_S^* = 3 e_B^*/(\varepsilon_\infty + 2)$.

Die quantenmechanische Formulierung der Ein-Photon-Absorption deuten wir hier nur an. Die Wechselwirkungsenergie ist klassisch das negative Produkt aus Polarisationsvektor und elektrischem Feld: $U = -P \cdot E$. Den Polarisationsvektor hatten wir über eine effektive Ladung mit den Auslenkungen der Gitterionen verbunden. Allgemein können wir schreiben

$$P = \frac{1}{V_g} \sum_{\alpha n} e_\alpha^* s_{n\alpha} = \sqrt{\frac{\hbar}{2\omega_{TO} N}} \frac{1}{V_g} \sum_{\alpha n q} \frac{e_\alpha^*}{\sqrt{M_\alpha}} e_\alpha(q)(a_{-q}^+ + a_q) e^{iq \cdot R_n}. \tag{77.9}$$

Dabei ist e_α^* die effektive Ladung des α-ten Ions. Das elektrische Feld ist durch eine ebene Welle mit transversaler Polarisation e_κ (parallel zum Polarisationsvektor des TO-Phonons) und der Ortsabhängigkeit $\exp(i\kappa \cdot r)$ gegeben. Der Hamilton-Operator der Photon-Phonon-Wechselwirkung ist dann proportional zu

$$H' = -P \cdot E \sim \left[\sum_\alpha \frac{e_\alpha^*}{\sqrt{M_\alpha}} e_\alpha \cdot e_\kappa \right] \frac{1}{\sqrt{\omega_{TO}}} \sum_{qn} (a_{-q}^+ + a_q) e^{iq \cdot R_n} e^{i\kappa \cdot r}. \tag{77.10}$$

Ersetzen wir für jedes Glied der Summation über n den Ortsvektor r durch R_n, so liefert die Summation über $\exp(i(q+\kappa) \cdot R_n)$ die Bedingung $q = -\kappa$. Es bleibt also

$$H' \sim [\cdots] \frac{1}{\sqrt{\omega_{TO}}} (a_\kappa^+ + a_{-\kappa}). \tag{77.11}$$

Die beiden Phononen-Operatoren beschreiben die mit der Absorption des Photons (Impuls κ) verbundenen Möglichkeiten: Erzeugung eines Phonons κ oder Vernichtung eines Phonons $-\kappa$. Den zweiten Fall müssen wir ausscheiden, da er den Energiesatz verletzt. Für die Absorptionswahrscheinlichkeit bekommen wir einen Ausdruck, der proportional zum Quadrat des mit H' gebildeten Matrixelements ist, wobei noch die Energieerhaltung zu fordern ist, also:

$$\begin{aligned}\text{Absorption} &\sim |\langle e|H'|a\rangle|^2 \delta(\omega_{TO} - \omega) \\ &\sim \left[\sum_\alpha \frac{e_\alpha^*}{\sqrt{M_\alpha}} e_\alpha \cdot e_\kappa \right]^2 \frac{1}{\omega_{TO}} (n_{TO} + 1) \delta(\omega_{TO} - \omega).\end{aligned} \tag{77.12}$$

Neben der Delta-Funktion, die eine scharfe Absorptionslinie bei $\omega = \omega_{TO}$ liefert, sind von Bedeutung der Faktor $n_{TO} + 1$ (stimulierte und spontane Emission eines TO-Phonons) und der die Ionenladung und -masse enthaltende Faktor. Letzterer zeigt, daß für transversale optische Schwingungen, mit denen kein elektrisches Moment verbunden ist, keine Photon-Phonon-Kopplung der hier betrachteten Art vorhanden ist.

Bei der Berechnung der gesamten Absorption durch Ein-Phonon-Prozesse ist weiter zu beachten, daß neben den Photon-Phonon-Übergängen auch Phonon-Photon-Übergänge erfolgen. Man hat also von der (zu $n_{TO}+1$ proportionalen) Umwandlungsrate „Photon in Phonon" die Prozesse abzuziehen, bei denen bei gleichem Energieumsatz Phononen in Photonen übergehen. Letzterer Prozeß ist proportional zu n_{TO}. Wegen $(n_{TO}+1)-n_{TO}=1$ ist also die gesamte Übergangsrate unabhängig von n_{TO}.

An Literatur nennen wir neben dem Buch von Born und Huang [97], die Artikel von Genzel und von Bilz in [58.VI], von Johnson in [111,9] und Hass in [110].

78. Multi-Phonon-Absorption

Wir betrachten nun die Absorption eines Photons unter Bildung von zwei oder mehr Phononen. Für diesen Prozeß kommen zwei Kopplungsmechanismen in Frage (vgl. Abb. 88):

Dipolmomente höherer Ordnung: Die lineare Beziehung zwischen Polarisation und Auslenkungen (77.9) führt zu Prozessen, bei denen ein Phonon emittiert oder absorbiert wird. Denn der Wechselwirkungsoperator (77.10) ist linear in P, damit auch in s und damit schließlich auch in den a_q^+ und a_q. Diese lineare Beziehung beschreibt aber nur das Gegeneinanderschwingen *starrer* Ionen, deren effektive Ladung man sich in ihrem Schwerpunkt vereinigt denkt. Durch die Auslenkung der Nachbarionen wird jedoch die Elektronenhülle eines Ions verzerrt und dadurch eine zusätzliche effektive Ladung Δe^* induziert. Diese Ladung bewirkt eine zusätzliche Kopplung an das elektrische Feld. Das entsprechende Glied im Wechselwirkungsoperator muß von zwei Auslenkungen, der des induzierenden Ions und der des induzierten Ions abhängen:

$$P = \sum_{\substack{n\alpha \\ n'\alpha'}} s_{n\alpha} \cdot f_{n\alpha}^{n'\alpha'} s_{n'\alpha'}, \tag{78.1}$$

wobei $f_{n\alpha}^{n'\alpha'}$ ein Tensor sein kann. Da in (78.1) zwei Auslenkungen auftreten, enthält der zugehörige Wechselwirkungsoperator Produkte zweier Phononen-Erzeugungs- oder Vernichtungsoperatoren. Bei der Photon-Absorption können also zwei Phononen emittiert oder ein Phonon emittiert und eines absorbiert werden. Man kann (78.1) auffassen als das quadratische Glied einer Entwicklung von P nach steigenden Potenzen in den Auslenkungen. Das Glied n-ter Ordnung ist dann mit einem n-Phononen-Prozeß verbunden.

Den Graphen des Zwei-Phononen-Prozesses haben wir in Abb. 88 aufgeführt. Dabei haben wir nicht entschieden, ob dieser Drei-Quanten-Prozeß als Wechselwirkungsprozeß höherer Ordnung virtuelle Zwischenzustände enthält. Ein Beispiel wäre etwa die Erzeugung eines virtuellen Elektron-Loch-Paares durch das Photon, die anschließende Emission eines Phonons q durch das Elektron oder das Loch und die darauf folgende Rekombination des Paares unter Emission des zweiten Phonons $-q$. Wir werden im folgenden nur den Einzelprozeß betrachten und diese Frage hier nicht diskutieren.

Gitteranharmonizitäten: Ähnlich wie bei den soeben betrachteten Prozessen *Photonen* in mehrere Phononen zerfallen können, kann auch ein *Phonon* in mehrere Phononen zerfallen. Solche Prozesse müssen – da das primäre Teilchen auch ein Phonon ist – in den Auslenkungen jeweils von einer höheren Ordnung sein, der Zerfall in zwei Phononen also beispielsweise von dritter Ordnung in den $s_{n\alpha}$. Von dieser und höherer Ordnung sind aber gerade die in der Entwicklung (30.2) des Gitterpotentials weggelassenen anharmonischen Glieder. Sie bewirken eine Wechselwirkung zwischen den Phononen. Wir werden sie in Kapitel XI ausführlicher behandeln. Hier sind sie von Bedeutung, da der in Abb. 88 mitaufgeführte Mechanismus: Umwandlung eines Photons in *ein* Phonon und anschließender Zerfall des Phonons ebenfalls zur Multi-Phonon-Absorption führt. Im Gegensatz zur Kopplung durch Dipolmomente höherer Ordnung kann die Kopplung durch Gitteranharmonizitäten jedoch nur in polaren Festkörpern effektiv sein, da ein Teilprozeß in nicht-polaren Stoffen verboten ist.

Die Zwei-Phonon-Absorption wird danach von folgenden Faktoren bestimmt sein:

Der *Impulssatz* fordert $\kappa = q \pm q'$. Da κ vernachlässigbar klein ist, folgt $q \pm q' = 0$ (Summen- bzw. Differenz-Absorption).

Der *Energiesatz* fordert $\omega = \omega_j(q) \pm \omega_{j'}(q)$, wobei die beiden Vorzeichen für Emission zweier Phononen (Summen-Absorption) und Emission und Absorption je eines Phonons (Differenz-Absorption) gelten. Beide Phononen können verschiedenen Zweigen angehören, doch muß der Betrag des Wellenzahlvektors q gleich sein.

Auswahlregeln sind durch die Symmetrieeigenschaften der Matrixelemente gegeben. Da q jetzt nicht durch κ auf die Umgebung von $q = 0$ eingeschränkt ist, können Phononen mit beliebigem q aus der Brillouin-Zone am Prozeß beteiligt sein. Für jedes Paar von Phononen aus zwei Zweigen j und j' haben wir einen durch die verschiedenen möglichen q gegebenen Bereich von Übergangsenergien. Das Multi-Phonon-Spektrum ist also kontinuierlich. Der Beitrag jeder Phonon-Kombination hat eine obere Grenzenergie, die durch die Zahl der beteiligten Phononen mal der höchsten im $\omega_j(q)$-Spektrum vorkommenden Energie $\hbar\omega_j$ gegeben ist. Jeder dieser Beiträge hat auch eine andere Temperaturabhängigkeit: Sieht man die Temperaturabhängigkeit allein als durch die n_q (Bose-Verteilungen) gegeben an, so ist nach den Bemerkungen am Ende des letzten Abschnittes die Ein-Phonon-Absorption temperaturunabhängig. Die Absorptionsrate für Zwei-Phononen-Prozesse ist entsprechend zu diesen Überlegungen proportional zu $(1 + n_{q_1}) \cdot (1 + n_{q_2}) - n_{q_1} n_{q_2} = 1 + n_{q_1} + n_{q_2}$ für Summenprozesse und $(1 + n_{q_1}) n_{q_2} - n_{q_1}(1 + n_{q_2}) = n_{q_2} - n_{q_1}$ für Differenzprozesse. Entsprechende Faktoren lassen sich für Prozesse höherer Ordnung finden.

Alle diese Überlegungen führen auf eine Absorption gemäß

$$\varepsilon_2 \sim \sum_{qjj'} \frac{|M(q,j,j')|^2}{\omega_j(q)\omega_{j'}(q)} \begin{Bmatrix} 1 + n_{jq} + n_{j'q} \\ n_{j'q} - n_{jq} \end{Bmatrix} \delta(\omega - \omega_j(q) \mp \omega_{j'}(q)). \qquad (78.2)$$

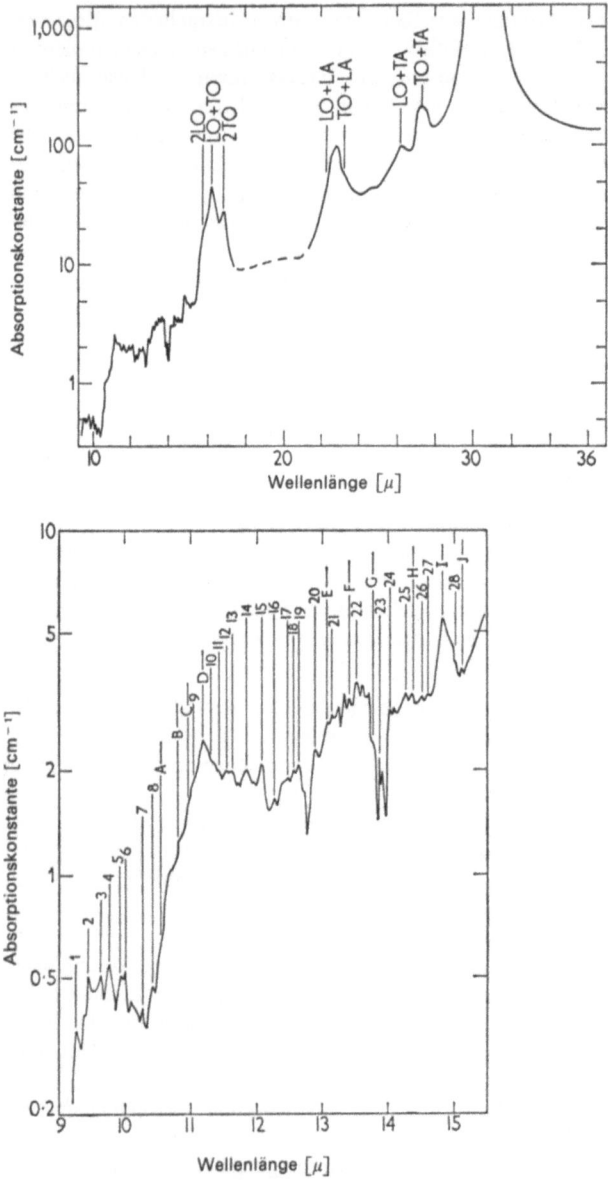

Abb. 91. Multi-Phonon-Spektren von AlSb und Zuordnung der Strukturen zu Zwei-Phononen-Prozessen (obere Teilfigur) und Drei- und Vier-Phononen-Prozessen (untere Teilfigur). Nach Johnson [111,9]

Über das Matrixelement können wir im Rahmen unserer Diskussion nichts aussagen.
Wir hatten bei den direkten Übergängen in Abschnitt 68 eine ähnliche Gleichung dadurch vereinfacht, daß wir alle Faktoren außer der δ-Funktion aus der q-Summation als angenähert konstant herausgezogen hatten. Die Summe über die δ-Funktion ergab eine kombinierte Zustandsdichte, deren physikalischer Inhalt leicht zu diskutieren war. Ähnlich kann man auch hier vorgehen. Wir werden demgemäß im kontinuierlichen Spektrum der Multi-Phononen-Absorption eine starke Struktur zu erwarten haben, die wir Phononen-Prozessen an Punkten q hoher Symmetrie zuzuordnen haben. Während kritische Punkte bei Elektronenübergängen definiert sind durch die Bedingung $\mathrm{grad}_k E_{j'}(k) = \mathrm{grad}_k E_j(k)$ (Abschnitt 68), treten hier bei Zwei-Phononen-Prozessen die beiden Bedingungen $\mathrm{grad}_q \omega_{j'}(q) = \pm \mathrm{grad}_q \omega_j(q)$ auf.
Als Beispiel zeigen wir in Abb. 91 Multi-Phonon-Spektren von AlSb. Die Strukturen der ersten Teilfigur lassen sich durch Zwei-Phononen-Prozesse, die der zweiten Teilfigur durch Drei- und Vier-Phononen-Prozesse, jeweils unter alleiniger Beteiligung der beiden optischen Phononen in Γ, X und L und der beiden akustischen Phononen in X und L, befriedigend deuten.
An Literatur zu diesem Abschnitt sei genannt: Balkanski [49], Johnson [36] [111, 9] und Spitzer [110].

79. Raman- und Brillouin-Streuung

Inelastische Streuung von Licht durch Emission oder Absorption eines Phonons bezeichnet man als Raman-Streuung, wenn das Phonon einem optischen Zweig angehört, als Brillouin-Streuung, wenn das Phonon einem akustischen Zweig angehört. Wir haben in Abb. 88 drei Wechselwirkungsprozesse angegeben:
a) Ein Photon zerfällt durch Kopplung an Dipolmomente höherer Ordnung in zwei Phononen, eines dieser Phononen wandelt sich in ein Photon um,
b) es erfolgt zunächst die Umwandlung Photon-Phonon, dieses zerfällt durch anharmonische Kopplung in zwei Phononen, eines dieser Phononen wird dann zu einem Photon,
c) das Photon erzeugt ein virtuelles Elektron-Loch-Paar, das Elektron (oder Loch) emittiert ein Phonon, das sekundäre Photon entsteht bei der Rekombination des Paares.
Alle drei Prozesse beschreiben die Emission eines Phonons (Stokes-Streuung). Entsprechende Prozesse lassen sich für die Absorption eines Phonons (Anti-Stokes-Streuung) angeben.
Es läßt sich zeigen, daß von den betrachteten Prozessen der Fall c) der wahrscheinlichste ist. In nicht-polaren Festkörpern ist er allein möglich, da dort der Teilprozeß „Umwandlung Photon-Phonon oder umgekehrt" verboten ist. Wir behandeln im weiteren die Raman-Streuung durch diesen Prozeß c) und beschränken uns zusätzlich auf die Stokes-Streuung.

Die Streuwahrscheinlichkeit ist offensichtlich proportional zum Absolutquadrat des folgenden Ausdrucks (Störungsrechnung dritter Ordnung):

$$\sum_{z_1 z_2} \frac{\langle e|e_2 \cdot p|z_2\rangle \langle z_2|s \cdot \text{grad } V|z_1\rangle \langle z_1|e_1 \cdot p|a\rangle}{(\omega_{z_2} - \omega)(\omega_{z_1} - \omega)} + \cdots$$

$$\equiv \sum_{z_1 z_2} \frac{p_{ez_2} e \cdot m p_{z_1 a}}{(\omega_{z_2} - \omega)(\omega_{z_1} - \omega)} + \cdots \equiv \sum_i e_i R_{12}^{(i)}.$$

(79.1)

Dabei bedeuten:

$|a\rangle$, $|z_1\rangle$, $|z_2\rangle$, $|e\rangle$ die Wellenfunktionen des Anfangszustandes (ein Photon), des ersten Zwischenzustandes (ein Elektron-Loch-Paar), des zweiten Zwischenzustandes (Elektron-Loch-Paar + emittiertes Phonon) und des Endzustandes (Phonon + sekundäres Photon). Zwei der Matrixelemente beschreiben die Elektron-Photon-Wechselwirkung, eines die Elektron-Phonon-Wechselwirkung. e_1, e_2 und e sind die Polarisationsvektoren, $\hbar\omega$, $\hbar\omega'$ und $\hbar\omega_q$ die Energien des primären Photons, des sekundären Photons und des Phonons. Die Abkürzungen der zweiten Zeile ergeben sich dann zwangsläufig. Die Pluszeichen $+\cdots$ zeigen an, daß in der Störungsrechnung fünf weitere Glieder auftreten, in denen jeweils die Reihenfolge der drei Einzelprozesse eine andere ist. Den Tensor $R_{12}^{(i)}$ bezeichnet man als *Raman-Tensor*. Die Indizes 1 und 2 bezeichnen die Polarisationsrichtungen der beiden Photonen.

Die Form der Gl. (79.1) legt eine klassische Deutung der Wechselwirkungsprozesse nahe. Zwei der drei Matrixelemente zusammen mit einem Energienenner hatten wir schon in (70.3) bei der Zwei-Photonen-Absorption gefunden. Der einzige Unterschied ist, daß jetzt eine Photon-Absorption mit einer Photon-Emission gekoppelt ist. Das Licht polarisiert den Festkörper (Bildung virtueller Elektron-Loch-Paare), und die Gitterschwingungen koppeln an diese Polarisation. So wie die Phonon-Absorption mit dem Dipolmoment verbunden ist, ist der Raman-Effekt mit dem Tensor der Polarisierbarkeit verbunden. Der hier betrachtete Raman-Effekt *erster Ordnung* rührt von dem ersten Glied einer Entwicklung dieses Tensors nach Potenzen der Gitterschwingungen her. Das in den $s_{n\alpha}$ quadratische Glied liefert den Raman-Effekt *zweiter Ordnung*, der mit der Emission zweier Phononen oder der Emission eines Phonons und der Absorption eines zweiten Phonons oder schließlich der Absorption zweier Phononen verbunden ist. Hierbei können zwei Prozesse erster Ordnung durch ein virtuelles Photon miteinander verbunden sein, oder beide Phononen können von einem virtuellen Elektron-Loch-Paar emittiert (absorbiert) werden. Im ersten Fall resultiert ein Linienspektrum mit einer Energiedifferenz zwischen primärem und sekundärem Photon, die eine Summe oder Differenz der Raman-Energien erster Ordnung ist. Im zweiten Fall muß nur das Phononenpaar gemeinsam Energie- und Impulssatz erfüllen; beide Phononen können aber q-Vektoren aus der gesamten Brillouin-Zone haben. Das zugeordnete Spektrum ist also ein Kontinuum. Eine Diskussion der Matrixelemente in (79.1) liefert Auswahlregeln, also Aussagen darüber, welche optischen Phononen an Raman-Streuung beteiligt sein können. Da optische Absorption und Raman-Streuung auf verschiedene Wechselwirkungen zurückzuführen sind, sind die Auswahlregeln für beide Prozesse verschieden. Einzelne Gitterschwingungen sind „raman-aktiv" aber nicht „ultrarot-aktiv" und umgekehrt. Zur Entscheidung dieser Fragen müssen wieder die im Anhang B diskutierten gruppentheoretischen Hilfsmittel herangezogen werden. Im Gegensatz zur Ultrarot-Absorption können am Raman-Effekt auch *LO*-Phononen beteiligt sein.

Wichtig ist ferner, daß Energie und Wellenzahl des emittierten Photons und Phonons mit dem Emissionswinkel verknüpft sind. Ist ψ der Winkel zwischen der Richtung des primären Photons und des sekundären Photons, so folgt aus dem Energiesatz $\hbar\omega = \hbar\omega' + \hbar\omega_q$ und dem Impulssatz $\kappa = \kappa' + q$

$$\frac{q^2 c^2}{\varepsilon_\infty} = 4\omega(\omega - \omega_q)\sin^2\frac{\psi}{2} + \omega_q^2. \tag{79.2}$$

Die Phononenenergie ist im allgemeinen klein. Vernachlässigt man sie in (79.2), so erhält man die einfachere Gleichung:

$$q = 2\kappa \sin\frac{\psi}{2}.$$

Die Theorie der Brillouin-Streuung ist nicht wesentlich verschieden von der der Raman-Streuung. Die Phononen gehören jetzt dem akustischen Zweig an. Ihre Energie ist wesentlich kleiner als die der optischen Phononen. Für nähere Einzelheiten verweisen wir auf die Literatur.

Abb. 92 zeigt als Beispiel die Raman-Streuung in InP und AlSb. Neben den Linien des Raman-Effektes erster Ordnung mit *TO*- und *LO*-Phononen ist das Kontinuum des Raman-Effektes zweiter Ordnung zu sehen. Die starke Struktur rührt – ähnlich

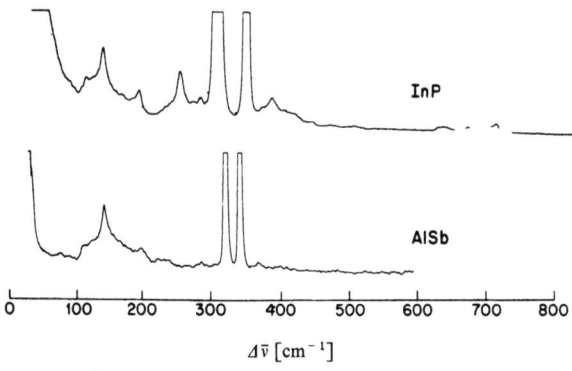

Abb. 92. Frequenzverschiebung im Raman-Spektrum erster und zweiter Ordnung von InP und AlSb bei Zimmertemperatur. Nach Mooradian [59, IX]

wie bei der Multiphonon-Absorption – von den kritischen Punkten der kombinierten Zustandsdichte her.

Neben dem Raman-Effekt unter Beteiligung von Phononen ist der Raman-Effekt mit Plasmonen und mit Magnonen wichtig. Wir verweisen wieder auf die unten angegebene Literatur.

Mit kleiner werdendem Streuwinkel ψ wird die Wellenzahl des Phonons nach (79.2) kleiner. Damit können Polaritonen-Effekte auftreten. Anstelle der Phononenfrequenz ω_{TO} mißt man die Polaritonenfrequenz, die mit kleiner werdendem q absinkt (vgl. Abb. 69). Der Raman-Effekt ist also ein Hilfsmittel, den unteren Ast eines Polaritonenspektrums auszumessen.

Den oberen Ast eines (Exziton-)Polaritonenspektrums kann man mit der dem Raman-Effekt verwandten Zwei-Photonen-Spektroskopie messen (Abschnitt 70). Man läßt dabei zwei Photonenstrahlen (im Festkörper Polaritonen des unteren Astes des Spektrums) unter einem Winkel derart zusammentreffen, daß durch Zwei-Polaritonen-Absorption ein Polariton des oberen Astes entsteht, das bei seinem Austritt aus dem Festkörper als Photon nachweisbar ist.

Als weiterführende Literatur zur Raman-Streuung und den anderen in diesem Abschnitt behandelten Fragen nennen wir die Beiträge von Balkanski und von Burstein in [49], von Cummins und von Loudon in [35], von Loudon in [63.13] und von Mooradian in [58,IX]. Für allgemeine Fragen verweisen wir auch auf das Buch von Born und Huang [97].

X Elektron-Elektron-Wechselwirkung durch Austausch virtueller Phononen: Supraleiter

80. Einführung

Die Abb. 57 am Anfang des achten Kapitels enthält den Graphen einer Wechselwirkung, die wir bisher nicht näher untersucht haben: Ein Elektron emittiert ein virtuelles Phonon, dieses Phonon wird von einem anderen Elektron absorbiert. Daraus resultiert eine effektive, zusätzliche Elektron-Elektron-Wechselwirkung. Der physikalische Hintergrund dieser Erscheinung ist einfach. Die Emission virtueller Phononen durch Elektronen bedeutet nach Abschnitt 50 nichts anderes als eine Deformation (Polarisation) des Gitters in der Umgebung des Elektrons. Kommt ein zweites Elektron in den Bereich dieser Polarisationswolke, so erfährt es eine anziehende oder abstoßende Kraft, die nichts mit der Coulomb-Wechselwirkung beider Elektronen zu tun hat.

Wir werden im folgenden Abschnitt diese Wechselwirkung näher studieren. Es wird sich dabei herausstellen, daß sie unter bestimmten Voraussetzungen anziehend ist. Überwiegt die Anziehung die Coulomb-Abstoßung, so entsteht zwischen den Elektronen eine Korrelation, die zu einer Absenkung der Energie des Grundzustandes führt. Die Korrelation erfolgt vorwiegend paarweise zwischen Elektronen entgegengesetzten Spins und entgegengesetzten Wellenzahlvektoren (Cooper-Paare). In Abschnitt 82 werden wir einzelne Cooper-Paare betrachten, in Abschnitt 83 den Grundzustand eines Elektronengases mit anziehender Wechselwirkung behandeln.

Hinweise auf die Berechtigung, dieses wechselwirkende Elektronengas der Deutung des Phänomens der Supraleitung zugrunde zu legen, finden wir in Abschnitt 84 bei der Behandlung angeregter Zustände. Aus der Existenz einer Energielücke zwischen Grundzustand und tiefstem angeregtem Zustand folgt eine einfache Erklärung für das Auftreten ungedämpft fließender Dauerströme in Supraleitern.

Wir geben dann in Abschnitt 85 einen Überblick über die wichtigsten Eigenschaften der Supraleiter. Dort werden wir finden, daß eine Anzahl dieser Eigenschaften durch die in den vorhergehenden Abschnitten dargestellte Theorie deutbar ist. Als Ergänzung dieser Diskussion zeigen wir in Abschnitt 86 wie sich der Meissner-Ochsenfeld-Effekt, d.h. die Verdrängung eines Magnetfeldes aus einem Supraleiter, theoretisch verstehen läßt.

In Abschnitt 87 schließlich gehen wir kurz auf weitere experimentelle Tatsachen und ihre Deutung ein. Dabei diskutieren wir die Grenzen der hier dargestellten Theorie und weisen auf weitergehende theoretische Ansätze hin.

Der Inhalt dieses Kapitels ist zu einem großen Teil in der Originalarbeit von Bardeen, Cooper und Schrieffer (Phys. Rev. 108, 1175 (1957)) enthalten. Nach den Verfassern dieser Arbeit heißt die Theorie *BCS*-Theorie. Wir werden allerdings bei der Herleitung der Ergebnisse meist einen anderen Weg gehen, der dem Konzept der elementaren Anregungen mehr gerecht wird. Die hier benutzte Methode geht auf Arbeiten von Bogoljubov zurück.

Die Supraleitung ist ein geschlossenes Gebiet, über das eine große Anzahl von Monographien existiert. Wir verweisen insbesondere auf die im Literaturverzeichnis genannten Bücher [112–116].

81. Die effektive Elektron-Elektron-Wechselwirkung

Am Anfang des Kapitels VIII hatten wir eine Elektron-Elektron-Wechselwirkung erwähnt, die durch Austausch virtueller Phononen zustande kommt (Abb. 57 unten). Mit dieser Wechselwirkung wollen wir uns nun befassen. Als Elektron-Phonon-Kopplung nehmen wir Gl. (49.9):

$$H_{el\text{-}ph} = \sum_{kq} M_q (a^+_{-q} + a_q) c^+_{k+q} c_k. \tag{81.1}$$

Damit beschränken wir uns auf *LA*-Phononen und vernachlässigen Umklapp-Prozesse. In (81.1) haben wir die Spin-Summation in den Index k einbezogen. Wir können sie später ohne Schwierigkeiten abtrennen. Für freie Elektronen hängt nach (49.9) das Matrixelement nur von q ab.

In Abb. 93 ist der Wechselwirkungsprozeß nochmals gezeichnet. Dabei sind zwei Möglichkeiten gleichberechtigt: Übergang eines virtuellen Phonons q vom Elektron k' zum Elektron k und Übergang eines virtuellen Phonons $-q$ vom Elektron k zum Elektron k'. Die beiden möglichen virtuellen Zwischenzustände sind dann:

$|z_1\rangle$: Elektron k, Elektron $k'-q$, Phonon q;
$|z_2\rangle$: Elektron k', Elektron $k+q$, Phonon $-q$.

Die Phononenzahlen im Anfangs- und Endzustand sind einander gleich. Bezeichnet man den Anfangszustand mit $|a\rangle$ und den Endzustand mit $|e\rangle$, so wird die Wechselwirkung beschrieben durch den Ausdruck:

$$\frac{1}{2} \sum_{kk'q} |M_q|^2 \left\{ \frac{\langle e| c^+_{k+q} c_k a_q |z_1\rangle \langle z_1 | c^+_{k'-q} c_{k'} a^+_q |a\rangle}{E(k') - E(k'-q) - \hbar\omega_q} \right. \tag{81.2}$$
$$\left. + \frac{\langle e| c^+_{k'-q} c_{k'} a_{-q} |z_2\rangle \langle z_2 | c^+_{k+q} c_k a^+_{-q} |a\rangle}{E(k) - E(k+q) - \hbar\omega_q} \right\}.$$

Wegen des Energiesatzes können wir im ersten Nenner $E(k+q) - E(k)$ anstelle von $E(k') - E(k'-q)$ schreiben. Der Faktor $\frac{1}{2}$ in (81.2) ist notwendig, da wegen der Summation über k, k' und q bereits ein Glied der geschweiften Klammer beide Zwischenzustände erfaßt.

Betrachten wir (81.2) als Matrixelement eines Einzelprozesses einer effektiven Elektron-Elektron-Wechselwirkung, so müssen wir es – vgl. Gl. (11.14) – in die Form

$$\frac{1}{2} \sum_{kk'q} \langle e| V_{kk'q} c^+_{k+q} c_{k'-q} c_{k'} c_k |a\rangle \tag{81.3}$$

bringen. Da die Phononenzahl im Anfangs- und Endzustand gleich ist, streichen wir die a^+_q und a_q in (81.2) und streichen auch den Zwischenzustand, fügen also

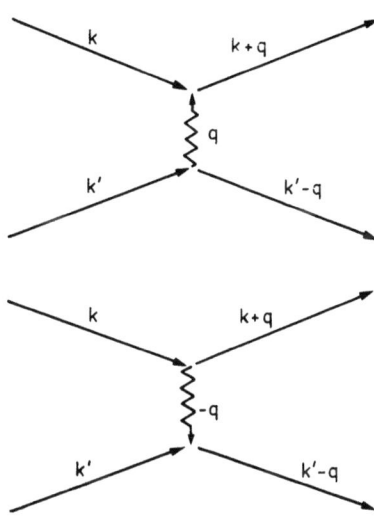

Abb. 93. Effektive Elektron-Elektron-Wechselwirkung durch Austausch eines virtuellen Phonons

beide Matrixelemente zu einem zusammen. Das Ergebnis dieses heuristischen Verfahrens ist eine Übereinstimmung der Gleichungen (81.2) und (81.3), wenn man

$$\begin{aligned} V_{kk'q} &= -|M_q|^2 \left\{ \frac{1}{\hbar\omega_q + (E(k+q)-E(k))} + \frac{1}{\hbar\omega_q - (E(k+q)-E(k))} \right\} \\ &= \frac{2|M_q|^2 \hbar\omega_q}{(E(k+q)-E(k))^2 - (\hbar\omega_q)^2} \end{aligned} \tag{81.4}$$

setzt. $V_{kk'q}$ hat dann die Bedeutung eines Fourier-Koeffizienten der gesuchten effektiven Wechselwirkung. Ist V positiv, so wird die Wechselwirkung abstoßend sein, ist V negativ, so ist die effektive Wechselwirkung anziehend. Das letztere ist der Fall, wenn $|E(k+q) - E(k)| < \hbar\omega_q$ ist.

Diese Bemerkungen dienten nur dazu, die Möglichkeit einer anziehenden effektiven Elektron-Elektron-Wechselwirkung plausibel zu machen. Wir müssen nun eine exaktere Ableitung nachholen, die es uns gestattet, die notwendigen Approximationen genauer aufzuzeigen.

Dazu gehen wir aus von dem Hamilton-Operator für ein System von Elektronen und Phononen mit gegenseitiger Wechselwirkung:

$$H = \sum_k E(k) c_k^+ c_k + \sum_q \hbar\omega_q a_q^+ a_q + \sum_{kq} M_q (a_{-q}^+ + a_q) c_{k+q}^+ c_k \equiv H_0 + H_{\text{el-ph}}. \tag{81.5}$$

Wir wollen H in eine Form bringen, die Glieder einer effektiven Elektron-Elektron-Wechselwirkung enthält. Dazu unterwerfen wir H einer kanonischen Transformation

$$\begin{aligned}H_s &= e^{-s} H e^s = (1 - s + \cdots) H (1 + s + \cdots) = H + [Hs] + \tfrac{1}{2}[[Hs]s] + \cdots \\ &= H_0 + H_{\text{el-ph}} + [H_0 s] + [H_{\text{el-ph}} s] + \tfrac{1}{2}[[H_0 s]s] + \cdots \\ &= H_0 + (H_{\text{el-ph}} + [H_0 s]) + \tfrac{1}{2}[(H_{\text{el-ph}} + [H_0 s]) s] + \tfrac{1}{2}[H_{\text{el-ph}} s] + \cdots. \end{aligned} \tag{81.6}$$

Die in der letzten Zeile weggelassenen Glieder sind von der Größenordnung $H_{\text{el-ph}} s^2$. Wählen wir s von der gleichen Größenordnung wie $H_{\text{el-ph}}$, setzen es also aus einem a_q oder a_q^+ und zwei $c_k^{(+)}$ zusammen, und bestimmen s dann durch die Forderung $H_{\text{el-ph}} + [H_0 s] = 0$, so bleibt von (81.6)

$$H_s = H_0 + \tfrac{1}{2}[H_{\text{el-ph}} s] + \cdots, \tag{81.7}$$

wobei jetzt im Wechselwirkungsoperator Produkte von vier c-Operatoren stehen.

Für den Operator s wählen wir eine Form ähnlich der von $H_{\text{el-ph}}$:

$$s = \sum_{kq} M_q (\alpha a_{-q}^+ + \beta a_q) c_{k+q}^+ c_k. \tag{81.8}$$

Einsetzen in $H_{\text{el-ph}} + [H_0 s] = 0$ liefert

$$\alpha^{-1} = E(k) - E(k+q) - \hbar\omega_q, \qquad \beta^{-1} = E(k) - E(k+q) + \hbar\omega_q. \tag{81.9}$$

Gehen wir jetzt mit diesem Ansatz in (81.7) ein, so enthält das Wechselwirkungsglied eine große Anzahl von Termen mit einem c-Anteil der Form $c_{k+q}^+ c_{k'+q'}^+ c_{k'} c_k$. Sie beschreiben Doppelprozesse, bei denen zwei Elektronen aus den Zuständen k und k' in $k+q$ und $k'+q'$ übergehen. Von diesen Prozessen sind für uns nur diejenigen interessant, bei denen $q' = -q$ ist. Alle anderen tragen zu einer effektiven Elektron-Elektron-Wechselwirkung nichts bei. Wir lassen sie als für unser Problem irrelevant weg. Es bleibt dann ein Wechselwirkungsglied der Form

$$\begin{aligned} H_s &= H_0 + \tfrac{1}{2} \Big\{ \sum_{kk'q} |M_q|^2 \{(a_{-q}^+ + a_q)(\alpha a_q^+ + \beta a_{-q}) c_{k+q}^+ c_k c_{k'-q}^+ c_{k'} \} \\ & \quad - (\alpha a_q^+ + \beta a_{-q})(a_{-q}^+ + a_q) c_{k'-q}^+ c_{k'} c_{k+q}^+ c_k \Big\} \\ &= H_0 + \tfrac{1}{2} \sum_{kk'q} |M_q|^2 (\alpha - \beta) c_{k+q}^+ c_{k'-q}^+ c_{k'} c_k. \end{aligned} \tag{81.10}$$

Im transformierten Hamilton-Operator treten also neben Gliedern, die mindestens zwei Phononen-Operatoren enthalten, die folgenden beiden von diesen Operatoren freien Glieder auf:

$$H_s = \sum_k E(k) c_k^+ c_k + \sum_{kk'q} |M_q|^2 \frac{\hbar \omega_q}{(E(k+q)-E(k))^2 - (\hbar \omega_q)^2} c_{k+q}^+ c_{k'-q}^+ c_{k'} c_k. \tag{81.11}$$

Solange wir uns auf diese beiden Glieder beschränken, können wir bei der Bildung von Matrixelementen den Phononenanteil der Wellenfunktionen wegintegrieren. Die Operatoren wirken dann nur noch auf Wellenfunktionen, die allein das Elektronensystem beschreiben.
Das zweite Glied in (81.11) ist die effektive Wechselwirkung der Gln. (81.3) und (81.4).

82. Cooper-Paare

Die Möglichkeit einer anziehenden Wechselwirkung zwischen Elektronen hatten wir in Kapitel III bei der Untersuchung des wechselwirkenden Elektronengases nicht berücksichtigt. Zu dieser durch Gl. (81.4) gegebenen Wechselwirkung haben wir natürlich die Coulomb-Wechselwirkung zu addieren. Welcher der beiden Anteile überwiegt, entscheidet die Stärke der Elektron-Phonon-Kopplung.
Um das Wesentliche dieser neuen Wechselwirkung zu erfassen, betrachten wir einen idealisierten Fall: Ein wechselwirkungsfreies Elektronengas fülle die Fermi-Kugel im k-Raum aus. Alle Zustände unterhalb k_F, E_F seien besetzt, alle Zustände darüber unbesetzt. Zu diesem System fügen wir zwei Elektronen $(k_1, E(k_1))$ und $(k_2, E(k_2))$ hinzu. Als Wechselwirkung zwischen diesen beiden Elektronen lassen wir den positiven Anteil von $V_{kk'q}$ (81.4) zu. Wechselwirkungsprozesse unter Phononenaustausch sollen also nur für $|E(k+q)-E(k)| \leq \hbar \omega_q$ erfolgen.
Die Wellenfunktion des Elektronenpaares bauen wir auf durch Anwendung zweier Erzeugungsoperatoren auf den Grundzustand $|G\rangle$ (gefüllte Fermi-Kugel), wobei wir über alle möglichen k_1 und k_2 ($|k_i| \geq k_F$) und über die Elektronenspins summieren:

$$\psi_{12} = \sum_{k_1 k_2 \sigma_1 \sigma_2} a_{\sigma_1 \sigma_2}(k_1, k_2) c_{k_1 \sigma_1}^+ c_{k_2 \sigma_2}^+ |G\rangle. \tag{82.1}$$

Um einen Zustand mit definiertem Gesamtimpuls zu bilden, führen wir die Summation in (82.1) unter der Nebenbedingung $K = k_1 + k_2 = \text{const}$ aus.
Die Energie des Elektronenpaares setzt sich zusammen aus den Einzelenergien der Elektronen und ihrer Wechselwirkungsenergie ΔE. Unser Ziel ist die Berechnung dieser Wechselwirkungsenergie. Sie ist umso größer, je mehr Summenglieder zu (82.1) beitragen. ΔE wird am größten, wenn wir $K = 0$ wählen. Man erkennt dies, wenn man zwei Elektronen unmittelbar oberhalb E_F betrachtet. Eine Wechselwirkung soll nur bestehen, wenn die Elektronen in Zuständen außerhalb der Fermi-Kugel mit Energien $E(k_i) \leq E_F + \hbar \omega_q$ sind. Da ferner $k_1 + k_2 = K$ gilt, sind

die Bereiche des k-Raums, über die in (82.1) summiert werden muß, in Abb. 94 durch die schraffierten Gebiete gegeben. Sie werden dann am größten, wenn $K=0$ ist. Wir beschränken uns im folgenden auf diesen Fall und nehmen zusätzlich an, daß die Spins beider Elektronen antiparallel sind. Damit wird (82.1):

$$\psi_{12} = \sum_k a(k) c^+_{k\uparrow} c^+_{-k\downarrow} |G\rangle. \tag{82.2}$$

Die Spin-Indizes schreiben wir künftig nicht gesondert an, sondern beachten nur, daß mit k immer „Spin aufwärts" und mit $-k$ immer „Spin abwärts" verbunden ist.

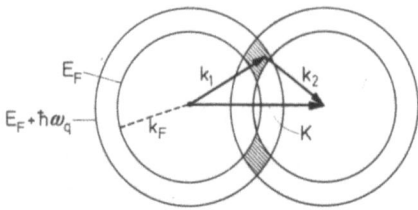

Abb. 94. Hilfsfigur zur Bestimmung der k-Vektoren zweier wechselwirkender Elektronen, wenn beide in Zuständen einer Schale der Dicke $\hbar\omega_q$ oberhalb E_F liegen sollen und ihr Gesamtwellenzahlvektor $K = k_1 + k_2$ vorgegeben ist

Mit der Wellenfunktion (82.2) berechnen wir nun die Energie des Elektronenpaares. Dazu machen wir eine weitere Approximation, die erst eine Durchrechnung ermöglicht: Wir setzen die $V_{kk'q}$ im Bereich der anziehenden Wechselwirkung konstant an ($V_{kk'q} = -V$), nehmen also als Hamilton-Operator (vgl. (81.11)):

$$H = \sum_k E(k) c^+_k c_k - \frac{V}{2} \sum_{kq} c^+_{k+q} c^+_{-k-q} c_{-k} c_k, \tag{82.3}$$

$V \neq 0$ nur für $|E(k+q) - E(k)| \leq \hbar\omega_q$.

Für ω_q wählen wir eine charakteristische Frequenz des Phononenspektrums, z. B. die Debye-Frequenz ω_D (Abschnitt 32) als den Maximalwert von ω_q im Rahmen der Debyeschen Näherung.

Für die Energie ergibt sich dann

$$E = \langle \psi | H | \psi \rangle = 2 \sum_k E(k) |a(k)|^2 - V \sum_{kq} a^*(k+q) a(k). \tag{82.4}$$

Die $a(k)$ bestimmen wir, indem wir E unter der Nebenbedingung $\sum_k |a(k)|^2 = 1$ variieren:

$$\frac{\partial}{\partial a^*_{k'}} \left(E - \lambda \sum_{k''} |a(k'')|^2 \right) = 2 E(k') a(k') - V \sum_q a(k'-q) - \lambda a(k') = 0, \tag{82.5}$$

oder

$$(2 E(k) - \lambda) a(k) = V \sum_{k'} a(k'). \tag{82.6}$$

Die einschränkende Bedingung für die Wechselwirkung erfüllen wir dadurch, daß wir V nur für Energien in einem Bereich von E_F bis $E_F + \hbar\omega_q$ ungleich Null nehmen. Dann gilt das entsprechende auch für die $a(k)$, und die Summe in (82.6) läuft über eine endliche Anzahl von k'. Nennen wir diese Summe C, so wird

$$a(k) = \frac{VC}{2E(k)-\lambda}, \quad \sum_k a(k) = C = \sum_{E(k)} \frac{VC}{2E(k)-\lambda}. \tag{82.7}$$

Zu summieren ist hier über alle Zustände zwischen E_F und $E_F + \hbar\omega_q$.
Als letzten Schritt gehen wir nochmals zurück zu Gl. (82.6). Nehmen wir von dieser Gleichung den komplex konjugierten Wert, multiplizieren mit $a(k)$ und summieren über k, so folgt eine Gleichung, die mit (82.4) übereinstimmt, wenn man λ gleich E setzt. Damit haben wir den Lagrange-Parameter bestimmt und können die zweite Gleichung (82.7) in folgender Form schreiben:

$$1 = \sum_{E(k)} \frac{V}{2E(k)-E} = V \int_{E_F}^{E_F+\hbar\omega_q} \frac{z(x)dx}{2x-E}. \tag{82.8}$$

Bei der Umwandlung der Summation in eine Integration wurde noch die Zustandsdichte $z(E)$ eingeführt. Wegen des engen Integrationsbereiches setzen wir $z(E) \approx z(E_F)$. Dann läßt sich das Integral ausführen, und man erhält:

$$E = 2E_F - \frac{2\hbar\omega_q \exp\left(-\dfrac{2}{z(E_F)V}\right)}{1-\exp\left(-\dfrac{2}{z(E_F)V}\right)} \approx 2E_F - 2\hbar\omega_q e^{-\frac{2}{z(E_F)V}}. \tag{82.9}$$

wobei die Umformung rechts für kleine V (schwache Wechselwirkung) gilt.
Die Energie des Elektronenpaares ist also kleiner als ihre Minimalenergie $2E_F$ bei fehlender Wechselwirkung. Man kann zeigen, daß alle anderen Lösungen von (82.4) zu Energien $>2E_F$ führen. Der tiefste Energiezustand des Elektronenpaares ist also ein *gebundener* Zustand. Gebundene Elektronenpaare bezeichnet man als *Cooper-Paare*. Die Elektronen eines Paares haben entgegengesetzten Wellenzahlvektor und entgegengesetzten Spin. Daß der Zustand mit entgegengesetztem Spin energetisch bevorzugt wird, wollen wir hier nicht beweisen. Dagegen muß betont werden, daß die Ableitung der Gl. (82.9) die Annahme antiparalleler Spins voraussetzt. Hätten wir in (82.2) parallele Spins angenommen, so wäre wegen der Antisymmetrie des Ortsanteils der Wellenfunktion die Konstante C in (82.7) gleich Null geworden. Die Annahme antiparalleler Spins war also zum Wegkürzen des Faktors C beim Übergang von (82.7) nach (82.8) notwendig.
Das Auftreten eines gebundenen Zustandes für das hier betrachtete zusätzliche Elektronenpaar bedeutet, daß die Anregung zweier Elektronen aus Zuständen unmittelbar unterhalb der Fermi-Oberfläche in Zustände unmittelbar darüber – immer unser idealisiertes Wechselwirkungsmodell vorausgesetzt – zu einer niedri-

geren Gesamtenergie führt. Die gefüllte Fermi-Kugel ist dann instabil, und man kann durch Zusammenlagerung von Elektronen zu Cooper-Paaren Energie gewinnen. Dies ist die Ausgangsidee zur Erklärung des Grundzustandes des supraleitenden Elektronengases, dem wir uns jetzt zuwenden.

83. Der Grundzustand des supraleitenden Elektronengases

Wir betrachten ein Elektronengas, das beschrieben wird durch den Hamilton-Operator (82.3), den wir nochmals unter Beachtung der Spin-Indizes hinschreiben:

$$H = \sum_{k\sigma} E(k) c_{k\sigma}^+ c_{k\sigma} - \frac{V}{2} \sum_{\substack{kk' \\ \sigma \neq \sigma'}} c_{k'\sigma}^+ c_{-k'\sigma'}^+ c_{-k\sigma'} c_{k\sigma} . \tag{83.1}$$

Die Wechselwirkung erfolge also zwischen Paaren $(k, \sigma)(-k, \sigma')$. Die Wechselwirkungskonstante V nehmen wir wieder als konstant an und beschränken sie auf einen schmalen Bereich um die Fermi-Oberfläche. Als Vorbereitung ist es zweckmäßig, das wechselwirkungsfreie Elektronengas von einem bisher noch nicht behandelten Gesichtspunkt aus zu betrachten. Fassen wir die gefüllte Fermi-Kugel als den „Vakuumzustand" auf, so sind nach Abschnitt 5 angeregte Zustände durch Bildung von Elektron-Loch-Paaren möglich. In diesem Bild werden *Elektronen* nur außerhalb der Fermi-Kugel erzeugt oder vernichtet, *Löcher* nur innerhalb der Fermi-Kugel. Die Teilchenzahlerhaltung fordert, daß Elektronen und Löcher immer paarweise entstehen oder verschwinden.

Wir wollen diese Forderung jetzt außer acht lassen und die *getrennte* Erzeugung oder Vernichtung von Elektronen und Löchern erlauben. Beide bedeuten eine durch einen k-Vektor und eine Spinrichtung charakterisierte elementare Anregung. Beschreiben wir Erzeugungs- und Vernichtungsprozesse durch die c^+- und c-Operatoren, so müssen wir beachten, daß von der Impuls- und Spinbilanz aus gesehen die Erzeugung eines Elektrons $k\uparrow$ außerhalb der Fermi-Kugel (Operator $c_{k\uparrow}^+$) und die Vernichtung eines Elektrons $-k\downarrow$ innerhalb der Fermi-Kugel (Operator $c_{-k\downarrow}$) äquivalent sind. Beides können wir kombinieren und als Erzeugungsoperator einer „Anregung" die Kombination $u_k c_k^+ + v_k c_{-k}$ nehmen, wobei u_k innerhalb der Fermi-Kugel und v_k außerhalb der Fermi-Kugel verschwinden sollen. Auf diese Weise können wir vier Operatoren für die Erzeugung und Vernichtung von Anregungen beider Spinrichtungen definieren.

Bevor wir sie anschreiben, vereinbaren wir zur Vereinfachung der Schreibweise, daß mit dem Index k künftig der Zustand $k\uparrow$ und mit dem Index $-k$ der Zustand $-k\downarrow$ gemeint sein soll. Dann definieren wir

$$\begin{aligned} \alpha_k &= u_k c_k - v_k c_{-k}^+, & \alpha_{-k} &= u_k c_{-k} + v_k c_k^+, \\ \alpha_k^+ &= u_k c_k^+ - v_k c_{-k}, & \alpha_{-k}^+ &= u_k c_{-k}^+ + v_k c_k \end{aligned} \tag{83.2}$$

mit $u_k^2 + v_k^2 = 1$ und

$$u_k = \begin{cases} 1 & \text{für } k > k_F, \\ 0 & \text{für } k < k_F, \end{cases} \quad v_k = \begin{cases} 0 & \text{für } k > k_F, \\ 1 & \text{für } k < k_F. \end{cases} \tag{83.3}$$

Die Bedingung $u_k^2 + v_k^2 = 1$ und die Vorzeichenwahl in (83.2) sorgen dafür, daß für die α_k die gleichen Vertauschungsrelationen gelten wie für die c_k:
Wir schreiben das erste Glied von (83.1) gemäß unserer Konvention um, die es gestattet, die Spin-Indizes wegzulassen, und führen dann die neuen Operatoren ein. Es folgt

$$\begin{aligned} H &= \sum_{k\sigma} E(k) c_{k\sigma}^+ c_{k\sigma} = \sum_k E(k)(c_k^+ c_k + c_{-k}^+ c_{-k}) \\ &= \sum_k E(k)\left[2v_k^2 + (u_k^2 - v_k^2)(\alpha_k^+ \alpha_k + \alpha_{-k}^+ \alpha_{-k}) + 2u_k v_k (\alpha_k^+ \alpha_{-k}^+ + \alpha_{-k} \alpha_k)\right] \\ &= \sum_{k<k_F} E(k)(2 - \alpha_k^+ \alpha_k - \alpha_{-k}^+ \alpha_{-k}) + \sum_{k>k_F} E(k)(\alpha_k^+ \alpha_k + \alpha_{-k}^+ \alpha_{-k}). \end{aligned} \tag{83.4}$$

Bevor wir diesen Operator diskutieren, ist eine weitere Umformung zweckmäßig. Die neuen Operatoren ändern die Teilchenzahl des Systems. Bei Systemen mit variabler Teilchenzahl ist es zweckmäßig, von der Energie auf das thermodynamische Potential überzugehen (vgl. den Übergang von (6.20) zu (6.24)). Dazu zieht man von der Energie das Produkt aus chemischem Potential und Teilchenzahl ab. Wir wollen hier das gleiche tun und betrachten künftig den neuen Operator $H_{\text{red}} = H - E_F N_{\text{op}} = H - E_F \sum_k (c_k^+ c_k + c_{-k}^+ c_{-k})$. Damit wird (83.4)

$$\begin{aligned} H_{\text{red}} &= \sum_k (E(k) - E_F)(c_k^+ c_k + c_{-k}^+ c_{-k}) \\ &= \sum_{k<k_F} \varepsilon(k)(2 - \alpha_k^+ \alpha_k - \alpha_{-k}^+ \alpha_{-k}) + \sum_{k>k_F} \varepsilon(k)(\alpha_k^+ \alpha_k + \alpha_{-k}^+ \alpha_{-k}) \\ &= 2\sum_{k<k_F} \varepsilon(k) + \sum_k |\varepsilon(k)|(\alpha_k^+ \alpha_k + \alpha_{-k}^+ \alpha_{-k}) \\ &= H_{\text{red}}^0 + \sum_k |\varepsilon(k)|(n_{k\uparrow} + n_{-k\downarrow}). \end{aligned} \tag{83.5}$$

Dabei haben wir die von der Fermi-Oberfläche aus gemessene Energie $\varepsilon(k) = E(k) - E_F$ eingeführt. n_k soll den Teilchenzahloperator der neu eingeführten Anregungen darstellen.
Formal ändert sich durch den Übergang von H zu H_{red} nur, daß die $E(k)$ durch die $\varepsilon(k)$ ersetzt werden. In beiden Fällen setzt sich der Hamilton-Operator zusammen aus dem Beitrag des Grundzustandes und einem der Anzahl der angeregten Teilchen proportionalen Glied. Die Bedingungen für die u und v (83.3) sorgen dafür, daß in der zweiten Zeile von (83.4) das Nicht-Diagonal-Glied verschwindet.
Wir erweitern nun unsere Betrachtung durch Einbeziehung des Wechselwirkungsgliedes in (83.1). Nach Elimination der Spin-Summation und Überführung in die

α-Operatoren *(Bogoljubov-Valatin-Transformation)* lautet das Wechselwirkungsglied

$$-\frac{V}{2}\sum_{\substack{k,k'\\\sigma\neq\sigma'}}c^+_{k'\sigma}c^+_{-k'\sigma'}c_{-k\sigma'}c_{k\sigma} = -V\sum_{kk'}c^+_{k'}c^+_{-k'}c_{-k}c_k$$

$$= V\sum_{kk'}\{u_k v_k u_{k'} v_{k'}(1-\alpha^+_{-k'}\alpha_{-k'}-\alpha^+_{k'}\alpha_{k'})(1-\alpha^+_{-k}\alpha_{-k}-\alpha^+_k\alpha_k)$$

$$+(u_k^2-v_k^2)u_{k'}v_{k'}(1-\alpha^+_{-k'}\alpha_{-k'}-\alpha^+_{k'}\alpha_{k'})(\alpha_{-k}\alpha_k+\alpha^+_k\alpha^+_{-k}) \quad (83.6)$$

$$+(u_k^2\alpha_{-k}\alpha_k-v_k^2\alpha^+_k\alpha^+_{-k})(u_{k'}^2\alpha^+_{k'}\alpha^+_{-k'}-v_{k'}^2\alpha_{-k'}\alpha_{k'})\}.$$

Die Nebenbedingung (83.3) ist jetzt nicht zweckmäßig. In (83.4) konnten wir mit ihr die Nicht-Diagonal-Glieder zum Verschwinden bringen. Jetzt treten aber aus (83.6) weitere Nicht-Diagonal-Glieder hinzu. Um sie zu eliminieren, müssen wir mit dem letzten Glied der zweiten Zeile von (83.4) (bzw. dem entsprechenden, nicht angeschriebenen Glied von (83.5)) auch die beiden letzten Zeilen von (83.6) gemeinsam gleich Null setzen. Das liefert eine neue Bestimmungsgleichung für die u_k und v_k.

Bevor wir dies tun, vereinfachen wir (83.6). Wir vernachlässigen die Glieder vierter Ordnung in den α's (letzte Zeile). Da wir ferner in diesem Abschnitt nur am Grundzustand interessiert sind, streichen wir alle Glieder mit einem α_k als letztem Operator, da diese in Anwendung auf den Grundzustand Null ergeben. Zu dem verbleibenden Ausdruck addieren wir die entsprechenden Glieder von (83.4) bzw. (83.5). Es folgt

$$H_{\text{red}} = 2\sum_k \varepsilon(k)v_k^2 - V\sum_{kk'}u_k v_k u_{k'} v_{k'}$$

$$+ \sum_k \left\{2u_k v_k \varepsilon(k)-(u_k^2-v_k^2)V\sum_{k'}u_{k'}v_{k'}\right\}\alpha^+_k\alpha^+_{-k}. \quad (83.7)$$

Die u_k und v_k bestimmen wir durch die Forderung, daß das letzte Glied in (83.7) verschwindet. Wie in (82.7) setzen wir $\sum_{k'}u_{k'}v_{k'}$ gleich einer Konstanten, die wir Δ/V nennen. Damit in (83.7) die geschweifte Klammer gleich Null wird, muß

$$2u_k v_k \varepsilon(k) = \Delta(u_k^2-v_k^2) \quad (83.8)$$

gelten. Da gleichzeitig die Beziehung $u_k^2+v_k^2=1$ erfüllt sein muß, folgt

$$u_k^2 = \frac{1}{2}(1+\xi_k), \quad v_k^2 = \frac{1}{2}(1-\xi_k); \quad \xi_k = \frac{\varepsilon(k)}{\sqrt{\varepsilon^2(k)+\Delta^2}}. \quad (83.9)$$

(83.9) geht in (83.3) über, wenn die Wechselwirkung V und damit Δ gleich Null werden. Mit der Wechselwirkung erfolgt der Übergang der u_k und v_k vom Wert 1 auf den Wert 0 in der Umgebung von k_F kontinuierlich. In diesem Bereich ist die durch die α-Operatoren beschriebene Anregung weder ein Elektron noch ein Loch, sondern eine komplizierte Mischform aus beiden.

Wir können Δ berechnen, wenn wir (83.9) in die Definition von Δ einsetzen:

$$\Delta = V \sum_k u_k v_k = \frac{V}{2} \sum_k \sqrt{1-\xi_k^2} = \frac{V}{2} \sum_k \frac{\Delta}{\sqrt{\varepsilon^2(k)+\Delta^2}}. \tag{83.10}$$

Die Lösung $\Delta = 0$ (verschwindende Wechselwirkung) interessiert uns nicht, wir können deshalb (83.10) durch Δ kürzen. Übrig bleibt eine Gleichung vom Typ (82.8). Bei der Umformung der Summation in eine Integration müssen wir zwei Dinge beachten. Die Summation über k bedeutet hier im Gegensatz zu (82.8) gemäß unserer Konvention über die Spin-Indizes eine Summation über nur eine Spinrichtung. Im Integral ist also $z(E)/2$ ($\approx z(E_F)/2$) zu nehmen. Als Integrationsgrenzen sind die Energien einzusetzen, bei denen V verschwindet. Wir begrenzen wie im letzten Abschnitt V auf den Bereich $|\varepsilon(k)| \leqslant \hbar\omega_q$. Dann wird

$$1 = \frac{V}{4} \int_{-\hbar\omega_q}^{+\hbar\omega_q} \frac{z(\varepsilon)d\varepsilon}{\sqrt{\varepsilon^2+\Delta^2}} \approx \frac{V z(E_F)}{4} \int_{-\hbar\omega_q}^{+\hbar\omega_q} \frac{d\varepsilon}{\sqrt{\varepsilon^2+\Delta^2}}, \tag{83.11}$$

und das führt auf

$$\Delta = 2\hbar\omega_q e^{-\frac{2}{z(E_F)V}}. \tag{83.12}$$

Δ stimmt mit der Bindungsenergie eines Cooper-Paares (83.9) überein. Die Energie des Grundzustandes ist nun leicht aus (83.7) zu berechnen. Ziehen wir von (83.7) H_{red}^0 aus (83.5) ab, so bleibt als Differenz zwischen den reduzierten Hamilton-Operatoren des Falles mit und ohne Wechselwirkung

$$H_{\text{red}} - H_{\text{red}}^0 = 2 \sum_k \varepsilon(k) v_k^2 - 2 \sum_{k<k_F} \varepsilon(k) - V \sum_{kk'} u_k v_k u_{k'} v_{k'}. \tag{83.13}$$

Da hierin keine Operatoren mehr vorkommen, ist dies bereits die gesuchte Energie, um die der Grundzustand des wechselwirkenden Elektronengases sich vom Grundzustand des wechselwirkungsfreien Gases unterscheidet. Durch Einsetzen von (83.9) folgt

$$E = \sum_{k<k_F} |\varepsilon| \left(1 - \frac{|\varepsilon|}{\sqrt{\varepsilon^2+\Delta^2}}\right) + \sum_{k>k_F} \varepsilon \left(1 - \frac{\varepsilon}{\sqrt{\varepsilon^2+\Delta^2}}\right) - \sum_k \frac{\Delta^2}{2\sqrt{\varepsilon^2+\Delta^2}}, \tag{83.14}$$

und durch Übergang zur Integration (wieder nur mit einer Spinrichtung) erhält man

$$E = z(E_F) \int_0^{\hbar\omega_q} \left\{\varepsilon - \frac{1}{2} \frac{2\varepsilon^2+\Delta^2}{\sqrt{\varepsilon^2+\Delta^2}}\right\} d\varepsilon. \tag{83.15}$$

Das läßt sich leicht integrieren und führt zu

$$E = \frac{z(E_F)}{2}(\hbar\omega_q)^2 \left(1 - \sqrt{1 + \left(\frac{\Delta}{\hbar\omega_q}\right)^2}\right) \approx -\frac{z(E_F)\Delta^2}{4}. \quad (83.16)$$

Dabei ist die letzte Umformung wieder für schwache Wechselwirkung ($\Delta \ll \hbar\omega_q$) gültig.
(83.16) ist die *Kondensationsenergie* des neuen Grundzustandes.
Bei dieser Ableitung haben wir die Wellenfunktion des *Grundzustandes* nicht benutzt. Wir können diese Wellenfunktion, die wir mit $|0\rangle$ bezeichnen, dadurch gewinnen, daß wir auf den *Vakuumzustand* „leere Fermi-Kugel" ($|vac\rangle$) α-Operatoren anwenden.
Für ein *wechselwirkungsfreies* Elektronengas können wir die gefüllte Fermi-Kugel dadurch aufbauen, daß wir in allen Zuständen mit $k < k_F$ „Löcher vernichten". Mit (83.2) und (83.3) wird

$$\prod_k \alpha_k \alpha_{-k} |vac\rangle = \prod_k (u_k c_k - v_k c_{-k}^+)(u_k c_{-k} + v_k c_k^+)|vac\rangle$$
$$= \prod_{k<k_F} c_k^+ c_{-k}^+ |vac\rangle = |0\rangle. \quad (83.17)$$

Für das *wechselwirkende* Elektronengas brauchen wir nur die andere Bedeutung der u_k, v_k nach (83.9) zu nehmen:

$$\prod_k \alpha_k \alpha_{-k} |vac\rangle = \prod_k (u_k^2 c_k c_{-k} + u_k v_k (c_k c_k^+ - c_{-k}^+ c_{-k}) + v_k^2 c_k^+ c_{-k}^+)|vac\rangle$$
$$= \prod_k (u_k v_k + v_k^2 c_k^+ c_{-k}^+)|vac\rangle. \quad (83.18)$$

(83.18) ist noch nicht normiert. Wegen

$$\langle vac| \prod_k (u_k v_k + v_k^2 c_{-k} c_k)(u_k v_k + v_k^2 c_k^+ c_{-k}^+)|vac\rangle$$
$$= \langle vac| \prod_k (u_k^2 v_k^2 + v_k^4 c_{-k} c_k c_k^+ c_{-k}^+)|vac\rangle = \prod_k (u_k^2 v_k^2 + v_k^4) = \prod_k v_k^2$$

ist die normierte Wellenfunktion

$$|0\rangle = \prod_k (u_k + v_k c_k^+ c_{-k}^+)|vac\rangle. \quad (83.19)$$

Wir erkennen zunächst, daß im Grundzustand nur Cooper-Paare ($k\uparrow, -k\downarrow$) auftreten. u_k^2 ist die Wahrscheinlichkeit, daß ein Paar von Zuständen mit entgegengesetztem k und σ unbesetzt ist, v_k^2 die Wahrscheinlichkeit, daß es besetzt ist. Multipliziert man das Produkt (83.19) aus, so treten Glieder mit einer verschiedenen Anzahl von Paar-Erzeugungsoperatoren auf. (83.19) ist also zunächst kein Zustand definierter Teilchenzahl. Wir können (83.19) aber als Ansatz für die Wellenfunktion betrachten und die u_k und v_k durch Variation so bestimmen, daß die Energie ein Minimum wird. Das ist der von Bardeen, Cooper und Schrieffer ursprünglich begangene Weg. Man erhält dann gerade die oben auf andere Weise abgeleiteten Resultate. Die Variation ist bei fester Teilchenzahl durchzuführen. Wir müssen also $N=$const als Nebenbedingung hinzufügen. Das geschieht durch Addition eines Gliedes $-\lambda N$ zum Hamilton-Operator vor der Variation. Für den Lagrange-Parameter folgt gerade das chemische Potential, hier also die Fermi-Energie E_F. Dies ist der eigentliche Grund, weshalb wir vor (83.5) von H zu H_{red} übergegangen sind.

Die bisherigen Resultate haben lediglich eine Absenkung der Energie des Grundzustandes gebracht. Daß hiermit das Phänomen der Supraleitung verbunden ist, können wir erst erkennen, wenn wir uns den angeregten Zuständen zuwenden. Dies tun wir im folgenden Abschnitt.

84. Angeregte Zustände

Die niedrigsten angeregten Zustände über dem Grundzustand beschreiben wir wieder durch Quasi-Teilchen. Sie werden erzeugt und vernichtet durch Operatoren α_k^+ und α_k. Diese Operatoren wurden durch die Bogoljubov-Valatin-Transformation (83.2) eingeführt. Die zugeordneten Quasi-Teilchen werden manchmal als „Bogolonen" bezeichnet. Sie unterscheiden sich in mehreren Punkten von den früher eingeführten Quasi-Teilchen. Insbesondere erinnern wir an die Ergebnisse des letzten Abschnitts, nach denen ein solches Quasi-Teilchen für Energien $E \gg E_F + \Delta$ ein Elektron im Zustand $k\uparrow$, für Energien $E \ll E_F - \Delta$ ein Loch im Zustand $-k\downarrow$ ist. Im Bereich der Breite 2Δ um E_F ist es eine komplizierte Mischform aus diesen beiden Möglichkeiten.

Die Energie eines dieser Quasi-Teilchen läßt sich leicht aus (83.4) und (83.6) gewinnen. Beide Gleichungen enthalten neben Gliedern, die zum Grundzustand beitragen, und den Gliedern vierter Ordnung in den α, die wir schon im letzten Abschnitt vernachlässigt hatten, weitere Glieder mit α-Operatoren in der Kombination $\alpha_k^+ \alpha_k + \alpha_{-k}^+ \alpha_{-k}$. Beide Glieder sind Teilchenzahloperatoren für die hier betrachteten Quasi-Teilchen. Zum reduzierten Hamilton-Operator tragen von (83.4) und (83.6) neben den Gliedern des Grundzustandes die Terme

$$H_{\text{red}} = \cdots + \sum_k (\varepsilon(k)(u_k^2 - v_k^2) + V \sum_{k'} 2 u_k v_k u_{k'} v_{k'} (\alpha_k^+ \alpha_k + \alpha_{-k}^+ \alpha_{-k}) + \cdots \quad (84.1)$$

bei.

Die Energiedifferenz zwischen angeregtem Zustand und Grundzustand ist dann gleich den in (84.1) aufgeführten Gliedern, in denen die Teilchenzahl-Operatoren durch die Teilchenzahlen selbst ersetzt sind:

$$E - E_0 = \sum_k \{\varepsilon(k)(u_k^2 - v_k^2) + 2\Delta u_k v_k\}(n_{k\uparrow} + n_{-k\downarrow}) = \sum_k \sqrt{\varepsilon^2 + \Delta^2}\, n_k. \quad (84.2)$$

Die Energie eines einzelnen Quasi-Teilchens ist dann

$$\bar{\varepsilon}(k) = \sqrt{\varepsilon^2 + \Delta^2}. \quad (84.3)$$

Diese Funktion ist in Abb. 95 aufgetragen. $\varepsilon(k)$ mißt die Energie von der Fermi-Oberfläche aus. Während es im wechselwirkungsfreien Elektronengas möglich ist, durch einen infinitesimalen Energieaufwand Elektronen unmittelbar oberhalb E_F zu erzeugen, ist hier eine *Mindestenergie* $\bar{\varepsilon}$ notwendig. Grundzustand und erster angeregter Zustand sind also durch eine *Energielücke* getrennt. Hinzu kommt,

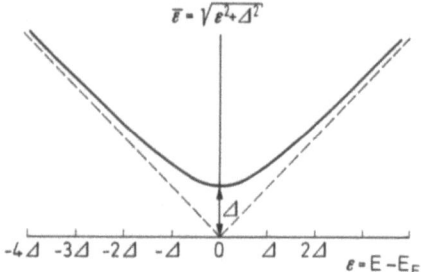

Abb. 95. Energie $\bar{\varepsilon}$ der Quasi-Teilchen, die angeregte Zustände eines supraleitenden Elektronengases beschreiben

daß bei einem Streuprozeß (Energieübertragung an das Elektronensystem) nie ein Quasi-Teilchen allein erzeugt wird, sondern immer zwei, – entsprechend den Elektron-Loch-Paaren des wechselwirkungsfreien Elektronengases. Die Mindestenergie einer Anregung aus dem Grundzustand ist also 2Δ!

Dieses Resultat gestattet eine qualitative Deutung der supraleitenden Eigenschaften des Elektronengases. Nach Abb. 6 können wir einen stromführenden Zustand des Elektronengases dadurch darstellen, daß wir die Fermi-Kugel im k-Raum verschieben. Nach Abschalten des stromerzeugenden Feldes stellt sich das Gleichgewicht wieder her durch Streuprozesse, bei denen unter Absorption oder Emission von Phononen die Elektronen in die ursprüngliche Fermi-Kugel zurückgestreut werden (Abb. 96). Für das wechselwirkungsfreie Elektronengas sind solche Pro-

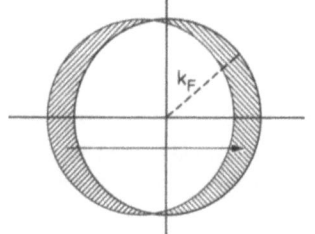

Abb. 96. Im elektrischen Feld wird die in der Fermi-Kugel befindliche Elektronengesamtheit im k-Raum „verschoben". Nach Abschalten des Feldes stellt sich der Gleichgewichtszustand wieder her durch Übergänge zwischen den beiden schraffierten Gebieten außerhalb und innerhalb der Fermi-Kugel. Beim supraleitenden Elektronengas wird die Energielücke mitverschoben. Streuprozesse können nur dann erfolgen, wenn die Energie 2Δ aufgebracht werden kann

zesse leicht möglich. Für das supraleitende Elektronengas fordert der Energiesatz, daß bei dem Prozeß die Ausgangsenergie um mindestens 2Δ über der Endenergie liegt. Ist dies nicht erfüllt, ist also die Verschiebung der Fermi-Kugel so schwach, daß kein Elektron aus dem linken schraffierten Bereich der Abb. 96 um 2Δ mehr Energie als die Zustände im rechten schraffierten Bereich hat, so ist eine Relaxation des stromführenden Zustandes – jedenfalls mittels der in der Transporttheorie für den Normalleiter bekannten Mechanismen – nicht möglich. Der Strom fließt widerstandsfrei.

Sei die Verschiebung der Fermi-Kugel $\delta k = (m/\hbar)\delta v = (m/\hbar e n)i$, so kann nach Abb. 96 ein Elektron aus dem schraffierten Bereich in die ursprüngliche Fermi-Kugel nur gestreut werden, wenn $(\hbar^2/2m)(k_F+\delta k)^2 - (\hbar^2/2m)(k_F-\delta k)^2 \geqslant 2\Delta$ ist. Einsetzen größenordnungsmäßig richtiger Werte ($n = 3 \cdot 10^{22}$ cm^{-3}, $\Delta = 10^{-16}$ erg, $k_F = 10^8$ cm^{-1}) liefert für die Stromdichte, unterhalb derer der Strom widerstandslos fließt, den Wert $i = 2en\Delta/\hbar k_F \approx 10^7$ A/cm^2.

Die Notwendigkeit, in einem Streuprozeß die Mindestenergie 2Δ aufzubringen, kann auch dadurch begründet werden, daß die Cooper-Paare bei den Streuprozessen aufgebrochen werden müssen. Dies führt zu dem Bild, daß in einem angeregten Zustand Cooper-Paare und einzelne Quasi-Teilchen nebeneinander vorhanden sind. Cooper-Paare führen einen widerstandslos fließenden Strom, einzelne Quasi-Teilchen werden gestreut *(Zwei-Flüssigkeiten-Modell)*.

Wir gehen nun von der Betrachtung einzelner Anregungen zu einem angeregten Zustand bei einer Temperatur $T \neq 0$ über. Bei Temperaturen oberhalb des absoluten Nullpunktes ist zu berücksichtigen, daß Zustände $k\!\uparrow$ oder $-k\!\downarrow$ statistisch besetzt sind. Wir tun dies, indem wir die Besetzungszahlen n_k durch ihre statistischen Mittelwerte ersetzen:

$$n_k \rightarrow \langle n_k \rangle \equiv f_k = \left(\exp\frac{\overline{\varepsilon}(k)}{k_B T} + 1\right)^{-1}. \tag{84.4}$$

Dabei haben wir als Besetzungswahrscheinlichkeit die Fermi-Verteilung (6.10) genommen und für die Energiedifferenz $E - \zeta$ die (von der Fermi-Oberfläche aus gerechnete) Energie (84.3) der Quasi-Teilchen eingesetzt.

In (84.3) ist die Energielücke Δ enthalten. Diesen Parameter hatten wir aus der Gleichung (83.11) berechnet. (83.11) war die Konsequenz eines Diagonalisierungsverfahrens für den Hamilton-Operator, das unter der Annahme $n_k = 0$ (Grundzustand, $T=0$) durchgeführt wurde. Wir müssen also jetzt – um den korrekten Wert von Δ in (84.4) zu erhalten – das Diagonalisierungsverfahren für $n_k \neq 0$ ($T \neq 0$) wiederholen. Damit erhalten wir für jede Temperatur einen anderen Wert für Δ; die Energielücke wird temperaturabhängig: $\Delta = \Delta(T)$!

Wir ergänzen also die Bedingung (83.8) durch die in (83.6) bei dem betreffenden Term stehenden Teilchenzahl-Operatoren, die wir sogleich durch die mittleren Teilchenzahlen (84.4) ersetzen:

$$2u_k v_k \varepsilon(k) - (u_k^2 - v_k^2) V \sum_{k'} u_{k'} v_{k'}(1 - 2f_{k'}) = 0. \tag{84.5}$$

Entsprechend (83.8) definieren wir $\Delta(T)$ jetzt durch

$$\Delta(T) = V \sum_{k'} u_{k'} v_{k'}(1 - 2f_{k'}). \tag{84.6}$$

Damit folgt anstelle von (83.11)

$$1 = \frac{Vz(E_F)}{4} \int_{-\hbar\nu_q}^{+\hbar\nu_q} \frac{d\varepsilon}{\sqrt{\varepsilon^2 + \Delta^2(T)}} \left(1 - 2f\left(\frac{\sqrt{\varepsilon^2 + \Delta^2(T)}}{k_B T}\right)\right). \tag{84.7}$$

Diese Gleichung liefert $\Delta(T)$. Eine geschlossene Lösung ist nicht möglich. Man erkennt jedoch zunächst aus (84.7), daß diese Gleichung für $T=0$ in (83.11) übergeht. Mit wachsender Temperatur wird $\Delta(T)$ kontinuierlich kleiner. Bei einer gegebenen Temperatur T_c wird $\Delta(T_c)$ Null. Wir deuten diese Temperatur als die *Sprungtemperatur*, oberhalb derer die Supraleitung verschwindet. Wir kommen darauf zurück. Oberhalb T_c müssen wir $\Delta(T)$ gleich Null setzen. Wir können dies tun, da aus (84.7), ebenso wie aus (84.11), zunächst ein Faktor $\Delta(T)$ herausgekürzt wurde, also $\Delta=0$ ebenfalls eine Lösung der ursprünglichen Gleichung ist.

Zur weiteren Diskussion formen wir (84.7) um. Nach Division durch $Vz(E_F)/4$, Benutzung von (84.12) für $\Delta(0)$ und Auftrennung des Integrals rechts in zwei Teilintegrale folgt für die linke Seite: $2\ln(2\hbar\omega_q/\Delta(0))$, für das erste Integral der rechten Seite: $2\ln(2\hbar\omega_q/\Delta(T))$, und damit in der Näherung $\Delta(0)\ll\hbar\omega_q$

$$\ln\frac{\Delta(T)}{\Delta(0)} = -2\int_0^\infty \frac{dx}{\sqrt{x^2+1}} f\left(\sqrt{x^2+1}\,\frac{\Delta(T)}{\Delta(0)}\left(\frac{k_B T}{\Delta(0)}\right)^{-1}\right) = g\left(\frac{\Delta(T)}{\Delta(0)}, \frac{k_B T}{\Delta(0)}\right). \tag{84.8}$$

Diese Gleichung enthält nur noch die reduzierte Energielücke $\Delta(T)/\Delta(0)$ und eine reduzierte Temperatur $k_B T/\Delta(0)$. Hieraus folgt, daß die aus der Bedingung $\Delta(T_c)=0$ berechnete Sprungtemperatur T_c linear von $\Delta(0)$ abhängt. Eine numerische Integration liefert

$$k_B T_c \approx 0.57\,\Delta(0). \tag{84.9}$$

Damit können wir auch in (84.8) $k_B T/\Delta(0)$ durch T/T_c ersetzen.
Dargestellt in reduzierten Einheiten gibt (84.8) eine Beziehung zwischen Energielücke und Temperatur, die keinen weiteren Parameter mehr enthält (s. Abb. 100). Sie gilt in dieser Form für alle Supraleiter, für die die Bedingung schwacher Kopplung $(\Delta(0)\ll\hbar\omega_q=\hbar\omega_D)$ erfüllt ist.

85. Vergleich mit dem Experiment

Eines der wichtigsten Kennzeichen der Supraleitung ist ihr Einsetzen unterhalb einer kritischen Temperatur T_c. Nach (84.9) ist $k_B T_c$ ungefähr gleich der Hälfte der Bindungsenergie eines Cooper-Paares bei $T=0$. Diese wiederum ist nach (83.12) proportional zur Energie des virtuellen Phonons mal einem Exponentialfaktor, der die Wechselwirkungskonstante V und die Zustandsdichte an der Fermi-Oberfläche enthält. Wegen der Annahme einer schwachen Kopplung V ist $\Delta(0)$ und damit $k_B T_c$ klein gegen $\hbar\omega_q$. Setzt man für ω_q den Maximalwert der

Debyeschen Näherung ω_D ein, so folgt, daß die Sprungtemperatur eines Supraleiters T_c klein gegen seine Debye-Temperatur ist. Dies ist experimentell bestätigt. Typische Werte von T_c liegen zwischen 20 °K (bei einigen Niob-Legierungen) und der unteren Nachweisgrenze (0.01 °K für Wolfram). Die Debye-Temperaturen der Metalle liegen dagegen fast immer über 100 °K.

Eine zweite Aussage über die Sprungtemperaturen erhält man aus dem linearen Zusammenhang zwischen T_c und ω_q. ω_q ist die Frequenz eines akustischen Phonons, die in der Debye-Näherung nach (35.16) proportional zu $\rho^{-\frac{1}{2}}$, also auch zu $M^{-\frac{1}{2}}$ (M = Ionenmasse), ist. Wir erwarten danach für die Isotopen eines supraleitenden Metalls ein Gesetz der Form $M^a T_c$ = const mit $a=\frac{1}{2}$. Tatsächlich ist dieser *Isotopieeffekt* das erste experimentelle Anzeichen dafür gewesen, daß die Gitterschwingungen bei der für die Supraleitung relevanten Wechselwirkung beteiligt sind. Die Werte für a weichen im allgemeinen etwas von 0.5 ab, ein Anzeichen dafür, daß die Vernachlässigung aller anderen Wechselwirkungen neben der vereinfachten BCS-Wechselwirkung eine zu grobe Näherung bedeutet.

Einen einfachen Nachweis der Energielücke $2\Delta(T)$ in einem Supraleiter erwartet man in der optischen Absorption. Ähnlich wie bei Halbleitern und Isolatoren sollte eine Absorption erst oberhalb einer Schwellenenergie erfolgen, die hier durch die zum Aufbrechen eines Cooper-Paares notwendige Energie $2\Delta(T)$ gegeben ist. Dies ist experimentell bestätigt. Ein Beispiel zeigt Abb. 97. Die experimentellen Schwierigkeiten solcher Messungen sind aber groß, da die Frequenz $\omega = 2\Delta(0)/\hbar \approx 4 k_B T_c/\hbar$ im Bereich 10^{10} bis 10^{12} Hz, also im langwelligen Ultrarot liegt.

Eine aufschlußreichere Methode sind *Tunnelexperimente*, in denen der Stromfluß von einem Metall durch eine dünne Oxidhaut in ein anderes Metall gemessen wird. Zum Verständnis dieses Phänomens geben wir zunächst die Zustandsdichte in einem Supraleiter an. Die durch die Funktion $z_n(E)dE$ beschriebenen Zustände des Normalleiters werden im Supraleiter mit dem Auftreten einer Energielücke umgeordnet. Da dabei keine Zustände verlorengehen, gilt $z_n(E)dE = z_s(\bar{\varepsilon})d\bar{\varepsilon}$. Hierbei ist $\bar{\varepsilon}$ die durch (84.3) gegebene Energie der Quasi-Teilchen. E und $\bar{\varepsilon}$ sind nach dieser Gleichung durch die Beziehung $E = E_F + \sqrt{\bar{\varepsilon}^2 + \Delta^2}$ verknüpft. Es wird also

$$z_s(\bar{\varepsilon}) = z_n(E)\frac{dE}{d\bar{\varepsilon}} = z_n(E)\frac{\bar{\varepsilon}}{\sqrt{\bar{\varepsilon}^2 - \Delta^2}} \tag{85.1}$$

für $|\bar{\varepsilon}| > \Delta$, während für $|\bar{\varepsilon}| < \Delta$ die Zustandsdichte Null ist (vgl. Abb. 98).
In Abb. 99 vergleichen wir die drei folgenden Möglichkeiten:
Die Oxidhaut trenne zwei normalleitende Metalle. Durch Anlegen einer Spannung an dieses System werden die chemischen Potentiale (Fermi-Energien) beider Metalle gegeneinander verschoben. Es fließt dann ein Strom, da jetzt besetzte Zustände in einem Metall mit unbesetzten Zuständen im anderen Metall energetisch übereinstimmen. Man kann leicht zeigen, daß dieser Strom linear von der angelegten Spannung abhängt.

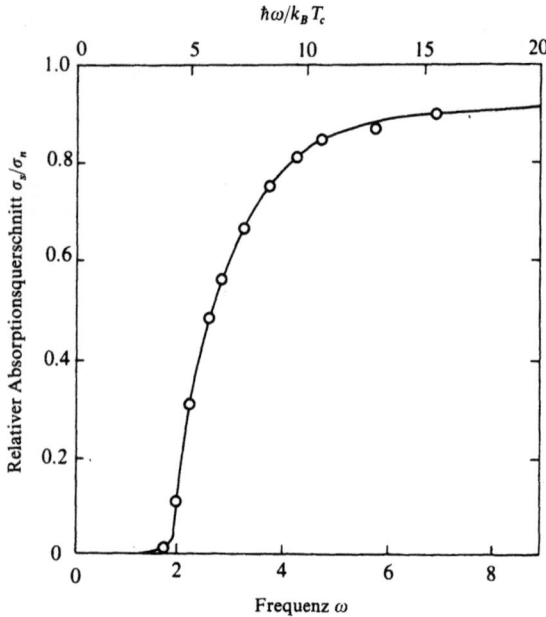

Abb. 97. Absorptionskante eines Supraleiters (Indium). Photonen werden erst dann absorbiert, wenn sie die zum Aufbrechen eines Cooper-Paares notwendige Energie 2Δ besitzen. Nach Blakemore [4]

Die Oxidhaut trenne ein normalleitendes Metall und ein supraleitendes Metall. Dann kann gemäß Abb. 99 (zweite Zeile) ein Stromfluß vom Normalleiter zum Supraleiter erst einsetzen, wenn die angelegte Spannung den Wert Δ/e erreicht

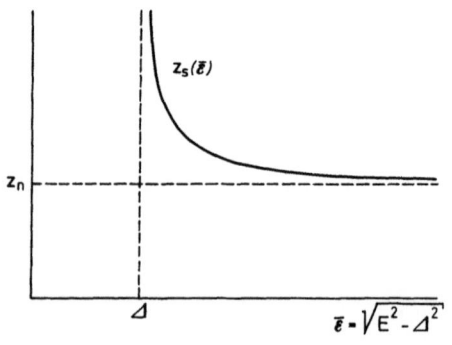

Abb. 98. Zustandsdichte $z_s(\bar{\varepsilon})$ für ein supraleitendes Elektronengas. Durch das Auftreten einer Energielücke werden die Zustände des Normalleiters umgeordnet. Weit oberhalb Δ ist $z_s = z_n$

hat. Der Strom wird dann allerdings schnell ansteigen, da unmittelbar oberhalb Δ nach Abb. 98 sehr viele besetzbare Zustände zur Verfügung stehen. Diese Argumentation gilt streng nur bei $T=0$, wenn die Fermi-Verteilung eine Stufenfunktion ist. Bei $T \neq 0$ wird der Stromfluß schon früher einsetzen.
Die Oxidhaut trenne zwei Supraleiter mit verschiedener Breite der Energielücke. Nach Abb. 99 wird entsprechend zu dem eben betrachteten Fall ein Stromfluß bei $V=(\Delta_1+\Delta_2)/e$ einsetzen. Diesem Tunnelstrom ist bei $T \neq 0$ ein schwacher Strom vorgelagert, der sein Maximum dann erreicht, wenn die Oberkanten der beiden Energielücken energetisch übereinstimmen $(V=(\Delta_1-\Delta_2)/e)$.
Zu diesen durch einzelne Quasi-Teilchen getragenen Strömen kommt in dem zuletzt betrachteten Fall die Möglichkeit des Tunnelns von Cooper-Paaren von dem einen Supraleiter durch die Oxidschicht in den anderen Supraleiter hinzu *(Josephson-Effekt)*. Es läßt sich zeigen, daß dieser Strom ohne angelegte Spannung fließen kann. Im Fall $V \neq 0$ treten Stromoszillationen auf. Die Behandlung dieses Phänomens geht über den Rahmen dieses Kapitels hinaus. Wir verweisen auf die Literatur.
Eine weitere Methode zur Messung von $\Delta(T)$ ist die *Ultraschall-Dämpfung*. Die Energie von Ultraschall-Phononen ist so gering, daß diese keine Cooper-Paare aufbrechen können. Sie werden nur von angeregten Quasi-Teilchen absorbiert. Da deren Zahl durch $\Delta(T)$ bestimmt ist, folgt hieraus die Energielücke. In Abb. 100 ist die aus Ultraschall-Messungen bestimmte Energielücke von Zinn als Funktion der Temperatur mit der aus (84.8) folgenden Funktion $\Delta(T)$ verglichen.
Der elektronische Anteil der *spezifischen Wärme* wird im Supraleiter von den angeregten Teilchen getragen. Die Anzahl der über eine Energielücke angeregten Teilchen ist nach der Statistik proportional zu $\exp(-E_G/2k_BT)$, wobei E_G die Breite der Energielücke ist. Wir erwarten hier also ein $\exp(-\Delta(T)/k_BT)$-Gesetz. Dementsprechend wird auch die spezifische Wärme im Supraleiter eine völlig andere Temperaturabhängigkeit haben als im Normalleiter. Sie steigt zunächst exponentiell an; durch die Temperaturabhängigkeit der Energielücke treten dann Abweichungen vom Exponentialgesetz auf. Bei T_c springt der Wert der spezifischen Wärme diskontinuierlich auf den Wert des normalleitenden Metalls.
Die BCS-Theorie bestätigt diese qualitativen Betrachtungen über den Temperaturverlauf der spezifischen Wärme im wesentlichen. Zur genaueren Berechnung müßten wir die freie Energie und die Entropie eines Supraleiters bestimmen. Wir wollen uns damit aber nicht befassen und verweisen für die thermodynamischen Eigenschaften der Supraleiter wieder auf die Literatur.
Die Kenntnis der freien Energie des supraleitenden und des normalleitenden Zustandes erlaubt auch die Berechnung des *kritischen Magnetfeldes*, das notwendig ist, um bei einer gegebenen Temperatur unterhalb T_c die Supraleitung zu zerstören.
Wir hatten im letzten Abschnitt bereits eine qualitative Erklärung für das Auftreten von Dauerströmen in Supraleitern gegeben. Ein zweiter Prüfstein jeder Theorie der Supraleitung ist die Deutung des *Meissner-Ochsenfeld-Effektes*, also der Tatsache, daß bei Abkühlung eines Supraleiters unter die Sprungtemperatur

E_F
E_F
Δ
Δ
E_F
E_F
Δ_1
Δ_1
Δ_2
Δ_2
E_F
I
V
I
V
Δ/e
I
V
$\frac{\Delta_1-\Delta_2}{e}$
$\frac{\Delta_1+\Delta_2}{e}$

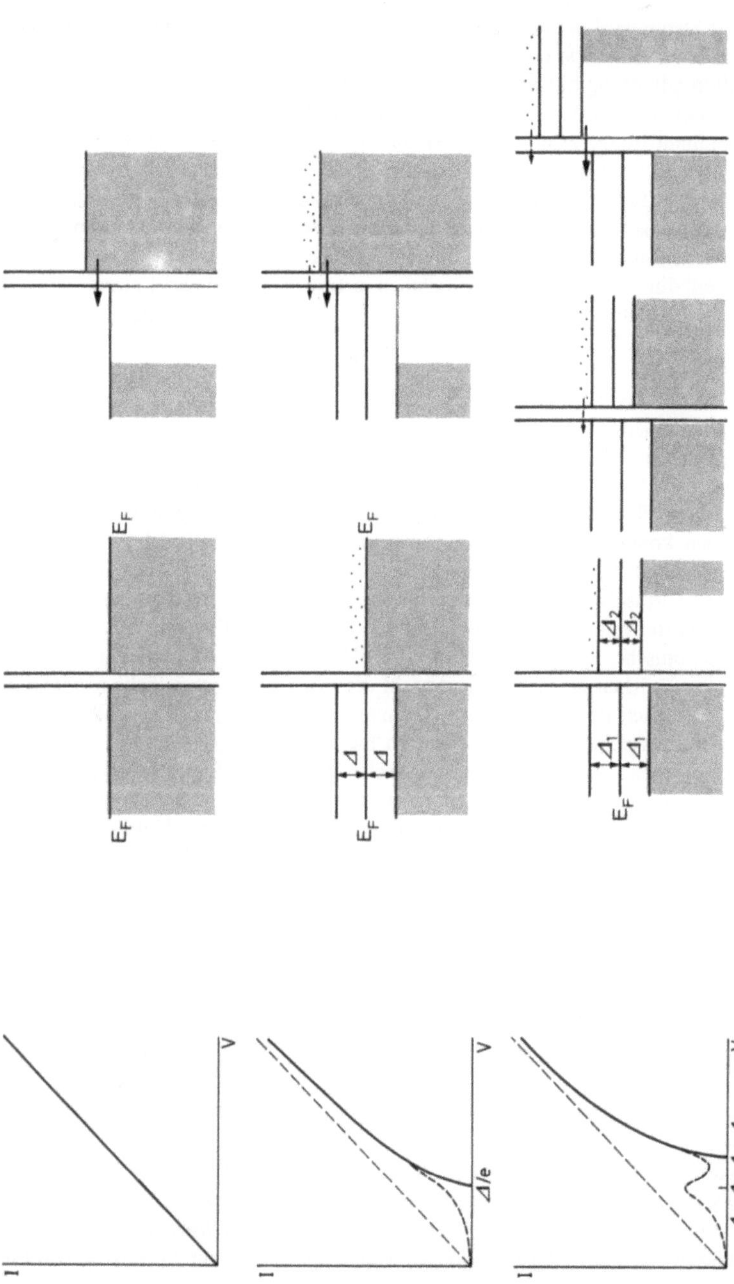

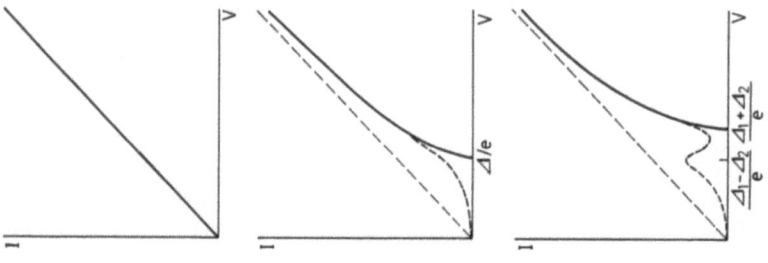

im Magnetfeld der magnetische Fluß aus dem Supraleiter herausgetrieben wird. Wegen der grundsätzlichen Bedeutung dieses Effektes widmen wir ihm den nächsten Abschnitt.

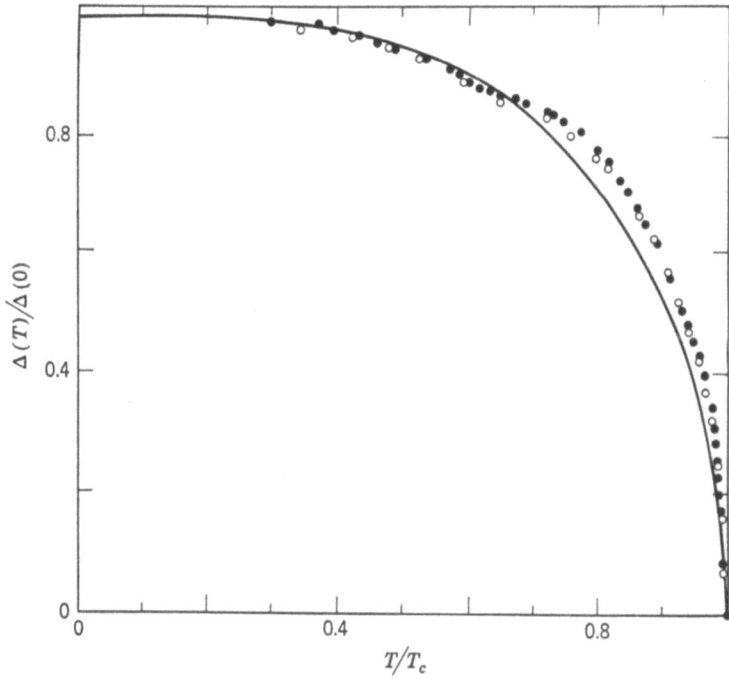

Abb. 100. Temperaturabhängigkeit der Energielücke nach der BCS-Theorie und Vergleich mit experimentellen Ergebnissen an Zinn. Nach Rickayzen [115]

←

Abb. 99. Tunneleffekt durch eine Oxidhaut zwischen zwei normal- bzw. supraleitenden Festkörpern. *Obere Reihe:* Sind beide Körper Normalleiter, so sind im Gleichgewicht die Terme des Leitungsbandes bis zur Energie E_F besetzt. Legt man an die Anordnung eine Spannung, so wird das chemische Potential (Fermi-Energie) des einen Leiters gegen das des anderen Leiters angehoben. Es fließt ein Strom. Die Strom-Spannungs-Kennlinie ist linear. *Mittlere Reihe:* Ist einer der beiden Körper ein Supraleiter, so setzt bei $T=0$ der Stromfluß erst ein, wenn das chemische Potential des Normalleiters um $\varDelta$ angehoben wird. Infolge der thermischen Anregung einzelner Elektronen tritt bei $T \neq 0$ schon bei kleineren Spannungen ein schwacher Stromfluß auf. *Untere Reihe:* Grenzen zwei Supraleiter aneinander, so setzt bei $T=0$ der Stromfluß erst bei $\varDelta_1 + \varDelta_2$ ein. Bei $T \neq 0$ tritt ein Zusatzstrom auf, der bei $\varDelta_1 - \varDelta_2$ ein Maximum hat

Als letztes mit der Supraleitung verbundenes Phänomen erwähnen wir die *Fluß-Quantisierung*. Schon die Londonsche phänomenologische Theorie sagt die Quantisierung des magnetischen Flusses durch einen supraleitenden Ring voraus. Die Größe eines Flußquants ergibt sich dabei zu $hc/2e^*$, wobei e^* die Ladung der Ladungsträger des in dem Ring fließenden Dauerstromes ist. Experimentell findet man $e^* = 2e$, also eine doppelte Elektronenladung. Das findet seine Erklärung in der Aussage der BCS-Theorie, daß der Dauerstrom von Cooper-Paaren getragen wird.

Bis jetzt haben wir uns auf die Diskussion von Phänomenen in solchen Supraleitern beschränkt, die mittels der BCS-Theorie deutbar sind. Das sind im wesentlichen die Eigenschaften der sogenannten Typ-I-Supraleiter. Auf umfassendere Möglichkeiten der theoretischen Beschreibung von Supraleitern gehen wir im abschließenden Abschnitt 87 ein.

86. Der Meissner-Ochsenfeld-Effekt

Zur Erklärung des Meissner-Ochsenfeld-Effektes, also der Verdrängung eines Magnetfeldes aus einem Supraleiter, betrachten wir allgemein den Fall eines supraleitenden Elektronengases im Magnetfeld. Das Feld werde beschrieben durch ein Vektorpotential A. Als Eichung wählen wir die Bedingung div $A = 0$.
Dann haben wir den Hamilton-Operator zu ergänzen durch ein Zusatzglied der Form

$$H' = \frac{1}{2m}\left(p + \frac{e}{c}A\right)^2 - \frac{1}{2m}p^2 \approx \frac{e}{2mc}(p \cdot A + A \cdot p). \tag{86.1}$$

Da wir uns auf schwache Magnetfelder beschränken wollen, haben wir in (86.1) einen Term der Ordnung A^2 weggelassen.
Uns interessiert vor allem die durch das Magnetfeld induzierte Stromdichte:

$$i = \frac{ie\hbar}{2m}(\psi^* \text{ grad } \psi - \psi \text{ grad } \psi^*) - \frac{e^2}{mc} A \psi^* \psi. \tag{86.2}$$

Wir schreiben zunächst (86.1) und (86.2) in die Teilchenzahl-Darstellung um. Dazu benutzen wir ein Verfahren, das wir bisher nicht verwendet haben, das aber sinngemäß aus Anhang A folgt. Wir ersetzen in (86.2) die Wellenfunktion durch *Feldoperatoren* gemäß

$$\psi^* \to \frac{1}{\sqrt{V_g}} \sum_{k\sigma} e^{-i k \cdot r} c^+_{k\sigma}, \quad \psi \to \frac{1}{\sqrt{V_g}} \sum_{k'\sigma'} e^{i k' \cdot r} c_{k'\sigma'}. \tag{86.3}$$

Die c^+_k und c_k sind dabei Erzeuger und Vernichter für Elektronen. Damit wird i der folgende Stromdichte-*Operator*

$$i = \sum_{kk'\sigma\sigma'} \left\{ -\frac{e\hbar}{2mV_g}(k+k') - \frac{e^2 A}{mcV_g} \right\} e^{i(k'-k)\cdot r} c^+_{k\sigma} c_{k'\sigma'}$$

$$= \sum_q e^{iq\cdot r} \sum_{k\sigma\sigma'} \left\{ -\frac{e\hbar}{2mV_g}(2k-q) - \frac{e^2 A}{mcV_g} \right\} c^+_{k-q',\sigma} c_{k\sigma'} = \sum_q e^{iq\cdot r} i_q.$$

(86.4)

Die rechte Seite dieser Gleichung kann als Fourier-Zerlegung des Operators aufgefaßt werden.

Da wir nur Produkte $c^+_{k'} c_k$ mit gleichem Spin beider Elektronen brauchen, ziehen wir hier und in den folgenden Gleichungen die Summe über σ, σ' zu einer Summe zusammen.

Gl. (86.1) läßt sich auf demselben Weg umformen. Dazu bilden wir zunächst die Wechselwirkungsenergie

$$E' = \frac{e}{2mc} \langle \psi^* | p \cdot A + A \cdot p | \psi \rangle.$$

(86.5)

Mit (86.3) wird daraus der Operator

$$H' = -\frac{ie\hbar}{2mcV_g} \sum_{kk'\sigma\sigma'} \int e^{i(k'-k)\cdot r} A \cdot i(k+k') d\tau c^+_{k\sigma} c_{k'\sigma'}$$

(86.6)

oder, wenn man noch die Fourier-Zerlegung des Vektorpotentials einführt und sich auf eine Spin-Summation beschränkt

$$H' = \frac{e\hbar}{2mcV_g} \sum_{kk'q\sigma} \int e^{i(k'+q-k)\cdot r} A_q \cdot (k+k') d\tau c^+_{k\sigma} c_{k'\sigma}$$

$$= \frac{e\hbar}{2mc} \sum_{kq\sigma} A_q \cdot (2k-q) c^+_{k\sigma} c_{k-q,\sigma}.$$

(86.7)

Wir bilden nun den Erwartungswert der Stromdichte. Dazu teilen wir i in die beiden durch die Summenglieder in (86.4) gegebenen Anteile auf. Den ersten Anteil nennen wir i_1, den zweiten i_2.

Der Erwartungswert von i_2 wird

$$\langle i_2 \rangle = -\frac{e^2 A}{mcV_g} \langle \Psi | \sum_q e^{iq\cdot r} \sum_{k\sigma} c^+_{k-q,\sigma} c_{k\sigma} | \Psi \rangle$$

$$= -\frac{e^2 A}{mcV_g} \langle \Psi | \sum_{k\sigma} c^+_{k\sigma} c_{k\sigma} | \Psi \rangle = -\frac{e^2 n}{mc} A.$$

(86.8)

Dabei haben wir benutzt, daß entsprechend zu (83.4) und (83.5) das Matrixelement rechts die Teilchenzahl ergibt, unabhängig davon, ob $|\Psi\rangle$ einen Zustand eines Normalleiters (auf den die c^+, c angewendet werden können) oder eines Supraleiters (wo die c^+, c erst in die α^+, α umgeformt werden müssen) beschreibt.

Für den Erwartungswert von i_1 müssen wir die Umformung auf die α^+, α erst vornehmen. Dazu muß zunächst die Spin-Summation ausgeführt werden. Wir schreiben

$$i_1 = \sum_{kq} \left[-\frac{e\hbar}{2mV_g}(2k-q)e^{iq\cdot r} \right] (c^+_{k-q\uparrow}c_{k\uparrow} + c^+_{k-q\downarrow}c_{k\downarrow}) \tag{86.9}$$

und ersetzen in der zweiten Summation $k-q$ durch $-k$ und k durch $-(k-q)$. Damit ändert sich im Vorfaktor lediglich das Vorzeichen:

$$i_1 = \sum_{kq} \left[-\frac{e\hbar}{2mV_g}(2k-q)e^{iq\cdot r} \right] (c^+_{k-q}c_k - c^+_{-k}c_{-(k-q)}). \tag{86.10}$$

Mit (83.2) folgt dann

$$i_1 = \sum_{kq} \left[-\frac{e\hbar}{2mV_g}(2k-q)e^{iq\cdot r} \right] \{(u_{k-q}u_k + v_{k-q}v_k)(\alpha^+_{k-q}\alpha_k - \alpha^+_{-k}\alpha_{-(k-q)})$$
$$+ (u_{k-q}v_k - u_k v_{k-q})(\alpha^+_{k-q}\alpha^+_{-k} - \alpha_k \alpha_{-(k-q)})\}. \tag{86.11}$$

Wir führen sogleich eine Approximation ein. Am Schluß der Rechnung werden wir uns auf den Grenzfall $q \to 0$ beschränken. Dann wird $u_{k-q} = u_k$, $v_{k-q} = v_k$. Benutzen wir jetzt schon diese Relationen, lassen aber alle anderen q noch stehen, so vereinfacht sich (86.11) zu

$$i_1 = \sum_{kq} \left[-\frac{e\hbar}{2mV_g}(2k-q)e^{iq\cdot r} \right] (\alpha^+_{k-q}\alpha_k - \alpha^+_{-k}\alpha_{-(k-q)}). \tag{86.12}$$

Gegenüber (86.10) ändern sich also lediglich die Bezeichnungen der Operatoren.

Die gleiche Argumentation können wir für H' in (86.6) verwenden. Dort folgt

$$H' = \frac{e\hbar}{mc} \sum_{kq} A_q \cdot (2k-q)(c^+_k c_{k-q} - c^+_{-(k-q)} c_{-k})$$
$$\approx \frac{e\hbar}{mc} \sum_{kq} A_q \cdot (2k-q)(\alpha^+_k \alpha_{k-q} - \alpha^+_{-(k-q)} \alpha_{-k}). \tag{86.13}$$

Zur Bildung des Erwartungswertes von i benutzen wir als Wellenfunktion (vgl. (50.7)):

$$|n\rangle_1 = |n\rangle_0 + \sum_{m(\neq 0)} \frac{\langle m|H'|n\rangle_0}{E_n - E_m} |m\rangle_0 + \cdots, \tag{86.14}$$

wobei die $|n\rangle_0$ Wellenfunktionen des magnetfeldfreien Supraleiters sind. Im Gegensatz zu i_2, wo bereits das Matrixelement zwischen Wellenfunktionen nullter Näherung zu (86.8) führte, verschwindet nach (86.12) $\langle n|i_1|n\rangle_0$. Die ersten nicht verschwindenden Beiträge zu $\langle i_1 \rangle$ liefern die in A linearen Glieder

$$\langle i_1 \rangle = \sum_{m(\neq 0)} \frac{\langle n|i_1|m\rangle \langle m|H'|n\rangle}{E_n - E_m} + \sum_{m'(\neq 0)} \frac{\langle n|H'|m'\rangle \langle m'|i_1|n\rangle}{E_n - E_{m'}}. \tag{86.15}$$

Gemäß (86.12) und (86.13) liegt die Energie der Zwischenzustände $|m\rangle$ um $\pm(\bar{\varepsilon}(k-q)-\bar{\varepsilon}(k))$ über dem Ausgangszustand. Alle Summenglieder in (86.15) lassen sich also auf einen Nenner bringen. Durch Einsetzen von (86.12) und (86.13) in (86.15) folgt für einen Fourier-Koeffizienten von i_1

$$\langle i_{1q}\rangle = \sum_k \left\{-\frac{e^2\hbar^2}{2m^2 c V_g}\right\} A_q \cdot (k-q)(2k-q) 2\frac{n_{k-q}-n_k}{\bar{\varepsilon}(k-q)-\bar{\varepsilon}(k)}. \tag{86.16}$$

Uns interessiert die Temperaturabhängigkeit dieses Stromes. Wir ersetzen also die Besetzungszahlen n_k nach (84.4) durch die Besetzungswahrscheinlichkeiten f_k. Gehen wir zum Grenzfall q gegen Null über, so wird der Differenzenquotient in (86.16) gleich dem Differentialquotienten $\partial f_k/\partial \bar{\varepsilon}$. Alle anderen in dieser Gleichung auftretenden q können wir gleich Null setzen. Wenn wir noch die Summation über die k (einer Spinrichtung!) durch eine Integration ersetzen, so folgt

$$\langle i_{10}\rangle = \frac{1}{V_g}\sum_k \left\{-\frac{e^2\hbar^2}{2m^2 c}\right\} A_0 \cdot k\, 4k \frac{\partial f_k}{\partial \bar{\varepsilon}} = \frac{2e\hbar^2}{3m^2 c} \frac{A_0}{(2\pi)^3}\int k^2\, d\tau_k \frac{\partial f_k}{\partial \bar{\varepsilon}}. \tag{86.17}$$

Diesen Ausdruck vereinigen wir mit (86.8) zu der im Grenzfall $q=0$ gültigen Gleichung

$$\langle i_0\rangle = -\frac{e^2 n}{mc} A_0 \left(1 - \frac{2E_F}{k_F^5}\int_0^\infty k^4\, dk \left(-\frac{\partial f_k}{\partial \bar{\varepsilon}}\right)\right). \tag{86.18}$$

Zur Umformung wurden hier noch (5.6) und (5.7) benutzt.
Das Integral läßt sich in zwei Fällen leicht angeben: a) Für ein normalleitendes Elektronengas ($\bar{\varepsilon}=E-E_F$) wird $-\partial f_k/\partial E$ eine δ-Funktion, und die beiden Glieder in der Klammer heben sich auf. b) Für $T=0$ wird wegen $\bar{\varepsilon}\neq 0$ $\partial f_k/\partial \bar{\varepsilon}$ gleich Null. Die Klammer erhält dann den Wert Eins.
Gl. (86.18) ist eine lineare Beziehung zwischen der Stromdichte und dem Vektorpotential des Magnetfeldes und damit identisch mit einer der beiden *Londonschen Gleichungen*, die in der phänomenologischen Theorie der Supraleiter zu den Maxwellschen Gleichungen hinzukommen. Sie wird üblicherweise in der Form

$$i = -\frac{c}{4\pi\lambda} A \tag{86.19}$$

geschrieben.
Um zu zeigen, daß diese Gleichung den Meissner-Ochsenfeld-Effekt enthält, betrachten wir speziell die Grenzfläche eines Supraleiters zum Vakuum. Der Supraleiter erfülle den Halbraum $z<0$, das Vakuum den Halbraum $z>0$. Im Außenraum sei ein Magnetfeld $\boldsymbol{B}=(B_x,0,0)$ vorhanden. Im Supraleiter gelten dann die Gleichungen

$$\operatorname{rot} \boldsymbol{i} = -\frac{c}{4\pi\lambda^2}\boldsymbol{B}, \quad \operatorname{rot}\boldsymbol{B} = \frac{4\pi}{c}\boldsymbol{i}, \quad \operatorname{div}\boldsymbol{B} = 0, \tag{86.20}$$

die wir in

$$\Delta i = \frac{1}{\lambda^2} i, \quad \Delta B = \frac{1}{\lambda^2} B \tag{86.21}$$

umformen können. Die Lösungen für $B=(B_x,0,0)$ und $i=(0,i_y,0)$ sind für die hier gegebenen Randbedingungen offensichtlich proportional zu den Randwerten bei $z=0$ mal einem Faktor $\exp(-z/\lambda)$. Das äußere Magnetfeld induziert also in einer Oberflächenschicht der Dicke λ einen Suprastrom, der ein Eindringen des Magnetfeldes in das Innere des Supraleiters verhindert. Der in (86.19) definierte Parameter λ ist die *Eindringtiefe* des Magnetfeldes. Mit (86.19) und (86.18) können wir schreiben:

$$\lambda(T) = \lambda(0)\left(1 - \frac{2E_F}{k_F^5}\int_0^\infty k^4 dk\left(-\frac{\partial f_k}{\partial \varepsilon}\right)\right)^{-\frac{1}{2}}. \tag{86.22}$$

Das Integral läßt sich numerisch auswerten, wenn man die Energielücke Δ als Funktion der Temperatur kennt (Abb. 100). Man erhält dann das in Abb. 101 dargestellte Ergebnis. Am Sprungpunkt wird die Eindringtiefe unendlich, der Meissner-Ochsenfeld-Effekt verschwindet.

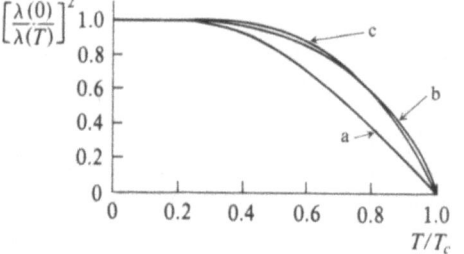

Abb. 101. Eindringtiefe eines Magnetfeldes nach der BCS-Theorie (a: lokale Näherung, b: nichtlokale Näherung) und (c) nach dem empirischen Gesetz

$$\lambda^{-2} \sim 1 - (T/T_c)^4.$$

Nach Fetter und Walecka [79]

Abb. 101 enthält weitere Kurven, ein empirisches Gesetz für die Eindringtiefe $\lambda(T) = \lambda(0)\left(1-(T/T_c)^4\right)^{-\frac{1}{2}}$ und das Ergebnis einer „nicht-lokalen BCS-Theorie". Damit ist folgendes gemeint: Beschränken wir uns bei der Ableitung von (86.19) nicht auf den Grenzfall $q=0$, so wird die Beziehung zwischen i und A nicht-lokal:

$$\boldsymbol{i}(\boldsymbol{r}) = \int f(\boldsymbol{r},\boldsymbol{r}')\boldsymbol{A}(\boldsymbol{r}')d\tau'. \tag{86.23}$$

Die Stromdichte an einem gegebenen Ort r hängt dann nicht nur vom Wert des Vektorpotentials am selben Ort ab. Wir kommen im folgenden Abschnitt hierauf kurz zurück.

87. Weitere theoretische Ansätze

Wir haben uns in diesem Kapitel auf einen Aspekt der Theorie der Supraleitung beschränkt: die Darstellung der BCS-Theorie in der Formulierung durch elementare Anregungen. Daneben gibt es eine Reihe weiterer Theorien, die wir nur kurz erwähnen können.

Wir nennen zunächst die *phänomenologischen Theorien*, die durch Abänderung der Maxwellschen Gleichungen der Elektrodynamik die Erscheinungen im Supraleiter beschreiben. Hier ist in erster Linie die *Londonsche Theorie* zu nennen. Da die Supraleitung als ein anderer Zustand der Materie angesehen wird, bleiben die Maxwellschen Gleichungen unangetastet, nur die Materialgleichungen werden modifiziert. Die Änderung bezieht sich allein auf die elektrische Stromdichte, die als Summe einer Normalstromdichte und einer Suprastromdichte aufgefaßt wird. Für die Normalstromdichte gilt weiterhin das Ohmsche Gesetz. Für den Suprastrom werden die Londonschen Gleichungen

$$4\pi \frac{\lambda^2}{c} \text{rot } i_s = -B, \qquad 4\pi \frac{\lambda^2}{c^2} \frac{\partial i_s}{\partial t} = E \tag{87.1}$$

eingeführt, von denen wir die erste schon im letzten Abschnitt aus der BCS-Theorie abgeleitet und diskutiert haben.

Eine Erweiterung dieser Gleichungen wurde von Pippard gegeben, der zeigte, daß (besonders bei Problemen mit örtlicher Variation der Parameter) die räumliche Kohärenz der Wellenfunktionen berücksichtigt werden muß. Das führt auf die schon oben erwähnte nicht-lokale Londonsche Gleichung, in der die Stromdichte an einem gegebenen Ort mit dem Wert des Vektorpotentials in der Umgebung dieses Ortes verknüpft ist. Die Ausdehung dieser Umgebung ist durch eine *Kohärenzlänge* ξ definiert. Sie kann aus der BCS-Theorie bestimmt werden, wenn man die Rechnungen des letzten Abschnitts nicht - wie wir es getan haben - auf den Grenzfall $q=0$ beschränkt. Die in Abb. 101 gezeigten Kurven gelten gerade für die beiden Grenzfälle einer - verglichen mit der Eindringtiefe - großen bzw. kleinen Kohärenzlänge.

Eine spätere *phänomenologische Theorie von Ginzburg und Landau* geht von einem anderen Konzept aus. Die Zustände der Elektronen in einem Supraleiter werden eingeteilt in normale Zustände und supraleitende Zustände (Zwei-Flüssigkeiten-Modell). Zur Kennzeichnung des Bruchteils der Elektronen, die in den supraleitenden Zuständen kondensiert sind, wird ein *Ordnungsparameter* eingeführt und die thermodynamischen Größen wie die freie Energie nach diesem Ordnungsparameter entwickelt. Die Grundgleichungen dieser Theorie wurden später von Gorkov auf die mikroskopische Theorie zurückgeführt. In ihrer heutigen (durch Abrikosov weiterentwickelten) Form heißt die Theorie nach Ginzburg, Landau, Abrikosov und Gorkov *GLAG-Theorie*. Sie ist die Grundlage für einen großen Teil der modernen Supraleitungstheorie, auf den wir im Rahmen dieses Buches nicht eingehen können. Für eine Einführung sei auf [112]-[116] verwiesen.

Die Vorzüge dieser Beschreibungsweise zeigen sich bei der Behandlung von Systemen, in denen sich der Ordnungsparameter räumlich ändert. Die Theorie enthält als weiteren wichtigen Parameter das Verhältnis von Eindringtiefe zu Kohärenzlänge: $\kappa = \lambda/\xi$. Wir haben uns bei der Darstellung der BCS-Theorie stets auf unendlich ausgedehnte, homogene Systeme beschränkt. Daher trat der Begriff der Kohärenzlänge bisher nicht auf.

Die GLAG-Theorie zeigt, daß Supraleiter sich grundsätzlich verschieden verhalten, je nachdem ob der Ginzburg-Landau-Parameter κ größer oder kleiner Eins ist. In *Typ-I-Supraleitern* ist er kleiner als Eins, in *Typ-II-Supraleitern* größer als Eins. Im ersten Fall findet man unterhalb einer kritischen Magnetfeldstärke einen vollständigen Meissner-Ochsenfeld-Effekt, oberhalb dieser Feldstärke ein Verschwinden der Supraleitung. Im Typ-II-Supraleiter existiert zwischen zwei kritischen Magnetfeldern ein Zwischenzustand (gemischter Zustand), in welchem im homogenen Leiter normalleitende und supraleitende Bereiche nebeneinander auftreten. Die normalleitenden Bereiche erstrecken sich in Richtung des Magnetfeldes und enthalten einen bestimmten (quantisierten) magnetischen Fluß. Durch die Forderung, daß sie mindestens ein Flußquant enthalten müssen, ist ihre Ausdehnung nach unten begrenzt.

XI Phonon-Phonon-Wechselwirkung:
Thermische Ausdehnung und Gitterwärmeleitung

88. Einführung

Die in Kapitel V behandelte Theorie der Gitterschwingungen beschränkt sich auf die harmonische Näherung. Die potentielle Energie eines Gitterions wird nach Potenzen der Auslenkungen aus den Gleichgewichtslagen entwickelt und die Entwicklung nach dem ersten nicht verschwindenden (quadratischen) Glied abgebrochen.

Das wichtigste Ergebnis dieser Näherung ist die Möglichkeit, durch Transformation auf Normalkoordinaten die Gitterschwingungen zu entkoppeln. Dies führt nach der Quantisierung der Normalschwingungen auf das Konzept der *Phononen* als wechselwirkungsfreier Kollektivanregungen des Gitters.

Diese Entkopplung ist nicht möglich, wenn man in der Entwicklung des Potentials höhere Glieder mitnimmt. Will man das Konzept der elementaren Anregungen trotzdem beibehalten, so folgt aus den höhren Entwicklungsgliedern eine *Wechselwirkung* der Phononen untereinander. Durch diese Wechselwirkung wird ein Phonon aus einem gegebenen Zustand qj nach endlicher Zeit durch einen Mehr-Phononen-Prozeß verschwinden, z.B. in zwei andere Phononen zerfallen. Die Phononen besitzen dann eine endliche *Lebensdauer*. Gleichzeitig liefern die höheren Entwicklungsglieder einen Beitrag zur Phononen-Energie. Sie bewirken also eine *Verschiebung* der Frequenzen $\omega_j(q)$ eines Phonons. Mit dieser Frequenzverschiebung und mit der Lebensdauer werden wir uns in dem folgenden Abschnitt befassen.

Die anharmonischen Glieder spielen eine wichtige Rolle in der *Thermodynamik* der Kristalle. In der harmonischen Näherung sind Phänomene wie die thermische Ausdehnung, der Unterschied zwischen adiabatischen und isothermen Größen, zwischen der spezifischen Wärme bei konstantem Volumen und bei konstantem Druck nicht enthalten. Eine Einführung in diesen Fragenkomplex geben wir in Abschnitt 90.

Als zweites wichtiges Gebiet, in dem die Phonon-Phonon-Wechselwirkung eine Rolle spielt, behandeln wir in Abschnitt 91 die *Gitterwärmeleitung*. In der Transporttheorie hatten wir lediglich einen Energietransport im Elektronensystem betrachtet. Daneben ist – besonders in Isolatoren – der Energiefluß im Phononensystem wichtig. Wir werden hierzu auf die in Abschnitt 52 aufgestellte Boltzmann-Gleichung für die Phononen zurückgreifen.

Über die Phonon-Phonon-Wechselwirkung gibt es eine Anzahl guter zusammenfassender Berichte. Wir verweisen besonders auf die Darstellungen von Leibfried und von Ludwig in [57.12], [61.43], [60, VII/1] und von Cowley und Cochran [64,XXXI/1], [60,XXV/2a], daneben auf Artikel von Krumhansl in [49], Klemens in [57.7] und Mendelssohn und Rosenberg in [57.12]. Ferner seien die entsprechenden Kapitel in den Büchern von Peierls [29] und Ziman [20] genannt.

89. Frequenzverschiebung und Lebensdauer von Phononen

Die Phononen sind in der harmonischen Näherung wechselwirkungsfreie elementare Anregungen, die durch die Eigenfrequenzen $\omega_j(q)$ charakterisiert sind. Durch die Hinzunahme anharmonischer Glieder in den Hamilton-Operator werden diese Frequenzen verschoben. Gleichzeitig läßt sich eine Lebensdauer definieren als die mittlere Zeit, die ein Phonon in einem Zustand qj verbleibt, bis es durch Wechselwirkung mit anderen Phononen verschwindet.

Der erste in der harmonischen Näherung weggelassene Term der Hamilton-Funktion (bzw. des Hamilton-Operators) hat die Gestalt

$$H_3 = \frac{1}{3!} \sum_{ii'i''} \sum_{\substack{nn'n'' \\ \alpha\alpha'\alpha''}} \Phi\begin{pmatrix} n & \alpha & i \\ n' & \alpha' & i' \\ n'' & \alpha'' & i'' \end{pmatrix} s_{n\alpha i} s_{n'\alpha' i'} s_{n''\alpha'' i''} . \tag{89.1}$$

Die $s_{n\alpha i}$ sind wieder die i-ten Komponenten der Verrückung des α-ten Basisatoms der n-ten Wigner-Seitz-Zelle.

Für die Φ gelten auch hier eine Reihe von Symmetrierelationen. Wir erwähnen nur, daß wegen der Translationsinvarianz des Gitters die Φ ungeändert bleiben, wenn man zu den $R_n, R_{n'}, R_{n''}$ jeweils eine primitive Translation R_m addiert (Verschiebung des Nullpunktes in einen äquivalenten Punkt einer anderen Wigner-Seitz-Zelle). Aus dieser Invarianz folgt, daß (89.1) einen Faktor $\Delta(q+q'+q'')$ enthält, der gleich Eins ist, wenn die Summe der q gleich Null oder gleich einer primitiven Translation im reziproken Gitter ist und sonst verschwindet. Beachtet man nämlich, daß die $s_{n\alpha i}$ nach (31.2) einen Faktor $e^{i q \cdot R_n}$ enthalten, so kann man aus (89.1) einen Faktor

$$\begin{aligned}\sum_{nn'n''} &\Phi\begin{pmatrix} n & \alpha & i \\ n' & \alpha' & i' \\ n'' & \alpha'' & i'' \end{pmatrix} e^{i(q \cdot R_n + q' \cdot R_{n'} + q'' \cdot R_{n''})} \\ = \sum_n &e^{i(q+q'+q'') \cdot R_n} \sum_{n'n''} \Phi\begin{pmatrix} n & \alpha & i \\ n' & \alpha' & i' \\ n'' & \alpha'' & i'' \end{pmatrix} e^{i(q' \cdot (R_{n'} - R_n) + q'' \cdot (R_{n''} - R_n))}\end{aligned} \tag{89.2}$$

herausziehen. Die zweite Summe in diesem Ausdruck ist aber unabhängig von n, wie man leicht sieht, wenn man vor der Summation über $R_{n'}$ und $R_{n''}$ auf eine Summation über $R_{n'} - R_n$ und $R_{n''} - R_n$ übergeht und die Translationsinvarianz der Φ beachtet. Die erste Summe gibt nach (31.3) den genannten Faktor.

Geht man noch gemäß (31.2) und Anhang A auf Erzeugungs- und Vernichtungsoperatoren für Phononen über (wir schreiben im folgenden ω_{qj} anstatt $\omega_j(q)$):

$$s_{n\alpha i} = \frac{1}{\sqrt{NM_\alpha}} \sum_{jq} \left(\frac{\hbar}{2\omega_{qj}}\right)^{\frac{1}{2}} e_{\alpha i}^{(j)}(q) e^{i q \cdot R_n}(a_{-qj}^+ + a_{qj}), \qquad (89.3)$$

so folgt für H_3:

$$H_3 = \frac{1}{3!} \sum_{qq'q''} \sum_{jj'j''} \frac{\hbar^{\frac{3}{2}}}{2^{\frac{3}{2}} N^{\frac{1}{2}}} \frac{\Phi(qj,q'j',q''j'')}{\sqrt{\omega_{qj}\omega_{q'j'}\omega_{q''j''}}} \Delta(q+q'+q'')$$

$$\cdot (a_{-qj}^+ + a_{qj})(a_{-q'j'}^+ + a_{q'j'})(a_{-q''j''}^+ + a_{q''j''}). \qquad (89.4)$$

Entsprechend findet man für das Glied vierter Ordnung

$$H_4 = \frac{1}{4!} \sum_{qq'q''q'''} \sum_{jj'j''j'''} \frac{\hbar^2}{4N} \frac{\Phi(qj,q'j',q''j'',q'''j''')}{\sqrt{\omega_{qj}\omega_{q'j'}\omega_{q''j''}\omega_{q'''j'''}}} \Delta(q+q'+q''+q''')$$

$$\cdot (a_{-qj}^+ + a_{qj})(a_{-q'j'}^+ + a_{q'j'})(a_{-q''j''}^+ + a_{q''j''})(a_{-q'''j'''}^+ + a_{q'''j'''}). \qquad (89.5)$$

Glieder fünfter und höherer Ordnung werden wir nicht benötigen. Die Koeffizienten $\Phi(qj,q'j',q''j'')$ und $\Phi(qj,q'j',q''j'',q'''j''')$ folgen leicht aus (89.1)–(89.3) bzw. aus den entsprechenden Gleichungen für H_4.

Der Hamilton-Operator (89.4) beschreibt Drei-Phononen-Wechselwirkungen, der Operator (89.5) Vier-Phononen-Wechselwirkungen. Bei Drei-Phononen-Prozessen ändert sich die Anzahl der Phononen. Es gibt vier Grundprozesse: Absorption eines Phonons unter Bildung zweier anderer Phononen, Absorption zweier Phononen unter Bildung eines anderen, gleichzeitiges Verschwinden dreier Phononen, gleichzeitige Erzeugung dreier Phononen. Die beiden letztgenannten Möglichkeiten verletzen offensichtlich den Energiesatz. Als mögliche virtuelle Teilprozesse mehrstufiger Wechselwirkungen müssen wir sie jedoch mitbetrachten. In Abb. 102 sind alle Möglichkeiten gezeigt, bei denen durch einen Drei-Phononen-Prozeß ein gegebenes Phonon qj verschwinden oder entstehen kann. Wir definieren die *Lebensdauer* eines Phonons als den reziproken Wert der Wahrscheinlichkeit, daß ein Phonon qj durch einen der genannten Prozesse verschwindet. Dazu haben wir die Wahrscheinlichkeiten für die ersten vier Prozesse der Abb. 102 zu addieren und davon die Wahrscheinlichkeiten für die vier weiteren Prozesse, bei denen Phononen qj entstehen, abzuziehen.

Wenn es uns nicht auf Zahlenfaktoren ankommt, so können wir den Ausdruck für die Lebensdauer leicht angeben. Jede Teilwahrscheinlichkeit enthält das Quadrat des Übergangs-Matrixelements mal einer Delta-Funktion, die den Energiesatz garantiert. Der zweite Erhaltungssatz wird durch den Faktor $\Delta(q+q'+q'')$ gegeben. Er sagt aus, daß die Summe der Wellenzahlvektoren der beteiligten Phononen bis

auf eine primitive Translation im reziproken Gitter erhalten bleibt. Der häufig benutzte Ausdruck „Impulssatz" ist mit Vorsicht zu gebrauchen.
Die Quadrate der Matrixelemente unterscheiden sich für die acht Teilprozesse nur durch die Besetzungszahlen der Phononen n_1 und n_2. Für das betrachtete Phonon setzen wir in den ersten vier Teilprozessen der Abb. 102 $n_q = 1$, für die

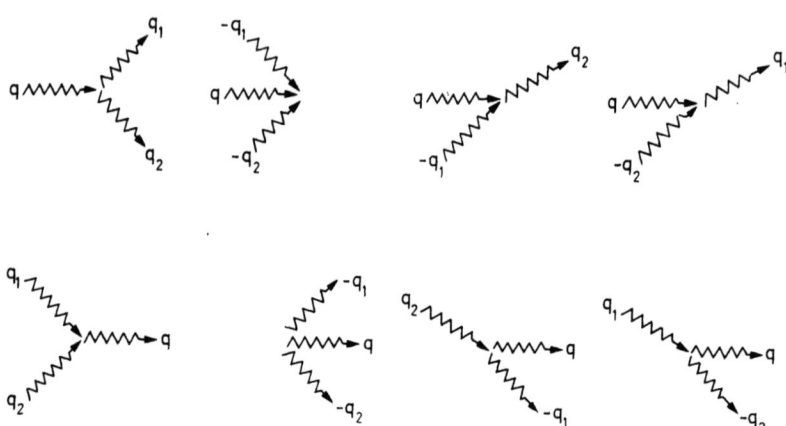

Abb. 102. Graphen für Drei-Phononen-Wechselwirkungsprozesse. Bei den Prozessen der ersten Reihe wird ein Phonon q vernichtet, bei den Prozessen der zweiten Reihe wird ein Phonon q erzeugt

vier anderen $n_q = 0$. Vier der Teilprozesse können zu Paaren mit einem Faktor $(n_1 + 1)(n_2 + 1) - n_1 n_2 = n_1 + n_2 + 1$, die anderen vier zu Paaren mit dem Faktor $n_1(n_2 + 1) - n_2(n_1 + 1) = n_1 - n_2$ zusammengefaßt werden. Es folgt dann insgesamt (einschließlich des hier nicht berechneten numerischen Faktors) für die *reziproke Lebensdauer* $\Gamma(qj)$:

$$\Gamma(qj) = \frac{\pi\hbar}{16N\omega_{qj}} \sum_{q_1 j_1 q_2 j_2} \frac{|\Phi(-qj, q_1 j_1, q_2 j_2)|^2}{\omega_{q_1 j_1} \omega_{q_2 j_2}} \Delta(q_1 + q_2 - q) \qquad (89.6)$$
$$\times \{(n_1 + n_2 + 1)(\delta(\omega - \omega_1 - \omega_2) - \delta(\omega + \omega_1 + \omega_2))$$
$$+ (n_1 - n_2)(\delta(\omega + \omega_1 - \omega_2) - \delta(\omega - \omega_1 + \omega_2))\}.$$

Die ω_i sind dabei die zu den $q_i j_i$ gehörigen Frequenzen.
Ein zweiter Weg zur Definition der Lebensdauer geht über die Berechnung des Beitrages der anharmonischen Terme H_3 und H_4 zur „Ein-Teilchen-Energie" ω_{qj}. Durch Hinzunahme dieser Terme wird die Frequenz ω_{qj} um einen Betrag $\Delta(qj)$

verschoben. Man berechnet diesen Beitrag am besten mittels der Methode der Greenschen Funktion. Da wir auf diese Methode in diesem Band nicht eingegangen sind, begnügen wir uns mit einigen Hinweisen.
Zur Energie der Gitterschwingungen tragen alle Drei- und Mehr-Phononen-Prozesse bei, bei denen die Phononenverteilung im Anfangs- und Endzustand übereinstimmt. Aus H_3 können hier nur Zwei-Stufen-Prozesse beitragen, da jeder Einzelprozeß eine Änderung der Phononenzahlen bewirkt. Die Prozesse sind in Abb. 103 dargestellt. Jeweils der erste, in den virtuellen Zwischenzustand führende Teilprozeß ist identisch mit einem der acht in Abb. 102 aufgeführten Drei-Phononen-Prozesse.
Der Beitrag von Zwei-Stufen-Prozessen zur Energie ist gemäß (50.8) durch Glieder der Form

$$\sum_{m(\neq n)} \frac{|\langle m|H_3|n\rangle|^2}{E_n - E_m} \tag{89.7}$$

gegeben. Die Summe geht dabei über alle acht in Abb. 103 dargestellten Zwischenzustände. Man erhält also eine in ihrer Struktur zu (89.6) ähnliche Beziehung: Anstelle der Delta-Funktionen stehen hier Energienenner $E_n - E_m$; außerdem ist über alle acht Prozesse zu summieren, während in (89.6) vier Prozesse addiert, die anderen vier abgezogen werden. Diese letztgenannte Tatsache führt aber gerade zu einer Vorzeichengleichheit der Summenglieder beider Ausdrücke, da der Energienenner der vier letzten Prozesse der Abb. 103 das umgekehrte Vorzeichen hat wie der der vier ersten Prozesse.
Zum Energienenner ist eine weitere Bemerkung wichtig. Geht man vom endlichen Grundgebiet zum unendlich ausgedehnten Medium über, so bilden die Energien E_n ein Kontinuum, und die Summe in (89.7) wird zu einem Integral. Bei der Integration können wir den Pol bei $E_n = E_m$ vermeiden, wenn wir zu dem Nenner $E_n - E_m$ einen imaginären Zusatzterm $i\delta$ addieren und später δ gegen Null gehen lassen. Wir können dann Gl. (13.13) benutzen und erhalten

$$\lim_{\delta \to 0} \frac{1}{E_n - E_m + i\delta} = P\left(\frac{1}{E_n - E_m}\right) + i\pi\delta(E_n - E_m), \tag{89.8}$$

wo der Index P den Hauptwert des Quotienten anzeigt. (89.7) liefert damit einen Beitrag $\Delta(\mathbf{q}j) + i\Gamma(\mathbf{q}j)$ zur Energie, wobei $\Gamma(\mathbf{q}j)$ genau die reziproke Lebensdauer (89.6) ist. Wir haben damit eine zweite allgemeinere Definition der Lebensdauer einer elementaren Anregung gefunden.
Der Realteil von (89.7) bedeutet eine Energie- bzw. Frequenzverschiebung gegenüber dem Resultat der harmonischen Näherung. Zu diesem Glied haben wir noch Beiträge von H_4 zu addieren, da bei Vier-Phononen-Prozessen die Teilchenzahl erhalten bleiben kann, also die Störungsrechnung erster Ordnung Beiträge liefert. Die zwei relevanten Prozesse sind in Abb. 103 mit angegeben. Als Prozesse erster Ordnung enthalten sie keinen Energienenner, also auch keinen Imaginärteil. Sie

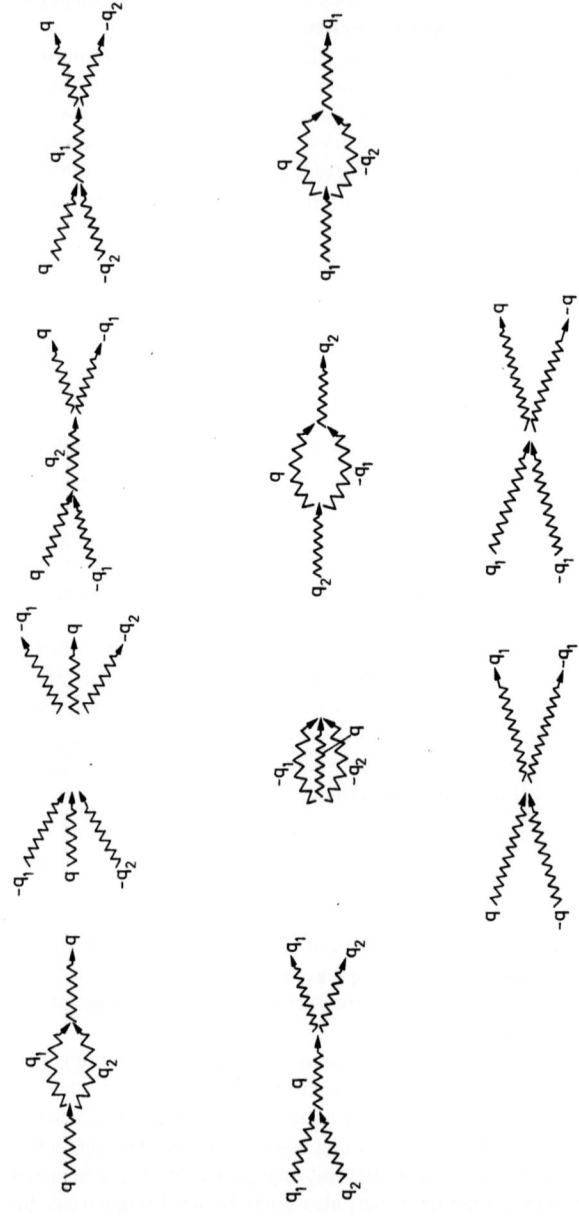

Abb. 103. Phonon-Phonon-Prozesse, die zur Renormierung der Phononen-Energie beitragen

tragen nichts zur Lebensdauer bei. Insgesamt folgt aus H_3 und H_4 die reelle Frequenzverschiebung.

$$\Delta(qj) = \frac{\hbar}{8N\omega_{qj}} \sum_{q_1 j_1} \frac{|\Phi(-qj, qj, q_1 j_1, -q_1 j_1)|^2}{\omega_{q_1 j_1}} (2n_1 + 1)$$

$$+ \frac{\hbar}{16N\omega_{qj}} \sum_{q_1 j_1 q_2 j_2} \frac{|\Phi(-qj, q_1 j_1, q_2 j_2)|^2}{\omega_{q_1 j_1} \omega_{q_2 j_2}} \Delta(q_1 + q_2 - q)$$

$$\times \left\{ (n_1 + n_2 + 1) \left[P\left(\frac{1}{\omega - \omega_1 - \omega_2}\right) - P\left(\frac{1}{\omega + \omega_1 + \omega_2}\right) \right] \right.$$

$$\left. + (n_1 - n_2) \left[P\left(\frac{1}{\omega + \omega_1 - \omega_2}\right) - P\left(\frac{1}{\omega - \omega_1 + \omega_2}\right) \right] \right\}.$$

(89.9)

Diese Frequenzverschiebung ist z. B. bei der Bestimmung von Phononenfrequenzen aus Resonanzexperimenten (Neutronenstreuung u. a.) zu beachten. Die endliche Lebensdauer macht sich dabei durch eine Linienverbreiterung bemerkbar.

90. Die anharmonischen Beiträge zur freien Energie, thermische Ausdehnung

In der harmonischen Näherung des Kapitels V ist die thermische Ausdehnung, also die Temperaturabhängigkeit der Gitterkonstanten, nicht enthalten. Die Gleichgewichtslagen der Gitterionen werden durch das Minimum der potentiellen Energie bestimmt und als temperaturunabhängig angesehen. In den Parametern dieser Näherung tritt die Gitterkonstante explizit nicht auf. Betrachten wir z. B. die Phononenfrequenzen ω_{qj}. Für die lineare Kette sind sie durch (30.18) gegeben. Die Gitterkonstante erscheint dort in der Kombination qa. q selbst ist gleich $2\pi/aN$ mal einer ganzen Zahl. Die Gitterkonstante fällt also wieder heraus.
Neben dem Fehlen einer thermischen Ausdehnung finden wir in der harmonischen Näherung eine Identität von adiabatischen und isothermen elastischen Konstanten (unabhängig von Druck und Temperatur) und eine Temperaturunabhängigkeit der spezifischen Wärme oberhalb der Debye-Temperatur. Alle diese Ergebnisse gelten nicht mehr streng, wenn wir die Gitteranharmonizitäten berücksichtigen.
Implizit ist die Gitterkonstante in der harmonischen Näherung doch enthalten, da das mittlere Potential Φ_0 von den Gleichgewichtslagen der Gitterionen abhängt, und da auch die Kraftkonstanten (Abschnitt 33) für diese Gleichgewichtslagen definiert sind. Wenn wir die Gitteranharmonizitäten durch Hinzunahme höherer Entwicklungsglieder der potentiellen Energie berücksichtigen, ist es zweckmäßig, schon in den Beiträgen der harmonischen Näherung die Gleichgewichtslagen der Gitterionen als freie Parameter aufzufassen (quasiharmonische Näherung). Die tatsächlichen Gitterkonstanten bestimmt man dann, indem man das Minimum der freien Energie bildet. Die so erhaltenen Parameter werden temperaturabhängig

und weichen von den aus dem Minimum der potentiellen Energie bestimmten Werten ab.

Wir müssen zur Beschreibung der thermischen Ausdehnung und aller anderen, durch Gitteranharmonizitäten beeinflußten, thermischen und kalorischen Daten von der *freien Energie* des Gitters ausgehen. Dazu benutzen wir (6.23) und (6.29):

$$F = -k_B T \ln Z, \quad Z = \sum_n \langle n | e^{-\frac{H}{k_B T}} | n \rangle. \tag{90.1}$$

Der Hamilton-Operator ist die Summe aus dem Hamilton-Operator der quasiharmonischen Näherung H_0 und den anharmonischen Beiträgen H_3 und H_4. Höhere Glieder in H vernachlässigen wir. Die Summe $H_3 + H_4$ betrachten wir als kleine Störung und entwickeln die freie Energie nach Potenzen dieser Störung. Dazu ist es zweckmäßig, H in der Form $H_0 + \delta(H_3 + H_4)$ zu schreiben, nach Potenzen von δ zu entwickeln und am Ende δ gleich Eins zu setzen. Es wird dann

$$\begin{aligned} F &= -k_B T \ln Z(\delta) = -k_B T \ln Z(0) \\ &\quad - k_B T \frac{\partial}{\partial \delta} \ln Z \bigg|_{\delta=0} \delta - \frac{k_B T}{2} \frac{\partial^2}{\partial \delta^2} \ln Z \bigg|_{\delta=0} \delta^2 - \cdots \\ &= -k_B T \ln Z(0) - k_B T \frac{Z'(0)}{Z(0)} \delta - \frac{k_B T}{2} \left\{ \frac{Z''(0)}{Z(0)} - \left(\frac{Z'(0)}{Z(0)}\right)^2 \right\} \delta^2 - \cdots. \end{aligned} \tag{90.2}$$

$Z(0)$ und seine Ableitungen gewinnen wir durch Entwicklung des Matrixelementes $M_{nm} = \langle n | e^{-H/k_B T} | m \rangle$ nach Potenzen von δ:

$$\begin{aligned} M_{nm} &= e^{-\frac{E_n}{k_B T}} \delta_{nm} + \delta N_{nm} \left\{ \frac{e^{-\frac{E_n}{k_B T}}}{E_n - E_m} + \frac{e^{-\frac{E_m}{k_B T}}}{E_m - E_n} \right\} \\ &\quad + \delta^2 \sum_p N_{np} N_{pm} \left\{ \frac{e^{-\frac{E_n}{k_B T}}}{(E_n - E_m)(E_n - E_p)} + \text{zyklisch in } n, m, p \right\}. \end{aligned} \tag{90.3}$$

wobei E_n die Eigenwerte von H_0 sind ($\langle n | e^{-H_0/k_B T} | n \rangle = e^{-E_n/k_B T}$), und die N_{nm} die Matrixelemente $\langle n | H_3 + H_4 | m \rangle$ bedeuten. Damit wird

$$Z = Z(0) + \delta Z'(0) + \frac{\delta^2}{2} Z''(0) = \sum_n M_{nn} = \sum_n e^{-\frac{E_n}{k_B T}} + \delta \sum_n \left(-\frac{N_{nn}}{k_B T} e^{-\frac{E_n}{k_B T}} \right)$$

$$+ \frac{\delta^2}{2} \sum_{np} 2 N_{np} N_{pn} \frac{e^{-\frac{E_p}{k_B T}} - e^{-\frac{E_n}{k_B T}} - \frac{E_n - E_p}{k_B T} e^{-\frac{E_n}{k_B T}}}{(E_n - E_p)^2} + \cdots. \tag{90.4}$$

Hieraus können die $Z(0)$, $Z'(0)$ und $Z''(0)$ entnommen werden. $Z''(0)$ kann durch Vertauschung der Summationsindizes in den Summengliedern vereinfacht werden. Wir können ferner wieder ausnutzen, daß in N_{nn} nur die Beiträge von H_4 und im Produkt $N_{np} N_{pn}$ nur die Beiträge von H_3 zur ersten Näherung zu rechnen sind.

Dann tritt in $Z'(0)$ nur ein H_4-Glied, in $Z''(0)$ nur ein H_3-Glied auf, und $(Z'(0))^2$ kann neben $Z''(0)$ vernachlässigt werden. Nimmt man dies alles zusammen, so erhält man für die freie Energie den Ausdruck

$$F = -k_B T \ln \sum_n e^{-\frac{E_n}{k_B T}} + \frac{\sum_n \left\{ \langle n|H_4|n \rangle + \sum_{\substack{m \\ (\neq n)}} \frac{|\langle m|H_3|n \rangle|^2}{E_n - E_m} \right\} e^{-\frac{E_n}{k_B T}}}{\sum_n e^{-\frac{E_n}{k_B T}}}. \quad (90.5)$$

Das erste Glied rechts ist die freie Energie der quasiharmonischen Näherung. Einsetzen von (30.14) für E_n liefert

$$F_0 = k_B T \sum_{qj} \ln \left(2 \operatorname{Sinh} \frac{\hbar \omega_j(\mathbf{q})}{2 k_B T} \right). \quad (90.6)$$

Den anharmonischen Beitrag können wir umschreiben in

$$F = F_0 + \overline{\langle n|H_4|n \rangle} + \overline{\sum_{\substack{m \\ (\neq n)}} \frac{|\langle m|H_3|n \rangle|^2}{E_n - E_m}}. \quad (90.7)$$

Dabei bedeutet der Mittelungsstrich die schon früher (Gl. (31.15)) benutzte thermische Mittelung $\overline{A} = \sum_n A e^{-E_n/k_B T} / \sum_n e^{-E_n/k_B T}$.

Aus der freien Energie lassen sich alle thermischen und kalorischen Größen, die innere Energie, Entropie, die anharmonischen Beiträge zur spezifischen Wärme, die thermische und kalorische Zustandsgleichung usw. berechnen. Durch Nullsetzen der Ableitung der freien Energie nach der Gitterkonstanten kann diese als Funktion der Temperatur berechnet werden. Man beachte, daß dazu (90.7) um das jetzt von der Gitterkonstanten abhängige Glied Φ_0 ergänzt werden muß.

Der erste Schritt zur Bestimmung aller dieser Größen ist die Auswertung der Matrixelemente in (90.7) und die darauf folgende thermische Mittelung. Die Durchrechnung wird relativ umständlich, ohne jedoch grundsätzliche Fragen aufzuwerfen. In der Literatur wird meist nur die lineare Kette explizit durchgerechnet. Wir verweisen hierzu vor allem auf die am Ende des letzten Abschnittes genannten Berichte von Leibfried und von Ludwig.

91. Gitterwärmeleitung

Ziel dieses Abschnittes ist die Diskussion der Rolle der Phonon-Phonon-Wechselwirkung bei der Wärmeleitung von Isolatoren. In einem Gas wechselwirkungsfreier Phononen breitet sich eine lokale Temperaturerhöhung mit der Geschwindigkeit elastischer Gitterwellen aus. Die lokal zugeführte thermische Energie wird von Phononen auf den Kristall verteilt.

Die Tatsache, daß die Wärmestromdichte proportional zum Temperaturgradienten ist, bedeutet einen Wärmewiderstand, der durch Wechselwirkungsprozesse der

Phononen zustande kommt. Schließen wir eine Wechselwirkung mit einem Elektronensystem aus (Isolator), so bleiben eine Streuung der Phononen an Störstellen und anderen Gitterfehlern und an den Oberflächen des Kristalls, sowie die Phonon-Phonon-Wechselwirkung als Streumechanismen übrig.

Es erscheint zunächst unmöglich, daß durch Phonon-Phonon-Wechselwirkung ein Wärmefluß abgeschwächt wird. Betrachten wir einen Wärmestrom, der einen festen Quasi-Impuls (Gesamt-Wellenzahlvektor) $Q = \sum_{qj} n_{qj} q$ trägt. Bei einem Phonon-Phonon-Wechselwirkungsprozeß bleiben Energie und Wellenzahlvektor erhalten. Der gesamte Quasi-Impuls bleibt also konstant.

Diese Aussage ist nur richtig, wenn wir uns – wie bisher – auf N-Prozesse beschränken. Der Erhaltungssatz des Quasi-Impulses bei Wechselwirkungsprozessen gilt ja nur modulo K_m: Die Summe der q-Vektoren kann gleich einem Vektor im reziproken Gitter sein. Ist $K_m \neq 0$, so sprechen wir von Umklapp- oder U-Prozessen (Abschnitt 49). Bei Beschränkung auf N-Prozesse ($K_m = 0$) gibt es im störungsfreien, unendlich ausgedehnten Kristall keinen Wärmewiderstand.

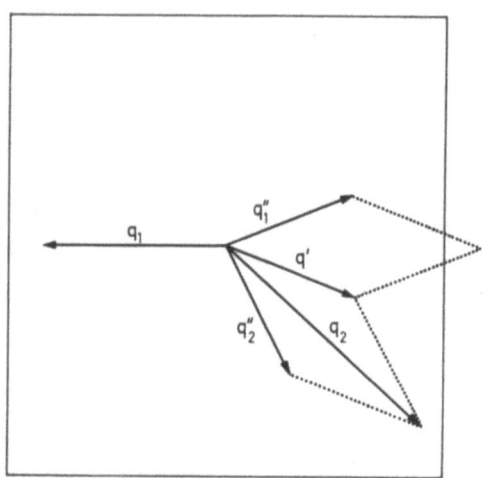

Abb. 104. Absorption zweier Phononen unter Emission eines dritten Phonons. Dargestellt ist ein Normalprozeß und ein Umklapp-Prozeß

Die Bedeutung der Umklapp-Prozesse zeigt Abb. 104 für einen Wechselwirkungsprozeß, bei dem zwei Phononen q' und q'' absorbiert und ein Phonon q emittiert werden. Welchen Zweigen die Phononen angehören, ist vorerst Nebensache. Je nach der Richtung von q'' liegt der Vektor $q = q' + q''$ in der Brillouin-Zone (N-Prozesse) oder außerhalb (U-Prozesse). Der in die Brillouin-Zone durch einen

Gittervektor $-\boldsymbol{K}$ reduzierte Vektor $\boldsymbol{q}$ zeigt bei einem U-Prozeß in die zu $\boldsymbol{q}'$ und $\boldsymbol{q}''$ entgegengesetzte Richtung. Der gesamte Quasi-Impuls $\boldsymbol{Q}$ wird durch diesen Prozeß um $\boldsymbol{K}$ vermindert.
Dabei spielt es keine Rolle, daß die Wahl der Brillouin-Zone im $\boldsymbol{q}$-Raum nicht eindeutig ist. Durch Verschiebung der Brillouin-Zone werden zwar bestimmte U-Prozesse zu N-Prozessen, dafür aber ebenso N-Prozesse zu U-Prozessen. Nur die Gesamtdissipation des Quasi-Impulses ist wichtig, und man kann zeigen, daß – wie auch die Brillouin-Zone gewählt wird – die jeweils auftretenden U-Prozesse denselben Beitrag liefern.
In Abschnitt 52 hatten wir zur Berechnung der Transportvorgänge im Phononensystem eine *Boltzmann-Gleichung* der Form

$$\dot{\boldsymbol{r}} \cdot \mathrm{grad}_{\boldsymbol{r}} g = \left.\frac{\partial g}{\partial t}\right|_{st} \tag{91.1}$$

aufgestellt. Dabei ist $g = g_j(\boldsymbol{r}, \boldsymbol{q}, t)$ eine Verteilungsfunktion der Phononen, ähnlich der für Elektronen eingeführten Verteilungsfunktion $f_n(\boldsymbol{r}, \boldsymbol{k}, t)$. Wir müssen also auch hier Wellenpakete aus Zuständen $\boldsymbol{q} j$ bilden, wobei die Ausdehnung dieser Wellenpakete im Ortsraum und im $\boldsymbol{q}$-Raum durch die Unschärferelation miteinander verbunden ist. Alle anderen $\boldsymbol{r}$- und $\boldsymbol{q}$-abhängigen Parameter der Theorie dürfen sich über die Ausdehnung des Wellenpakets praktisch nicht ändern. Im folgenden möge $\boldsymbol{r}$ und $\boldsymbol{q}$ den Schwerpunkt des Wellenpakets kennzeichnen.
Wir betrachten zunächst den Stoßterm: Die Zahl der Phononen in einem Volumenelement $d\boldsymbol{q}\,d\boldsymbol{r}$ ändert sich durch die vier „Streuprozesse": a) Ein Phonon $\boldsymbol{q} j$ wird absorbiert, zwei Phononen $\boldsymbol{q}'j'$ und $\boldsymbol{q}''j''$ werden emittiert, b) $\boldsymbol{q} j$ wird emittiert, $\boldsymbol{q}'j'$ und $\boldsymbol{q}''j''$ werden absorbiert, c) neben $\boldsymbol{q} j$ wird $-\boldsymbol{q}'j'$ absorbiert, $\boldsymbol{q}''j''$ emittiert, d) neben $\boldsymbol{q} j$ wird $-\boldsymbol{q}'j'$ emittiert, $\boldsymbol{q}''j''$ absorbiert. Die Prozesse a) und c) vermindern, die beiden anderen Prozesse vermehren die Zahl der Phononen in $d\boldsymbol{q}\,d\boldsymbol{r}$.
Die Übergangswahrscheinlichkeit ist von der Form (49.10) mit dem Operator H_3 aus (89.4). Bei der Summation über die möglichen Prozesse ist zu beachten, daß der Faktor $\frac{1}{3}!$ in H_3 wegfällt, da jeweils 3! Glieder von H_3 zum selben Prozeß beitragen. Es bleibt als gesamte Übergangswahrscheinlichkeit der Ausdruck

$$\frac{\pi \hbar}{4N} \sum_{\substack{\boldsymbol{q}'\boldsymbol{q}'' \\ j'j''}} \frac{|\Phi(-\boldsymbol{q}j, \boldsymbol{q}'j', \boldsymbol{q}''j'')|^2}{\omega_{\boldsymbol{q}j}\omega_{\boldsymbol{q}'j'}\omega_{\boldsymbol{q}''j''}} \Delta(\boldsymbol{q}'+\boldsymbol{q}''-\boldsymbol{q})\{(n''(n+1)(n'+1)-nn'(n''+1))$$
$$\cdot \delta(\omega+\omega'-\omega'') + \tfrac{1}{2}(n'n''(n+1)-n(n'+1)(n''+1))\delta(\omega-\omega'-\omega'')\}. \tag{91.2}$$

Der Faktor $\tfrac{1}{2}$ beim letzten Glied kommt daher, daß bei der Doppelsummation über $\boldsymbol{q}'$ und $\boldsymbol{q}''$ die Prozesse a) und b) doppelt gezählt werden.
Die n in (91.2) sind die Phononen-Besetzungszahlen der Einzelprozesse. Um zum Stoßterm zu kommen, müssen wir von den n auf die thermisch gemittelten $\bar{n}$ und von diesen auf die Verteilungsfunktion g übergehen. Die Verteilungsfunktion teilen wir noch auf in ihren Gleichgewichtswert g_0 (Bose-Verteilung $(e^{\hbar\omega_{\boldsymbol{q}j}/k_B T}-1)^{-1}$) und die Abweichung δg.

Im Transport-Term $\dot{r}\cdot\text{grad}_r g$ der Boltzmann-Gleichung (91.1) können wir δg vernachlässigen und erhalten wegen $\partial g_0/\partial T = g_0(g_0+1)\hbar\omega_j(\boldsymbol{q})/k_B T^2$ und $\dot{r} = \text{grad}_q \omega_j(\boldsymbol{q})$ die weiter unten in Gl. (91.3) angegebene Form.
Der Stoßterm verschwindet im Gleichgewicht. Dies folgt aus (91.2) durch Ersetzen der n durch g_0 und Beachtung des Energiesatzes. Im Nicht-Gleichgewicht können wir noch ähnlich wie in (52.14) $\delta g = g_0(g_0+1)\delta\gamma$ setzen und die Summation über $\boldsymbol{q}'$ durch eine Integration über $z(\boldsymbol{q}')d\tau_{\boldsymbol{q}'}$ ersetzen. Damit erhalten wir für die Boltzmann-Gleichung die endgültige Form

$$g_0(g_0+1)\frac{\hbar\omega}{k_B T^2}\text{grad}_q\omega\cdot\text{grad}\,T = \frac{\hbar}{32\pi^2 N}\int d\tau_{\boldsymbol{q}'}\sum_{j'j''}\frac{|\Phi(-j\boldsymbol{q},j'\boldsymbol{q}',j''\boldsymbol{q}'')|^2}{\omega\omega'\omega''}$$

$$\times\{g_0 g_0'(g_0''+1)(\delta\gamma''-\delta\gamma-\delta\gamma')+\tfrac{1}{2}g_0(g_0'+1)(g_0''+1)(\delta\gamma'+\delta\gamma''-\delta\gamma)\}.$$

(91.3)

Hier sind die $\boldsymbol{q}''$ durch die Bedingung $\boldsymbol{q}=\boldsymbol{q}'+\boldsymbol{q}''+\boldsymbol{K}_m$ festgelegt. Da $\boldsymbol{q}''$ ferner in der Brillouin-Zone liegen muß, ist für gegebene $\boldsymbol{q}$ und $\boldsymbol{q}'$ auch $\boldsymbol{K}_m$ eindeutig vorgegeben.
Mit der gleichen Argumentation wie nach Gl. (52.10) kann man zeigen, daß N-Prozesse nicht ausreichen, um jede gestörte Phononenverteilung in das Gleichgewicht zurückzuführen. Setzt man $\delta\gamma \sim \boldsymbol{c}\cdot\boldsymbol{q}$ mit $\boldsymbol{q}$-unabhängigem Vektor $\boldsymbol{c}$, so wird wegen $\boldsymbol{q}=\boldsymbol{q}'+\boldsymbol{q}''$ für N-Prozesse allein die rechte Seite von (91.3) Null. Der durch diesen Ansatz beschriebene stromführende Zustand wird nicht abgebaut.
Die Lösung der Boltzmann-Gleichung (91.3) ist schwierig. Man kann auch hier ein Variationsverfahren anwenden. Wir verweisen auf die Literatur, z. B. auf Ziman [20] und Leibfried [60, VII/1].
Hier beschränken wir uns auf zwei Aussagen:
Für *tiefe Temperaturen* sind Umklapp-Prozesse sehr unwahrscheinlich. Die Wahrscheinlichkeit für einen Prozeß, bei dem ein Phonon $\boldsymbol{q}$ in zwei andere $\boldsymbol{q}'$ und $\boldsymbol{q}''$ zerfällt, ist proportional zu $g_0 \approx e^{-\hbar\omega_q/k_B T}$. Nun muß, damit ein Umklapp-Prozeß stattfindet, $\boldsymbol{q}+\boldsymbol{q}'+\boldsymbol{q}'' \geqslant K$ sein, jedes einzelne $\boldsymbol{q}$ jedoch in der Brillouin-Zone liegen. Nehmen wir der Einfachheit halber ein Debye-Modell an ($\omega = s\cdot q$, Radius der Brillouin-Zone = Radius der Debye-Kugel = $q_D = \omega_D/s$). Alle drei Phononen sollen ferner dem gleichen Zweig angehören: $s=s'=s''$. Dann lautet der Energiesatz $q=q'+q''$. Da $q'+q''$ aus der Brillouin-Zone herausführen soll, muß $q'+q'' = q \geqslant K/2$ sein. Umklapp-Prozesse setzen also erst ein, wenn $q = K/2$ oder $\hbar\omega_q = k_B\theta_D/2$ ist. Man erhält damit bei tiefen Temperaturen ein Einsetzen des Wärmewiderstandes durch Umklapp-Prozesse proportional zu $e^{-\theta_D/2T}$. Der wesentlich temperaturabhängige Faktor in der spezifischen Wärmeleitfähigkeit ist also von der Form $e^{\theta_D/2T}$. Hier ist noch eine Korrektur anzubringen: Man kann leicht zeigen, daß Energie- und $\boldsymbol{q}$-Erhaltungssatz nur befriedigt werden können, wenn das Spektrum zwei Zweige (longitudinal und transversal) besitzt, $\boldsymbol{q}$ dem oberen und zumindest $\boldsymbol{q}'$ oder $\boldsymbol{q}''$ dem unteren Zweig angehören. Die Bedingung $s=s'=s''$

ist also nicht erfüllt. Das führt lediglich zu einem gegenüber dem Wert $\frac{1}{2}$ leicht geänderten Faktor im Exponenten.

Für *hohe Temperaturen* sind viele Phononen angeregt, und in (91.3) kann g_0+1 durch g_0 ersetzt werden. Die g_0 selbst sind durch $k_B T/\hbar\omega_q$ gegeben. Damit wird die linke Seite von (91.3) proportional zu grad T. Die Temperaturabhängigkeit der rechten Seite ist $T^3 \delta\gamma$ oder $T\delta g$. Die Störung der Verteilungsfunktion und damit die Wärmestromdichte werden also proportional zu $(1/T)$grad T, die spezifische Wärmeleitfähigkeit wird proportional zu $1/T$.

Insgesamt folgt hieraus ein Abfall der Wärmeleitfähigkeit exponentiell für $T \ll \theta_D$, proportional zu T^{-1} für $T \gg \theta_D$, falls die Phonon-Phonon-Wechselwirkung der begrenzende Streumechanismus ist. Hinzu kommt in reinen Präparaten die Streuung an den Oberflächen, die bei tiefen Temperaturen effektiv wird, wo die „freie

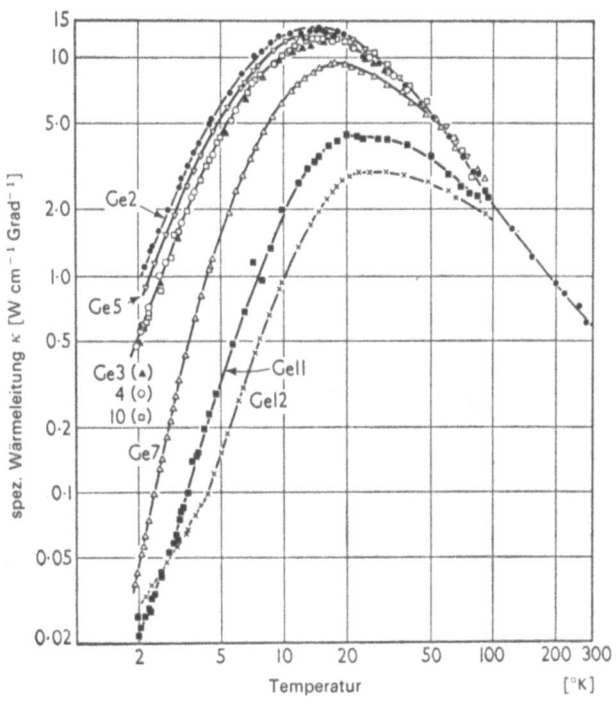

Abb. 105. Wärmeleitung in Germanium. Nur der allen Kurven gemeinsame Ast bei hoher Temperatur ist die durch Phonon-Phonon-Wechselwirkung begrenzte Wärmeleitung. Durch Einbau von Störzentren verschiedener Konzentration wird der Wärmewiderstand bei tiefer Temperatur erheblich beeinflußt, die Wärmeleitfähigkeit nimmt ab. Nach Carruthers et al., Proc. Phys. Soc. **238**, 502 (1957)

Weglänge" der Phononen groß ist. In Präparaten mit Gitterstörungen oder freien Ladungsträgern kommt die Wechselwirkung mit diesen hinzu. Das führt auf eine Wärmeleitfähigkeit, die bei tiefen Temperaturen ansteigt, durch ein Maximum geht und dann wieder abfällt. Erst oberhalb des Maximums dominiert die hier besprochene Phonon-Phonon-Streuung. Alles dies zeigt die Abb. 105.

Anhang B: Gruppentheoretische Methoden in der Festkörperphysik*

Die Symmetrieeigenschaften des Kristallgitters erlauben zahlreiche Aussagen über die Eigenschaften eines Festkörpers. Einige dieser Aussagen haben wir schon in früheren Abschnitten gewonnen. So beruht das Konzept der Bandstruktur eines Festkörpers, die Beschreibung durch Bloch-Funktionen und die Definition des „Kristall-Elektrons" als eines Quasi-Teilchens auf der Translationsinvarianz des Kristallgitters (Abschnitt 18). Allgemeine Symmetrieeigenschaften der Funktion $E_n(k)$ folgen aus den Invarianzeigenschaften des Kristallgitters gegenüber den Operationen der Raumgruppe des Festkörpers (Abschnitt 25). Aus der Betrachtung der irreduziblen Darstellungen der Raumgruppe lassen sich weitere Aussagen über die Klassifikation der Lösungen der Schrödlinger-Gleichung des Ein-Elektronen-Problems, über Entartungen der Energie-Eigenwerte des Bändermodells und über Matrixelemente mit Wellenfunktionen gegebenen Symmetrietyps machen. Diese Fragen hatten wir schon in Abschnitt 26 angedeutet.

Die Diskussion in den genannten Abschnitten wollen wir in diesem Anhang vertiefen. Wir beginnen mit einer Bereitstellung derjenigen gruppentheoretischen Hilfsmittel, die in der Festkörpertheorie wichtig sind. Dabei beschränken wir uns auf eine Darlegung der wichtigsten Definitionen und Sätze. Für die zum Teil sehr langwierigen Beweise müssen wir auf die im Literaturverzeichnis angegebene weiterführende Literatur verweisen. Dagegen werden wir den Inhalt und die Bedeutung der mitgeteilten Sätze an Beispielen deutlich machen.

Auf die allgemeine Diskussion der gruppentheoretischen Hilfsmittel folgen Beispiele zur Anwendung der Gruppentheorie in der Theorie der Bandstruktur, bei den Dispersionskurven der Phononen und in der Festkörperoptik.

1. Grundbegriffe der Theorie endlicher Gruppen

Eine Gesamtheit von *Elementen* heißt eine *Gruppe*, wenn
1. eine Verknüpfung existiert, so daß zwei Elementen A und B ein Element C zugeordnet ist durch $AB=C$,
2. die Verknüpfung assoziativ ist: $ABC=(AB)C=A(BC)$,
3. ein Einheitselement E existiert: $EA=AE=A$,

---

* Der Anhang A befindet sich am Ende des I. Bandes.

4. zu jedem A ein reziprokes Element A^{-1} existiert, so daß $AA^{-1}=E=A^{-1}A$.
Als *Multiplikationstabelle* bezeichnet man ein Schema, das alle Produkte aller Gruppenelemente enthält. In einer solchen Tabelle kommt jedes Element in jeder Zeile und Spalte genau einmal vor. Ein Beispiel folgt weiter unten.
Folgende Definitionen sind für die weitere Diskussion wichtig:
1a) Ist in einer Gruppe G für alle A, B in G $AB=BA$, so heißt die Gruppe *abelsch*.
1b) Die *Ordnung von G* ist gleich der Zahl ihrer Elemente.
1c) Die *Ordnung eines Elements A* ist der Exponent in $A^n=E$.
1d) Zwei Gruppen G und G' heißen *homomorph*, wenn zu jedem A, B, C von G ein A', B', C' von G' existiert, so daß aus $AB=C$ auch $A'B'=C'$ folgt. Ist die Zuordnung eineindeutig, so heißen G und G' *isomorph*.
1e) Ein Element B heißt zu einem anderen Element A *konjugiert*, wenn $B=X^{-1}AX$ mit einem beliebigen Element X aus G ist.
1f) Die *Klasse* von A umfaßt alle konjugierten Elemente $X^{-1}AX$, wobei X alle Elemente von G durchläuft. Wegen $A^{-1}AA=A$ gehört A selbst dieser Klasse an. Jede Gruppe läßt sich eindeutig in Klassen zerlegen.
1g) Eine *Untergruppe H* von G heißt eine Anzahl h ihrer Elemente, die selbst eine Gruppe mit der gleichen Verknüpfung bildet.

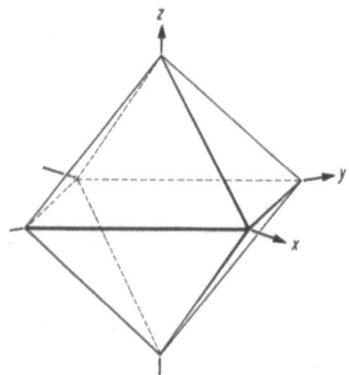

Abb. 106. Zur Definition der Diedergruppe

Als *Beispiel* betrachten wir die Gruppe der Symmetrieoperationen, die den in Abb. 106 gezeigten Dieder invariant läßt *(Diedergruppe)*. Diese Operationen sind die vier Drehungen um die z-Achse um $0°$, $90°$, $180°$ und $270°$ (Elemente E, A, A^2 und A^3), eine Drehung um $180°$ um die x-Achse (oder die y-Achse) (Element B) und diese Drehung mit nachfolgender Drehung um $90°$, $180°$ oder $270°$ um die z-Achse (Elemente AB, A^2B, A^3B).
Aus der Multiplikationstabelle dieser Gruppe (Tabelle 1) lassen sich leicht die folgenden Ergebnisse verifizieren:

Die Diedergruppe ist *nicht-abelsch*. Ihre *Ordnung* ist $g=8$. Die Ordnung von E ist gleich 1, von A^2, B, AB, A^2B und A^3B gleich 2, von A und A^3 gleich 4. *Homomorph* zu G ist z.B. die aus den Elementen E' und B' bestehende Gruppe G', wenn man E' die Elemente E, A, A^2 und A^3 und B' die Elemente B, AB, A^2B und A^3B

Tabelle 1: Multiplikationstabelle der Diedergruppe

	E	A	A^2	A^3	B	AB	A^2B	A^3B
E	E	A	A^2	A^3	B	AB	A^2B	A^3B
A	A	A^2	A^3	E	AB	A^2B	A^3B	B
A^2	A^2	A^3	E	A	A^2B	A^3B	B	AB
A^3	A^3	E	A	A^2	A^3B	B	AB	A^2B
B	B	A^3B	A^2B	AB	E	A^3	A^2	A
AB	AB	B	A^3B	A^2B	A	E	A^3	A^2
A^2B	A^2B	AB	B	A^3B	A^2	A	E	A^3
A^3B	A^3B	A^2B	AB	B	A^3	A^2	A	E

zuordnet. *Isomorph* mit G sind u.a. a) die Gruppe der Symmetrieeigenschaften des kubischen Netzes, b) die zyklischen Vertauschungen der Zahlenfolge 1234 zusammen mit einer Permutation $1234 \rightarrow 4231$, c) die abstrakte Gruppe, definiert durch die drei Beziehungen $A^4=E$, $B^2=E$, $BAB=A^3$. Die Diedergruppe hat fünf *Klassen:* $C_1=(E)$, $C_2=(A,A^3)$, $C_3=(A^2)$, $C_4=(B,A^2B)$, $C_5=(AB,A^3B)$. *Untergruppen* sind $H_1=(E,A,A^2,A^3)$, $H_2=(E,A^2,B,A^2B)$, $H_3=(E,A^2,AB,A^3B)$, $H_4=(E,A)$, $H_5=(E,B)$, $H_6=(E,AB)$, $H_7=(E,A^2B)$, $H_8=(E,A^3B)$.

2. Darstellungen

Das für die Anwendung wichtigste Teilgebiet der Gruppentheorie ist die Theorie der Darstellungen. Wir geben zunächst einige Definitionen und Sätze:
2a) Als Matrix-Darstellung (oder kurz *Darstellung*) einer Gruppe G bezeichnet man jede Gesamtheit von Matrizen D_{ik}, die eine zu G homomorphe Gruppe bilden. Jedem Element R aus G ist dann eine Darstellungsmatrix $D(R)$ so zugeordnet, daß aus $AB=C$ auch $D(A)D(B)=D(C)$ folgt. Ist die Zuordnung eineindeutig, so heißt die Darstellung *treu*.
2b) Da zu jeder Darstellungsmatrix $D(R)$ auch ihre inverse Matrix $D^{-1}(R)=D(R^{-1})$ existieren muß, sind Darstellungsmatrizen stets regulär.
2c) Zwei Darstellungen heißen *äquivalent*, wenn ihre Matrizen durch eine reguläre Transformationsmatrix S ineinander überführt werden können: $D'(R)=S^{-1}D(R)S$ für alle R in G.
2d) Jede Darstellung kann durch eine reguläre Transformation in eine *unitäre* Form gebracht werden, d.h. in eine Form, in der für jede Matrix $D(R)$ gilt: $D^+(R)=\tilde{D}^*(R)=D^{-1}(R)$.

2e) Die Spuren äquivalenter Darstellungsmatrizen sind gleich: $\mathrm{Sp}(D(R)) = \mathrm{Sp}(D'(R))$ oder $\sum_i D_{ii}(R) = \sum_i D'_{ii}(R)$ für alle R.

2f) Eine Darstellung heißt *reduzibel*, wenn alle ihre Matrizen durch eine reguläre Transformation in die Form

$$D'(R) = S^{-1} D(R) S = \begin{vmatrix} D_1(R) & Q(R) \\ 0 & D_2(R) \end{vmatrix} \tag{B.1}$$

gebracht werden können. Dabei sind $D_1(R)$ und $D_2(R)$ quadratische Matrizen, die selbst Darstellungen der Gruppe bilden.

2g) Ist D' eine unitäre Darstellung, so ist in (B.1) $Q(R) = 0$ für alle R. Da nach (2d) jede Darstellung in eine unitäre Form gebracht werden kann, läßt sich immer eine Transformation finden, so daß in (B.1) alle $Q(R)$ verschwinden. Sind die D_i selbst reduzible Darstellungen, so läßt sich das gleiche Verfahren auf sie anwenden, bis in einer neuen äquivalenten Darstellung D'' alle Matrizen die Gestalt

$$D''(R) = \begin{vmatrix} D_1(R) & & & & \\ & D_2(R) & & 0 & \\ & & D_3(R) & & \\ & 0 & & \ldots & \\ & & & & D_n(R) \end{vmatrix} \tag{B.2}$$

mit *irreduziblen* $D_i(R)$ haben. Alle Matrixelemente außerhalb der „Blöcke" $D_i(R)$ sind Null.

2h) Unter den Blöcken längs der Diagonale der Matrizen (B.2) können Matrizen D_i mehrfach vorkommen. Man schreibt demgemäß die *ausreduzierte* Matrix-Darstellung (B.2) formal als sog. *direkte Summe:*

$$D''(R) = c_1 D_1(R) \oplus c_2 D_2(R) \oplus \cdots \oplus c_r D_r(R). \tag{B.3}$$

Dabei sind die c_i ganze Zahlen. Der Kreis um das Plus-Zeichen soll andeuten, daß es sich um eine formale Addition handelt.

2i) Darstellungen abelscher Gruppen lassen sich stets auf Diagonalmatrizen reduzieren, d.h. die irreduziblen Darstellungen abelscher Gruppen sind alle eindimensional.

Wir betrachten als *Beispiel* wieder die Diedergruppe: Eine einfache Darstellung dieser Gruppe findet man aus der Zuordnung ihrer Elemente zu Drehungen im zwei-dimensionalen. Sei A eine Drehung um 90° im positiven Drehungssinn, so wird ein beliebiger Vektor $X = (X_x, X_y)$ in $Y = (Y_x, Y_y)$ mit $Y_x = -X_y$, $Y_y = X_x$ überführt. Schreibt man diese Transformation in der Form $Y = AX$, $Y_i = \sum_k D(A)_{ik} X_k$, so ist die Matrix $D(A)$ gegeben durch

$$D(A) = \begin{vmatrix} 0 & -1 \\ 1 & 0 \end{vmatrix}.$$

Definieren wir B als eine Spiegelung an der y-Achse, so folgt für die Darstellungsmatrizen

$$D(E) = \begin{vmatrix} 1 & 0 \\ 0 & 1 \end{vmatrix}, \quad D(A) = \begin{vmatrix} 0 & -1 \\ 1 & 0 \end{vmatrix}, \quad D(A^2) = \begin{vmatrix} -1 & 0 \\ 0 & -1 \end{vmatrix}, \quad D(A^3) = \begin{vmatrix} 0 & 1 \\ -1 & 0 \end{vmatrix},$$

$$D(B) = \begin{vmatrix} -1 & 0 \\ 0 & 1 \end{vmatrix}, \quad D(AB) = \begin{vmatrix} 0 & -1 \\ -1 & 0 \end{vmatrix}, \quad D(A^2B) = \begin{vmatrix} 1 & 0 \\ 0 & -1 \end{vmatrix}, \quad D(A^3B) = \begin{vmatrix} 0 & 1 \\ 1 & 0 \end{vmatrix}.$$

Eine weitere Darstellung können wir gewinnen, wenn wir zu drei-dimensionalen Darstellungen übergehen. Dann ist bei allen „A"-Operationen die oben angegebene Darstellungsmatrix zu einer (3×3)-Matrix zu ergänzen, wo für $i = k = 3$ eine 1 und sonst Nullen hinzukommen. Die „B"-Matrizen sind entsprechend durch eine -1 zu ergänzen.

Diese beiden Darstellungen sind eineindeutig (treu). Ein Gegenbeispiel ist die *triviale Darstellung*, bei der allen Elementen eine Einheitsmatrix (beliebiger Dimension) zugeordnet wird. Ein anderes Gegenbeispiel ist die ein-dimensionale Darstellung, bei der den „A"-Elementen eine 1, den „B"-Elementen eine -1 zugeordnet wird. Die oben erwähnte drei-dimensionale Darstellung ist offensichtlich reduzibel, denn sie enthält schon längs der Diagonalen Blöcke: die zweidimensionale Darstellung und die letztgenannte ein-dimensionale Darstellung. Sie ist also nach (B.3) direkte Summe beider Darstellungen.

3. Charaktere

Eine beliebige Darstellung D einer Gruppe G sei gegeben. Dann lassen sich folgende Fragen aufwerfen: Welche Kriterien entscheiden, ob D reduzibel oder irreduzibel ist? Wieviele irreduzible Darstellungen einer Gruppe gibt es, und welche Dimensionen haben sie? Ist die Zerlegung in (B.3) eindeutig, und wie bestimmt man die Koeffizienten c_i? Alle diese (und weiteren) Fragen lassen sich beantworten, wenn man die sog. Charaktere der Darstellungen kennt. Wir geben im folgenden die wichtigsten Definitionen und Sätze. Manche der dabei offen bleibenden Fragen werden durch das folgende Beispiel geklärt.

3a) Die Spur einer Darstellungsmatrix wird als *Charakter* der Matrix bezeichnet: $\mathrm{Sp}(D(R)) = \sum_i D_{ii}(R) \equiv \chi(R)$.

3b) Die Darstellungsmatrizen aller Elemente einer Klasse haben den gleichen Charakter.

3c) Da $D(E)$ eine Einheitsmatrix ist, ist $\chi(E)$ gleich der Dimension der Darstellung.

3d) Die Zahlen c_i in der Zerlegung einer reduziblen Darstellung $D(R)$ in eine direkte Summe irreduzibler Darstellungen (B.3) sind gegeben durch die Charaktere dieser Darstellungen gemäß

$$c_i = \frac{1}{g} \sum_R \chi(R) \chi_i^*(R) = \frac{1}{g} \sum_k h_k \chi(C_k) \chi_i^*(C_k). \tag{B.4}$$

h_k bedeutet dabei die Anzahl der Elemente der Klasse C_k, g die Ordnung der Gruppe.

3e) Sind D_α und D_β nicht-äquivalente irreduzible Darstellungen einer Gruppe, so gilt für ihre Charaktere

$$\sum_R \chi_\alpha^*(R)\chi_\beta(R) = \sum_k h_k \chi_\alpha^*(C_k)\chi_\beta(C_k) = 0. \tag{B.5}$$

3f) Notwendig und hinreichend für die Äquivalenz zweier Darstellungen ist die Gleichheit ihrer Charaktersysteme.

3g) Notwendige und hinreichende Bedingung dafür, daß eine Darstellung irreduzibel ist, ist $\sum_R |\chi(R)|^2 = g$.

3h) Die Zahl der irreduziblen Darstellungen einer Gruppe ist gleich der Zahl ihrer Klassen. Daraus folgt insbesondere, daß endliche Gruppen eine endliche Zahl irreduzibler Darstellungen haben.

3i) Die Summe der Absolutquadrate der Charaktere einer irreduziblen Darstellung ist gleich der Ordnung der Gruppe:

$$\sum_R |\chi_\alpha(R)|^2 = \sum_k h_k |\chi_\alpha(C_k)|^2 = g. \tag{B.6}$$

3k) Die Summe der Quadrate der Dimensionen der irreduziblen Darstellungen einer Gruppe ist gleich ihrer Ordnung: $\sum_\alpha n_\alpha^2 = g$. Diese Aussage ist ein Spezialfall der allgemeineren Beziehung: $\sum_\alpha \chi_\alpha^*(C_i)\chi_\alpha(C_j) = (g/h_j)\delta_{ij}$.

3l) Unter dem *direkten Produkt* zweier Matrizen versteht man die Matrix, die alle möglichen Produkte der Faktor-Matrizen enthält. Ein Matrixelement des direkten Produktes $C = A \otimes B$ ist also gegeben durch $C_{qr} = A_{ik}B_{jl}$, wobei q alle möglichen Paare (i,j) und r alle möglichen Paare (k,l) durchlaufen. Bildet man entsprechend das direkte Produkt zweier Darstellungsmatrizen, so ist auch dieses eine Darstellung der Gruppe.

3m) Für die Charaktere der Produktdarstellung gilt $\chi(R) = \sum_q D_{qq}(R) = \sum_{ij} D'_{ii} D''_{jj}$
$= \chi'(R)\chi''(R)$. Das direkte Produkt zweier irreduzibler Darstellungen kann reduzibel sein: $D(R) = D_\alpha(R) \otimes D_\beta(R) = \sum_{\gamma=1}^r g_{\alpha\beta\gamma} D_\gamma(R)$. Dann folgt für die $g_{\alpha\beta\gamma}$ wegen $\chi(R) = \chi_\alpha(R)\chi_\beta(R)$ und wegen der Analogie zu (B.4)

$$g_{\alpha\beta\gamma} = \frac{1}{g}\sum_R \chi_\alpha(R)\chi_\beta(R)\chi_\gamma^*(R). \tag{B.7}$$

Die Sätze 3d) bis 3k) reichen zur Bestimmung aller Charaktere aller irreduziblen Darstellungen einer endlichen Gruppe aus. Sie werden zusammengefaßt in der *Charaktertafel*:

	C_1 .... C_r
D_1	$\chi_1(C_1)$ .... $\chi_1(C_r)$
$\vdots$	$\vdots$ $\vdots$
D_r	$\chi_r(C_1)$ .... $\chi_r(C_r)$

wo die C_i wieder die einzelnen Klassen der Gruppe bedeuten.

Wir kommen nun wieder auf unser *Beispiel* zurück:
Die Charaktere der zwei-dimensionalen Darstellung sind $\chi(E)=2$, $\chi(A^2)=-2$, alle anderen sind Null. Bei der drei-dimensionalen Darstellung ist $\chi(E)=3$, $\chi(A)=\chi(A^3)=1$, alle anderen sind gleich -1. Für die zwei-dimensionale Darstellung ist die Summe der Quadrate der Charaktere gleich 8, also gleich der Ordnung der Gruppe. Sie ist somit irreduzibel. Dagegen ist bei der drei-dimensionalen Darstellung diese Summe gleich 16. Die Darstellung ist reduzibel.
Die Zahl der irreduziblen Darstellungen der Diedergruppe ist gleich der Zahl ihrer Klassen, also gleich fünf. Wegen $\sum_{\alpha=1}^{5} n_\alpha^2 = g = 8$ mit ganzen Zahlen n_α bleibt nur die Möglichkeit einer zwei-dimensionalen und vier ein-dimensionaler irreduzibler Darstellungen. Die Charaktertafel bestimmt sich auf folgendem Weg: Für die vier ein-dimensionalen Darstellungen ist $D_i(R)=\chi_i(R)$. Ist die Ordnung von R gleich p ($R^p=E$), so muß dies auch für $\chi(R)$ gelten. χ ist also die p-te Wurzel aus 1 oder eine Potenz dieser Zahl. So bleiben die Möglichkeiten: $\chi_i(C_1)=1$, $\chi_i(C_2)=\pm 1, \pm i$, $\chi_i(C_3)=\pm 1$, $\chi_i(C_4)=\pm 1$, $\chi_i(C_5)=\pm 1$. Die C_i sind dabei die am Anfang des Beispieles genannten Klassen der Diedergruppe in der dort angegebenen Reihenfolge. Das sind 32 Kombinationsmöglichkeiten. Wir wissen aber bereits, daß unter den D_i die triviale Darstellung (alle $\chi_i=1$) vorkommt. Wir nennen sie D_1. Außerdem gilt nach (B.5): $\sum_i h_i \chi_\alpha^*(C_i)\chi_\beta(C_i)=0$ für $\alpha \neq \beta$. Setzt man hierin $\alpha=1$, also $\chi_\alpha^*(C_i)=1$, so folgt für $\beta=2,3,4$: $\sum_i h_i \chi_\beta(C_i)=0$, also $\chi_\beta(C_1)+2\chi_\beta(C_2)+\chi_\beta(C_3)+2\chi_\beta(C_4)+2\chi_\beta(C_5)=0$. Das ist nur zu erfüllen, wenn für die Klassencharaktere der Reihe nach die Werte $1\;1\;1\;-1\;-1$ oder $1\;-1\;1\;1\;-1$ oder $1\;-1\;1\;-1\;1$ eingesetzt werden.
Für die zwei-dimensionale Darstellung benutzen wir den Satz 3k) in der Form $\sum_\alpha |\chi_\alpha(C_i)|^2 h_i = 8$. Daraus folgen die Quadrate der gesuchten Charaktere. Benutzt man noch $\sum_i h_i \chi_5(C_i)=0$ und $\chi_5(E)=2$, so folgt die Reihe $2\;0\;-2\;0\;0$ und damit die *Charaktertafel der Diedergruppe*

	C_1	C_2	C_3	C_4	C_5
D_1	1	1	1	1	1
D_2	1	1	1	-1	-1
D_3	1	-1	1	1	-1
D_4	1	-1	1	-1	1
D_5	2	0	-2	0	0

D_5 ist die schon oben als Beispiel aufgeführte zwei-dimensionale Darstellung.
Als Beispiel einer reduziblen Darstellung betrachten wir die zur Diedergruppe isomorphe Gruppe der Zahlenfolgen 1234 und 2143 und ihrer zyklischen Vertauschungen, d. h. die Gruppe der Matrizen

$$D(E) = \begin{vmatrix} 1 & & & \\ & 1 & & \\ & & 1 & \\ & & & 1 \end{vmatrix}, \quad D(A) = \begin{vmatrix} & 1 & & \\ 1 & & & \\ & & & 1 \\ & & 1 & \end{vmatrix}, \quad D(A^2) = \begin{vmatrix} & & 1 & \\ & & & 1 \\ 1 & & & \\ & 1 & & \end{vmatrix}, \quad D(B) = \begin{vmatrix} 1 & & & \\ & & & 1 \\ & & 1 & \\ & 1 & & \end{vmatrix} \text{ usw.}$$

Diese Darstellung ist reduzibel, denn $\chi(C_1) = 4$, $\chi(C_5) = 2$, alle anderen $\chi(C_i) = 0$. Das ergibt als Summe über alle Quadrate 24 ($\neq 8$). In der Zerlegung $D = c_1 D_1 \oplus \cdots \oplus c_5 D_5$ sind die c_i gegeben durch $(\tfrac{1}{8}) \sum_i h_i \chi(C_i) \chi_i(C_i)$, also hier durch $(\tfrac{1}{2})(\chi_i(C_1) + \chi_i(C_5))$. Damit folgt aus der Charaktertafel: $c_1 = c_4 = c_5 = 1$, alle anderen $c_i = 0$. Die Darstellung läßt sich also in eine direkte Summe $D_1 \oplus D_4 \oplus D_5$ zerlegen. Die Transformation, die zwischen D und ihrer ausreduzierten Form vermittelt, ist

$$S = \tfrac{1}{2} \begin{vmatrix} 1 & -1 & -1 & -1 \\ 1 & 1 & 1 & -1 \\ 1 & -1 & 1 & 1 \\ 1 & 1 & -1 & 1 \end{vmatrix}, \quad S^{-1} = \tilde{S}.$$

4. Gruppentheoretische Diskussion der Lösungen der Schrödinger-Gleichung

Wir kommen nun zu der Frage: *Was können gruppentheoretische Hilfsmittel bei der Untersuchung der Eigenschaften der Eigenfunktionen und Eigenwerte einer Schrödinger-Gleichung leisten*
Wir betrachten hierzu die Schrödinger-Gleichung

$$H(x)\psi(x) = E\psi(x). \tag{B.8}$$

Der Vektor x fasse alle Variablen zusammen, von denen H und ψ abhängen. Für Ein-Teilchen-Schrödinger-Gleichungen ist dies also der normale Ortsraum.
Wir definieren in diesem Raum Koordinatentransformationen R:

$$x' = Rx \quad \text{oder} \quad x'_i = \sum_{j=1}^{n} R_{ij} x_j. \tag{B.9}$$

Eine Funktion $\psi(x)$ erhält in den x' ausgedrückt eine neue Gestalt $\psi(x) \equiv \psi'(x')$. Zu R definiert man zweckmäßig einen neuen Operator O_R durch

$$\psi'(x') = O_R \psi(x') = \psi(x) \tag{B.10}$$

oder

$$\psi(x) = O_R \psi(Rx) \quad \text{und} \quad O_R \psi(x) = \psi(R^{-1} x).$$

Der Transformation der Funktion entspricht also die reziproke Transformation der Koordinaten. Wir hatten in den Abschnitten 18 und 25 Operatoren T und S umgekehrt definiert. Beides ist möglich. Für den allgemeinen Formalismus ist (B.10) zweckmäßiger.

Wenn die Koordinatentransformationen R eine Gruppe bilden, so bilden offensichtlich die O_R eine hierzu isomorphe Gruppe. Es folgt also aus $R''R'=R$ auch $O_{R''}O_{R'}=O_R$.
Ist $O_R\psi(x)=\psi(x)$, also $\psi(Rx)=\psi(x)$ für alle R, so heißt ψ *invariant* unter den Operationen der Gruppe.
Sei $H(x)$ nun ein Operator, der auf $\psi(x)$ wirkt: $\varphi(x)=H(x)\psi(x)$. Dann ist
$O_R\varphi(x')=\varphi(x)=O_RH(x')\psi(x')=O_RH(x')O_{R^{-1}}O_R\psi(x')=O_RH(x')O_{R^{-1}}\psi(x)=H(x)\psi(x)$,
also
$$O_RH(x')O_{R^{-1}}=H(x). \tag{B.11}$$
Ist hier wieder $H(x)=H(x')$, so heißt $H(x)$ *invariant* unter den Operationen der Gruppe, und H kommutiert mit den O_R.
Wir betrachten nun die Schrödinger-Gleichung (B.8). Unter den möglichen Koordinatentransformationen möge es einige geben, die $H(x)$ invariant lassen. Diese Symmetrieoperationen bilden eine Gruppe, die *Gruppe der Schrödinger-Gleichung*.
Seien zu einem Eigenwert E l Eigenfunktionen $\psi_\nu (\nu=1\ldots l)$ gegeben (l-fache Entartung), so sind die ψ_ν linear unabhängig, und jedes $O_R\psi_\mu$ (das wegen $O_RH\psi=O_RE\psi=H(O_R\psi)=E(O_R\psi)$ auch Eigenfunktion zum gleichen Eigenwert ist) kann als Linearkombination aufgebaut werden:
$$O_R\psi_\mu = \sum_{\nu=1}^{l} D_{\nu\mu}(R)\psi_\nu \qquad \mu=1\ldots l. \tag{B.12}$$
Jedem O_R der Gruppe ist hierdurch eine $(l\times l)$-Matrix $D_{\nu\mu}(R)$ zugeordnet. Die $D_{\nu\mu}(R)$ bilden eine l-dimensionale *Darstellung* der Gruppe. Die linear unabhängigen Eigenfunktionen des l-fach entarteten Eigenwertes bilden die *Basis* für diese Darstellung.
Sind die ψ_ν orthonormiert, so ist die Darstellung *unitär*. Denn $(\psi_\mu,\psi_\nu)=\delta_{\mu\nu}$ $=(O_R\psi_\mu,O_R\psi_\nu)=\sum_{\lambda\rho} D^*_{\lambda\mu}D_{\rho\nu}(\psi_\lambda,\psi_\rho)=\sum_\rho D^*_{\rho\mu}(R)D_{\rho\nu}(R)=\sum_\rho D^+_{\mu\rho}(R)D_{\rho\nu}(R)$ oder $D^+D=E$.
Von einer Darstellung kann man zu einer *äquivalenten* Darstellung übergehen, indem man durch Linearkombination der ψ_ν eine neue Basis bildet. Ist die Darstellung *reduzibel*, läßt sie sich also durch Übergang zu einer neuen Basis in eine direkte Summe zerlegen, so ist die l-fache Entartung zufällig. Die Wellenfunktionen zerfallen in dieser neuen Basis in Gruppen, die allein untereinander noch symmetrieentartet sind. Die weitere Entartung beruht dann nur noch auf einer quantitativen Gleichheit der Eigenwerte. Sie kann durch ein anderes Potential gleicher Symmetrie im Hamilton-Operator aufgehoben werden.
Nachdem wir aus gegebenen Basisfunktionen eine Darstellung aufgebaut haben, stellen wir nun die umgekehrte Frage: Gegeben sei eine Symmetriegruppe G und eine ihrer irreduziblen Darstellungen $D(R)$. Wie findet man einen Satz von Funktionen f_i, die Basisfunktionen für diese Darstellung bilden?
Hierzu definieren wir als *hyperkomplexe Zahl* die formale Summe aller Gruppenelemente mit (komplexen) Faktoren a_i:
$$\rho = \sum_{i=1}^{g} a_i R_i. \tag{B.13}$$

Man sieht leicht, daß die Summe und das Produkt einer hyperkomplexen Zahl mit einer anderen wieder eine hyperkomplexe Zahl ist: $\rho+\eta=\sum_i (a_i+b_i)R_i$ und $\rho\eta=\sum_{ij} a_i b_j R_i R_j = \sum_l c_l R_l$.

Sei D eine unitäre Darstellung von G der Dimension n. Dann definieren wir $\rho_{ij}=\sum_R D(R)^*_{ij} R$, wobei die $D(R)^*_{ij}$ wegen der Unitarität gleich $D(R^{-1})_{ji}$ sind. Es wird

$$S\rho_{ij}=\sum_R D(R)^*_{ij} SR = \sum_{R'} D(S^{-1}R')^*_{ij} R' = \sum_{R'}\sum_k D(S^{-1})^*_{ik} D(R')^*_{kj} R'$$
$$=\sum_k D(S)_{ki} \sum_{R'} D(R')^*_{kj} R' = \sum_k D(S)_{ki} \rho_{kj}.$$

Die ρ_{ij} (mit festgehaltenem j) transformieren sich also wie Basisfunktionen der Darstellung D. Anders ausgedrückt: Die Matrix ρ_{ij} enthält $n \times n$ hyperkomplexe Zahlen, die sich wie Basisfunktionen transformieren. Dabei transformieren sich die ρ_{ik} einer Zeile (festgehaltenes i, beliebiges k) identisch. Man sagt: die ρ_{ik} transformieren sich *gemäß der i-ten Zeile der Darstellung*.

Sei D_α die α-te irreduzible Darstellung von G, so ist $\rho^\alpha_{ij}=\sum_R D_\alpha(R)^*_{ij} R$. Durch eine ähnliche Umformung wie oben erhält man ferner für das Produkt zweier ρ^α_{ij}: $\rho^\alpha_{ij}\rho^\beta_{kl}=(g/n_\beta)\rho^\beta_{il}\delta_{\alpha\beta}\delta_{jk}$.

Sind die D_α irreduzible Darstellungen der Gruppe der Schrödinger-Gleichung, so sind die R durch O_R zu ersetzen, und die ρ_{ij} sind Operatoren, die auf die $\psi(x)$ wirken *(Projektions-Operatoren)*. Wir definieren neue Funktionen

$$\Phi^\alpha_{ij}=\rho^\alpha_{ij}\Phi=\sum_{O_R} D_\alpha(R)^*_{ij} O_R \Phi, \tag{B.14}$$

wobei die $\Phi(x)$ zunächst beliebige Funktionen von x sind.
Für die Φ^α_{ij} gilt:

$$S\Phi^\alpha_{ij}=\sum_k D_\alpha(S)_{ki} \Phi^\alpha_{kj} \quad \text{wie für die } \rho^\alpha_{ij}. \tag{B.15}$$

Die Φ^α_{ij} sind also die gesuchten Funktionen, die sich wie Basisfunktionen einer irreduziblen Darstellung transformieren. Jeder Satz von n_α Funktionen Φ^α_{ij} mit festgehaltenem j bildet eine Basis. Die Gruppe habe r irreduzible Darstellungen. Zu jeder gibt es $n^2_\alpha \rho^\alpha_{ij}$, also wegen $\sum_\alpha n^2_\alpha = g$ insgesamt $g\,\rho^\alpha_{ij}$.

Man bildet nun $\Phi^\alpha_{ii}=\rho^\alpha_{ii}\Phi$ und daraus $\sum_{\alpha i}(n_\alpha/g)\Phi^\alpha_{ii}=\sum_{R\alpha i}(n_\alpha/g)D_\alpha(R)^*_{ii} R\Phi$
$=\sum_{R\alpha}(n_\alpha/g)\chi_\alpha(R)^* R\Phi = (1/g)\sum_\alpha \chi_\alpha(E)\chi_\alpha(R)^* R\Phi = \sum_R \delta_{ER} R\Phi$. Es wird also

$$\Phi=\sum_{\alpha i} \frac{n_\alpha}{g}\Phi^\alpha_{ii}=\sum_{\alpha i}\frac{n_\alpha}{g}\rho^\alpha_{ii}\Phi. \tag{B.16}$$

Durch diese Gleichung wird eine beliebige Funktion Φ in Glieder zerlegt, die sich nach den verschiedenen irreduziblen Darstellungen der Gruppe transformieren.

Meist sind nur die Charaktere, nicht die Matrizen einer Darstellung bekannt. Man definiert dann den *Charakter-Projektions-Operator* $\eta_\alpha = \sum_R \chi_\alpha^*(R) R = \sum_i \rho_{ii}^\alpha$. Dann folgt anstelle von (B.16) nur $\Phi = \sum_\alpha (n_\alpha/g) \eta_\alpha \Phi$. Die Zerlegung zeigt hier nur, ob Φ Anteile enthält, die sich wie Basisfunktionen einer irreduziblen Darstellung transformieren.

Die Projektionsoperatoren gestatten, den vollständigen Satz von Basisfunktionen zu finden, wenn eine bekannt ist. Sei f_j bekannt. Dann folgt f_i aus

$$\rho_{ij}^\alpha f_j = \sum_R D_\alpha(R)_{ij}^* R f_j = \sum_R D_\alpha(R)_{ij}^* \sum_k D_\alpha(R)_{kj} f_k = \sum_k \left(\sum_R D_\alpha(R)_{ij}^* D_\alpha(R)_{kj} \right) f_k$$

$$= \sum_k \frac{g}{n_\alpha} \delta_{ik} f_k = \frac{g}{n_\alpha} f_i.$$

Wir betrachten nun das innere Produkt zweier hyperkomplexer Zahlen, jeweils angewandt auf zwei beliebige Funktionen f und g: $(\rho f, \eta g)$, d.h. das Integral über die Funktion $(\rho f)^* \eta g$. Sei $\rho = \sum_R a_R O_R$ und $\eta = \sum_{R'} b_{R'} O_{R'}$, so wird, da das innere Produkt unabhängig davon sein muß, ob man beide Faktoren einer Transformation unterwirft:

$$(\rho f, \eta g) = \sum_{RR'} a_R^* b_{R'} (O_R f, O_{R'} g) = \sum_{RR'} a_R^* b_{R'} (f, O_{R^{-1}} O_{R'} g) = (f, \rho^+ \eta g)$$

mit $\rho^+ = \sum_R a_R^* O_{R^{-1}}$.

Sei nun $\rho = \rho_{ij}^\alpha$ und $\eta = \rho_{kl}^\beta$, dann wird

$$\rho_{ij}^{\alpha +} = \sum_R D_\alpha(R)_{ij} O_{R^{-1}} = \sum_{R^{-1}} D_\alpha(R^{-1})_{ij} O_R = \sum_R D_\alpha(R)_{ji}^* O_R = \rho_{ji}^\alpha,$$

also

$$(\rho_{ij}^\alpha f, \rho_{kl}^\beta g) = (f, \rho_{ji}^\alpha \rho_{kl}^\beta g) = \frac{g}{n_\beta} \delta_{\alpha\beta} \delta_{ik} (f, \rho_{jl}^\beta g).$$

Sei schließlich $f_1^\alpha \ldots f_n^\alpha$ Basis der α-ten irreduziblen Darstellung und $g_1^\beta \ldots g_n^\beta$ Basis der β-ten irreduziblen Darstellung. Dann folgt

$$(g_i^\beta, f_k^\alpha) = \left(\frac{n_\beta}{g} \rho_{ij}^\beta g_j^\beta, \frac{n_\alpha}{g} \rho_{kl}^\alpha f_l^\alpha \right) \quad \text{oder mit } i=j,\ k=l:$$

$$(g_i^\beta, f_k^\alpha) = \frac{n_\alpha n_\beta}{g^2} (\rho_{ii}^\beta g_i^\beta, \rho_{kk}^\alpha f_k^\alpha) = \frac{n_\alpha}{g} \delta_{\alpha\beta} \delta_{ik} (g_i^\beta, \rho_{ik}^\alpha f_k^\alpha)$$

und somit

$$(g_i^\beta, f_k^\alpha) = \delta_{\alpha\beta} \delta_{ik} (g_i^\alpha, f_i^\alpha), \tag{B.17}$$

in Worten: *Funktionen, die zu verschiedenen Basissystemen verschiedener irreduzibler Darstellungen einer Gruppe gehören ($\alpha \neq \beta$) und solche einer irreduziblen*

Darstellung, die sich nach verschiedenen Zeilen der Darstellung transformieren, sind orthogonal.

Ferner folgt wegen $(g_i^\alpha, f_i^\alpha) = (n_\alpha^2/g^2)(\rho_{ij}^\alpha g_j^\alpha, \rho_{ij}^\alpha f_j^\alpha) = (n_\alpha/g)(g_j^\alpha, \rho_{jj}^\alpha f_j^\alpha) = (g_j^\alpha, f_j^\alpha)$ die Aussage: *Der Wert des Matrixelements (g_i^α, f_i^α) ist unabhängig von i.*
Entsprechend läßt sich unter Ausnutzung der Vertauschbarkeit des Hamilton-Operators mit den ρ_{ii}^α zeigen, daß für die Gruppe der Schrödinger-Gleichung die allgemeine Aussage gilt, daß

$$(g_i^\beta, H f_j^\alpha) = \delta_{\alpha\beta} \delta_{ij} (g_i^\alpha, H f_i^\alpha) \quad \text{unabhängig von } i \tag{B.18}$$

ist. Das gleiche gilt schließlich für alle Matrixelemente, die mit Operatoren gebildet werden, die invariant unter den Operationen der Gruppe von H sind.

Damit haben wir bereits mehrere wichtige Aussagen über das Verhalten von Eigenfunktionen der Schrödinger-Gleichung und ihre Klassifizierung gewonnen. Die Einteilung in Funktionen, die sich nach der i-ten Reihe der α-ten irreduziblen Darstellung transformieren, bedeutet die Zuteilung von *Quantenzahlen i* und α neben der Quantenzahl n des Eigenwertes. Auch die Quantenzahlen l und m des freien Atoms lassen sich deuten als m-te Reihe der l-ten irreduziblen Darstellung der vollen Rotationsgruppe. Die Funktionen $\psi_{ni\alpha}$ mit gleichen α, n und $i = 1 \ldots n_\alpha$ bilden jeweils Basissysteme zu einem Energieterm. $\psi_{ni\alpha}$ mit gleichem α können natürlich häufiger vorkommen, d.h. verschiedene, durch n unterschiedene Terme können zur gleichen irreduziblen Darstellung gehören.

Bei einer *Störung* $V (H = H_0 + V)$ gilt:

a) Ist die Symmetrie von V gleich der von H_0, so bleiben alle Entartungen (zufällige ausgenommen) erhalten.

b) Ist die Symmetrie von V kleiner, wird also die Symmetrie von H_0 durch V eingeschränkt, so ist die Gruppe von H eine Untergruppe der von H_0. Darstellungen von H_0 können dann gegenüber H reduzibel sein, d.h. irreduzible D_0 können in eine direkte Summe von irreduziblen D zerlegt werden. Dann spalten entsprechende Energieterme unter dem Einfluß der Störung auf.

Auswahlregeln für Übergänge folgen aus dem Verschwinden oder Nicht-Verschwinden von Matrixelementen der Form $\langle n', \alpha', i' | M_{\beta j} | n, \alpha, i \rangle$. Dabei sind die $M_{\beta j}$ Skalare, Vektor- oder Tensorkomponenten, die sich wie die Wellenfunktionen nach bestimmten irreduziblen Darstellungen transformieren (hier nach der j-ten Reihe der β-ten irreduziblen Darstellung). Allgemein kann mittels Projektionsoperatoren jeder Operator M in einem Matrixelement in solche Anteile zerlegt werden: $M = \sum_{\beta j} (n_\beta/g) \rho_{jj}^\beta M = \sum_{\beta j} M_{\beta j}$.

Das Produkt $M_{\beta j} \psi_{n\alpha i}$ transformiert sich nach der ji-ten Zeile der Produktdarstellung $D^\beta \otimes D^\alpha$. Diese zerlegt sich in $D^\beta \otimes D^\alpha = \sum_\gamma g_{\beta\alpha\gamma} D^\gamma$. Entsprechend läßt sich das Produkt $\psi_{n'\alpha'i'}^* M_{\beta j} \psi_{n\alpha i}$ zerlegen. Dies kann man in die allgemeine Aussage fassen:

Das Produkt zweier Funktionen f^α und g^β enthält einen additiven Anteil $f^\alpha g^\beta = \cdots + h^{\gamma'} + \cdots$, der sich gemäß der Darstellung γ' transformiert, dann und nur dann, wenn die Zerlegung $D^\alpha \otimes D^\beta = \sum_\gamma g_{\alpha\beta\gamma} D^\gamma$ ein Glied mit $\gamma = \gamma'$ enthält. Und

weiter: Nur wenn $D^\beta \otimes D^\alpha$ $D^{\alpha'}$ enthält, ist das Matrixelement $\langle \alpha'|M_\beta|\alpha\rangle$ ungleich Null.
Diese Aussage kann man noch umformulieren: In dem Integral $\langle \alpha',i|\alpha,i\rangle$ sei $\alpha'=E$, d. h. $\varphi_{\alpha'i}$ transformiere sich nach der trivialen Darstellung D_E. Dann sei noch $\varphi_{\alpha'i}=$const gewählt. (Diese Wahl erfüllt bestimmt die geforderte Transformationseigenschaft.) Damit folgt $\int \varphi_{\alpha i} dx = 0$ *außer* für $\alpha = E$. Das heißt: Das Integral über eine Funktion ist nur dann ungleich Null, wenn die Funktion Anteile enthält, die sich nach der trivialen Darstellung transformieren. Dies wenden wir auf unsere Übergangs-Matrixelemente an: Es ist $D^{\alpha'} \otimes D^\beta \otimes D^\alpha = \sum_\gamma g_{\beta\alpha\gamma} D^{\alpha'} \otimes D^\gamma$
$= \sum_\gamma g_{\beta\alpha\gamma} \sum_\delta g_{\alpha'\gamma\delta} D^\delta = \sum_\delta \left(\sum_\gamma g_{\beta\alpha\gamma} g_{\alpha'\gamma\delta}\right) D^\delta = \sum_\delta G_{\beta\alpha\alpha'\delta} D^\delta$. Ein Produkt $\psi_{\alpha'i}^* M_{\beta j} \psi_{\alpha i'}$ läßt sich analog zerlegen in eine Reihe von Gliedern, die sich nach den verschiedenen Darstellungen transformieren. Daraus folgt schließlich der Satz:
Ein Matrixelement $\langle n',\alpha',i'|M_{\beta j}|n,\alpha,i\rangle$ *ist nur dann ungleich Null, wenn die Produktdarstellung* $D^{\alpha'} \otimes D^\beta \otimes D^\alpha$ *die triviale Darstellung* D_E *enthält.*
Weitere hier anschließende Sätze, so über die Unabhängigkeit der Matrixelemente von $i=i'$ usw., kann man dann benutzen, um Matrixelemente, also z. B. Übergangswahrscheinlichkeiten miteinander zu vergleichen, ohne deren quantitative Werte zu kennen.

5. Symmetrieeigenschaften der Bandstruktur im kubisch-primitiven Gitter

Ein Beispiel für die gruppentheoretische Diskussion einer Bandstruktur hatten wir schon in Abschnitt 26 behandelt. Das dort untersuchte hexagonale Punktnetz ist allerdings zu einfach, um den Nutzen der Symmetriebetrachtungen voll erkennen zu können. Wir betrachten deshalb als weiteres Beispiel das kubisch-primitive Raumgitter. Die Bemerkungen des Abschnittes 26 über die irreduziblen Darstellungen einer Raumgruppe wiederholen wir hier nicht.
Das kubisch-primitive Gitter wird aufgespannt von den drei $a_i = a e_i$, wobei die e_i Einheitsvektoren in einem kartesischen Koordinatensystem sind. Die Gitterkonstante ist a. Das reziproke Gitter ist durch die $b_i = (2\pi/a) e_i$ gegeben. Wigner-Seitz-Zelle und Brillouin-Zone sind in Abb. 107 gezeigt.
Die *Punktgruppe* der Operationen, die einen Kubus invariant lassen (Bezeichnung der Punktgruppe: O_h), hat folgende Operationen.

E Einheitsoperator,
C_3 acht Drehungen um $\pm 2\pi/3$ um die vier Raumdiagonalen,
C_2 drei Drehungen um π um die kubischen Achsen,
C_4 sechs Drehungen um $\pm \pi/2$ um die kubischen Achsen,
$C_{2'}$ sechs Drehungen um π um die Flächendiagonalen;
ferner 24 weitere Elemente, in denen je eines der genannten Elemente mit einer Inversion gekoppelt ist.

Die Punktgruppe hat also 48 Elemente, die in zehn Klassen zerfallen. Die Punktgruppe O_h ist direktes Produkt der Punktgruppe der eigentlichen Drehungen (O) und der Inversionsgruppe $\{E, I\}$.

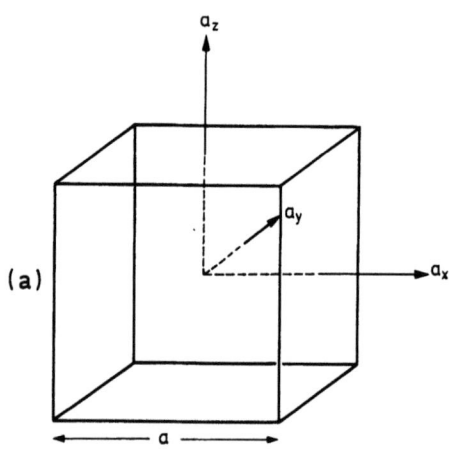

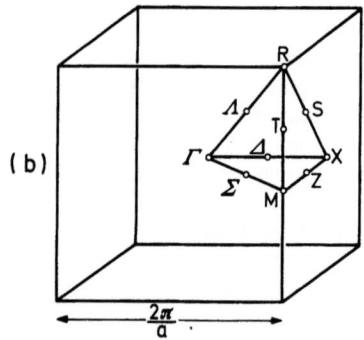

Abb. 107. Wigner-Seitz-Zelle und Brillouin-Zone des kubisch-primitiven Gitters

Wir bestimmen zunächst die Charaktertafel von O. Da O fünf Klassen hat, folgen auch fünf irreduzible Darstellungen. Da $\sum_\alpha n_\alpha^2 = 24$ ist, folgt als einzige Möglichkeit für die Dimensionen der Darstellungen: zwei 3-dimensionale, eine 2-dimensionale und zwei 1-dimensionale Darstellungen. Nach dem oben für die Diedergruppe gezeigten Verfahren folgt dann als Charaktertafel:

	E	$8C_3$	$3C_2$	$6C_4$	$6C_{2'}$
Γ_1	1	1	1	1	1
Γ_2	1	1	1	-1	-1
Γ_3	2	-1	2	0	0
Γ_4	3	0	-1	-1	1
Γ_5	3	0	-1	1	-1

Ferner ist die Charaktertafel der aus dem Einheitselement und der Inversion bestehenden Gruppe gleich

	E	I
D_1	1	1
D_2	1	-1

Die Charaktertafel von O_h folgt aus dem Produkt beider Gruppen zu

	E	C_3	C_2	C_4	$C_{2'}$	I	IC_3	IC_2	IC_4	$IC_{2'}$
Γ_1	1	1	1	1	1	1	1	1	1	1
Γ_2	1	1	1	-1	-1	1	1	1	-1	-1
Γ_{12}	2	-1	2	0	0	2	-1	2	0	0
$\Gamma_{15'}$	3	0	-1	1	-1	3	0	-1	1	-1
$\Gamma_{25'}$	3	0	-1	-1	1	3	0	-1	-1	1
$\Gamma_{1'}$	1	1	1	1	1	-1	-1	-1	-1	-1
$\Gamma_{2'}$	1	1	1	-1	-1	-1	-1	-1	1	1
$\Gamma_{12'}$	2	-1	2	0	0	-2	1	-2	0	0
Γ_{15}	3	0	-1	1	-1	-3	0	1	-1	1
Γ_{25}	3	0	-1	-1	1	-3	0	1	1	-1

Die Bezeichnungen für die irreduziblen Darstellungen sind historisch bedingt. Wir kommen weiter unten darauf zurück.

Wir besprechen jetzt spezielle Punkte in der Brillouin-Zone:

Mittelpunkt Γ:

Die Gruppe des k-Vektors ist die volle Punktgruppe O_h. Gemäß den Dimensionen der irreduziblen Darstellungen sind Energiebänder in Γ einfach oder zwei- bzw. dreifach entartet. Die Symmetrien der Bloch-Funktionen in Γ gewinnt man aus folgender Betrachtung: Jedem Element der Gruppe können wir ein Produkt der Koordinaten x, y, z derart zuordnen, daß z. B. die Kombination $z, -x, y$ (geschrieben $z\bar{x}y$) bedeutet, daß bei der dem betreffenden Element zugeordneten

Transformation die x-Achse zur z-Achse, die y-Achse zur $-x$-Achse und die z-Achse zur y-Achse wird. Den Gruppenelementen sind dann zugeordnet:

E: xyz
C_2: $\bar{x}\bar{y}z$ $x\bar{y}\bar{z}$ $\bar{x}y\bar{z}$
C_4: $\bar{y}xz$ $y\bar{x}z$ $x\bar{z}y$ $xz\bar{y}$ $zy\bar{x}$ $\bar{z}yx$
$C_{2'}$: $yx\bar{z}$ $z\bar{y}x$ $\bar{x}zy$ $\bar{y}xz$ $\bar{z}\bar{y}x$ $\bar{x}\bar{z}y$
C_3: zxy yzx $z\bar{x}\bar{y}$ $\bar{y}\bar{z}x$ $\bar{z}\bar{x}y$ $\bar{y}z\bar{x}$ $\bar{z}x\bar{y}$ $y\bar{z}\bar{x}$

und 24 weitere Kombinationen, bei denen die Vorzeichen der drei Koordinaten umgekehrt sind ($I=\bar{x}\bar{y}\bar{z}$).

Anhand dieser Tabelle prüfen wir nun alle Polynome $x^m y^n z^p$, unter welchen Elementen von O_h sie invariant sind, bzw. wie sie sich transformieren. Anhand der Charaktertafel können wir dann die Darstellung angeben, nach der sich eine Kombination transformiert. So bleibt z. B. das Polynom xyz invariant gegenüber den Elementen der fünf Klassen $E, C_2, C_3, IC_4, IC_{2'}$, während es bei den anderen Klassen sein Vorzeichen wechselt. Das entspricht dem Transformationsverhalten von Basisfunktionen der Darstellung $\Gamma_{2'}$. Zur Darstellung Γ_1 gehören alle Polynome, die invariant unter allen Operationen von O_h sind. Die Kombination x, y, z, d. h. die drei Polynome $x^1 y^0 z^0$, $x^0 y^1 z^0$, $x^0 y^0 z^1$, transformiert sich wie eine drei-dimensionale Matrix gemäß Γ_{15}. Insgesamt findet man jeweils als Polynome niedrigster Ordnung (ohne Normierungsfaktoren und mit $x^2 + y^2 + z^2 = 1$):

Γ_1: 1 (d. h. Invarianz gegenüber allen Transformationen), ein höheres Polynom wäre $x^4 + y^4 + z^4$. Jede Wellenfunktion, die sich nach Γ_1 transformiert, kann nach solchen *kubischen Harmonischen* $a \cdot 1 + b(x^4 + y^4 + z^4) + \cdots$ entwickelt werden.

Γ_{15}: x, y, z,

Γ_{12}: $z^2 - \dfrac{x^2 + y^2}{2}$, $x^2 - y^2$,

$\Gamma_{25'}$: xy, yz, zx,

$\Gamma_{2'}$: xyz,

Γ_{25}: $z(x^2 - y^2)$, $x(y^2 - z^2)$, $y(z^2 - x^2)$,

$\Gamma_{15'}$: $xy(x^2 - y^2)$, $yz(y^2 - z^2)$, $zx(z^2 - x^2)$,

Γ_2: $x^4(y^2 - z^2) + y^4(z^2 - x^2) + z^4(x^2 - y^2)$,

$\Gamma_{1'}$: $xyz(x^4(y^2 - z^2) + y^4(z^2 - x^2) + z^4(x^2 - y^2))$,

$\Gamma_{12'}$: $xyz\left(z^2 - \dfrac{x^2 + y^2}{2}\right)$, $xyz(x^2 - y^2)$.

Überwiegt bei einer Entwicklung einer Wellenfunktion nach kubischen Harmonischen das erste Glied, so repräsentieren die Wellenfunktionen einen s-, p-, d-,... Zustand nach der beim freien Atom üblichen Terminologie, wobei die Summe der Exponenten $l = m + n + p$ in $x^m y^n z^p$ der Drehimpulsquantenzahl entspricht. Im allgemeinen haben die Bloch-Funktionen jedoch kompliziertere Symmetrie.

Punkte der Δ-Achse:

Die Gruppe des *k*-Vektors, also diejenigen Symmetrieoperationen, die einen Vektor *k* auf einer Δ-Achse invariant lassen, ist die schon am Anfang dieses Anhanges betrachtete Diedergruppe. Als Untergruppe von O_h enthält sie E, eines der C_2, zwei C_4, zwei IC_2 und zwei $IC_{2'}$. Schreibt man die Charaktertafel der Diedergruppe und einen Ausschnitt der Charaktertafel von O_h nebeneinander (wir nennen die Darstellungen der Diedergruppe jetzt Δ_1 bis Δ_5):

	E	C_2	C_4	IC_2	$IC_{2'}$
Δ_1	1	1	1	1	1
Δ_2	1	1	−1	1	−1
Δ_3	1	1	−1	−1	1
Δ_4	1	1	1	−1	−1
Δ_5	2	−1	0	0	0

	E	C_2	C_4	IC_2	$IC_{2'}$
Γ_1	1	1	1	1	1
Γ_2	1	1	−1	1	−1
Γ_{12}	2	2	0	2	0
$\Gamma_{15'}$	3	−1	1	−1	−1
$\Gamma_{25'}$	3	−1	−1	−1	1
$\Gamma_{1'}$	1	1	1	−1	−1
$\Gamma_{2'}$	1	1	−1	−1	1
$\Gamma_{12'}$	2	2	0	−2	0
Γ_{15}	3	−1	1	1	1
Γ_{25}	3	−1	−1	1	−1

so läßt sich folgende Argumentation durchführen: Der Punkt Γ ist auch Punkt der Δ-Achse. Bänder, die in Γ entartet sind, können längs der Δ-Achse aufspalten. Dann müssen die Charaktere in Γ gleich der Summe der Charaktere der Bänder längs Δ sein. Dadurch kommt man zu folgender *Verträglichkeitstafel:*

$\Gamma_1 : \Delta_1,$ $\Gamma_2 : \Delta_2,$ $\Gamma_{12} : \Delta_1 + \Delta_2,$ $\Gamma_{15'} : \Delta_4 + \Delta_5,$ $\Gamma_{25'} : \Delta_3 + \Delta_5,$
$\Gamma_{1'} : \Delta_4,$ $\Gamma_{2'} : \Delta_3,$ $\Gamma_{12'} : \Delta_3 + \Delta_4,$ $\Gamma_{15} : \Delta_1 + \Delta_5,$ $\Gamma_{25} : \Delta_2 + \Delta_5.$

Damit sind die Verknüpfungen der Bänder längs der Δ-Achse im Punkt Γ gegeben. Ändert man die Bezeichnungen Δ_3 in $\Delta_{2'}$ und Δ_4 in $\Delta_{1'}$, so lassen sich diese Verträglichkeiten schreiben in der Form: $\Gamma_{ik} : \Delta_i + \Delta_k$. Dies ist der Grund für die übliche Indizierung der irreduziblen Darstellungen von O_h.

Punkt X am Ende der Δ-Achse:

Die Gruppe von *k* in *X* hat doppelt so viele Elemente, wie die Gruppe von *k* längs Δ, denn ein Punkt *X* und sein gegenüberliegender Punkt *X'* sind äquivalent. Zu jedem Element kommt noch das entsprechende mit Inversion. Die Charaktertafel für diesen Fall folgt aus der für die Δ-Darstellungen so, wie die von O_h aus O folgte. Die Zahl der Darstellungen verdoppelt sich. Es treten jedoch – wie bei der Diedergruppe – nur ein- und zwei-dimensionale irreduzible Darstellungen auf. Verträglich sind jeweils die ein-dimensionalen bzw. die zwei-dimensionalen Darstellungen von Δ und von X. Entartungen beim Übergang von X auf die Δ-Achse werden also nicht aufgehoben.

Ähnliche Überlegungen lassen sich für die anderen Symmetriepunkte und -linien machen, und daraus folgt ein qualitatives Bild der möglichen Verknüpfungen der Bänder in einem Festkörper kubisch-primitiver Struktur.

6. Bandstruktur „freier Elektronen" in einem kubisch-primitiven Kristall

Für freie Elektronen in einer periodischen Struktur können wir nach Abschnitt 17 im erweiterten Zonenschema um alle Punkte K_m des reziproken Gitters „Paraboloide"

$$E = \frac{\hbar^2}{2m}(k+K_m)^2 \quad \text{für alle } K_m \tag{B.19}$$

bilden. Im reduzierten Zonenschema sind die Bänder gegeben durch alle Werte von (B.19), für die k in der 1. Brillouin-Zone liegt (vgl. Abb. 22). Setzen wir zur Abkürzung

$$\varepsilon = \frac{2ma^2}{\hbar^2}E, \quad k = \frac{2\pi}{a}\kappa = \frac{2\pi}{a}(\xi,\eta,\zeta), \quad K_l = \frac{2\pi}{a}l = \frac{2\pi}{a}(l_1,l_2,l_3), \tag{B.20}$$

so wird

$$\varepsilon = (\xi+l_1)^2 + (\mu+l_2)^2 + (\zeta+l_3)^2. \tag{B.21}$$

Für die Wellenfunktionen folgt aus der Schrödinger-Gleichung

$$\psi = e^{i(k+K_m)\cdot r} \quad \text{oder} \quad \psi = e^{\frac{2\pi i}{a}(\kappa+l)\cdot r}. \tag{B.22}$$

Wir untersuchen nun die Bandstruktur längs der Δ-Achse mit den Endpunkten Γ und X. Die Ergebnisse sind in Abb. 108 aufgetragen.
Es wird

$$\varepsilon_\Gamma = l_1^2 + l_2^2 + l_3^2, \quad \varepsilon_\Delta = l_1^2 + l_2^2 + (l_3+\zeta)^2, \quad \varepsilon_X = l_1^2 + l_2^2 + (l_3+\tfrac{1}{2})^2 \tag{B.23}$$

speziell für die in k_z-Richtung gehende Δ-Achse.

Punkt Γ: Der tiefste Eigenwert ist $\varepsilon = 0$ ($l_1 = l_2 = l_3 = 0$). Hierzu gehört die Eigenfunktion $\psi = 1$. Sie ist offensichtlich vom Typ Γ_1. Der nächst höhere Eigenwert ist $\varepsilon = 1$ ($l_i = l_j = 0, l_k = \pm 1$). Zu den sechs Möglichkeiten (entarteten Eigenwerten) gehören die Eigenfunktionen $\psi_{1-6} = \exp(\pm(2\pi i/a)x, y, z)$. Diese Funktionen transformieren sich nach *keiner* der irreduziblen Darstellungen von O_h, d. h. sie bilden die Basis einer *reduziblen* Darstellung. Wir bilden aus ihnen die folgenden Linearkombinationen und geben deren Transformationseigenschaften an:

$$\psi_1 = \cos\frac{2\pi}{a}x + \cos\frac{2\pi}{a}y + \cos\frac{2\pi}{a}z \quad : \Gamma_1;$$

$$\left.\begin{aligned}\psi_2 &= \cos\frac{2\pi}{a}z - \frac{1}{2}\left(\cos\frac{2\pi}{a}x + \cos\frac{2\pi}{a}y\right),\\ \psi_3 &= \cos\frac{2\pi}{a}x - \cos\frac{2\pi}{a}y\end{aligned}\right\} : \Gamma_{12};$$

$$\left.\begin{aligned}\psi_4 &= \sin\frac{2\pi}{a}x,\\ \psi_5 &= \sin\frac{2\pi}{a}y,\\ \psi_6 &= \sin\frac{2\pi}{a}z\end{aligned}\right\} : \Gamma_{15}.$$

(B.24)

Diese neue Basis zerfällt also in drei Sätze von Basisfunktionen irreduzibler Darstellungen. Bei einer geringen Änderung des Gitterpotentials (hier also von Null auf einen endlichen Wert) spaltet dieser Eigenwert in drei Terme auf, von denen einer einfach, ein weiterer zweifach entartet und ein dritter dreifach entartet ist.

Δ-Achse: Tiefstes Band ist $\varepsilon = \zeta^2$ mit $\psi = \exp((2\pi i/a)\zeta z)$. Die Symmetrieoperationen auf der k_z-Achse sind xyz, $\bar{x}\bar{y}z$, $y\bar{x}z$, $\bar{x}yz$, $x\bar{y}z$, $\bar{y}xz$, $\bar{y}\bar{x}z$, yxz. Die Wellenfunktion ist gegenüber allen invariant, also vom Typ Γ_1. Von $\varepsilon = 1$ gehen drei Bänder aus: $\varepsilon = (\zeta-1)^2$ bzw. $= 1 + \zeta^2$ bzw. $= (1+\zeta)^2$. Im ersten und dritten Fall folgt wieder eine Wellenfunktion vom Typ Δ_1. Im zweiten Fall haben wir die Möglichkeiten $l_1 = \pm 1$, $l_2 = l_3 = 0$ und $l_2 = \pm 1$, $l_1 = l_3 = 0$. Die vier Wellenfunktionen lassen sich linear kombinieren zu

$$\psi_1 = e^{\frac{2\pi i}{a}\zeta z}\left(\cos\frac{2\pi}{a}x + \cos\frac{2\pi}{a}y\right) \quad : \Delta_1;$$

$$\psi_2 = e^{\frac{2\pi i}{a}\zeta z}\left(\cos\frac{2\pi}{a}x - \cos\frac{2\pi}{a}y\right) \quad : \Delta_2;$$

$$\left.\begin{aligned}\psi_3 &= e^{\frac{2\pi i}{a}\zeta z}\sin\frac{2\pi}{a}x,\\ \psi_4 &= e^{\frac{2\pi i}{a}\zeta z}\sin\frac{2\pi}{a}y\end{aligned}\right\} : \Delta_5.$$

(B.25)

Die gleiche Analyse kann man für X und für höhere Bänder machen. Es entsteht das in Abb. 108 gezeigte Bändermodell. Bei einer Störung, die die Symmetrie nicht verletzt, spalten nur die zufälligen Entartungen, nicht die Symmetrieentartungen auf.

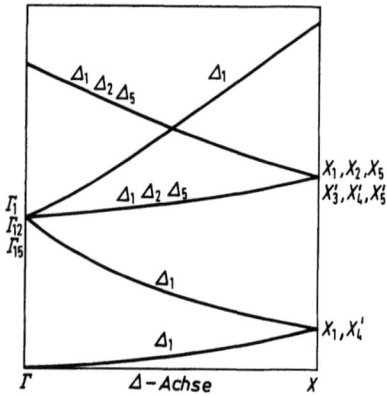

Abb. 108. Verknüpfung der Bänder „freier Elektronen" längs der Δ-Achse der Brillouin-Zone des kubisch-primitiven Gitters

7. Berücksichtigung des Spins, Doppelgruppen

In Abschnitt 27 hatten wir gesehen, daß bei Berücksichtigung des Spins der Hamilton-Operator des Ein-Elektronen-Problems durch ein Spin-Bahn-Kopplungsglied zu ergänzen ist:

$$H = \left(-\frac{\hbar^2}{2m}\Delta + V(r)\right)\varepsilon + \frac{\hbar^2}{4im^2c^2}\sigma \cdot (\operatorname{grad} V \times \operatorname{grad}). \tag{B.26}$$

Dieser Ausdruck enthält den Spin-Operator σ (Gl. 27.3). Er ist nicht vertauschbar mit den Elementen der Raumgruppe $S_{\{\alpha/a\}}$. Wir müssen die Raumgruppe deshalb erweitern. Zu diesem Zweck suchen wir einen Operator D_α mit der Eigenschaft, daß die Produkte $D_\alpha S_{\{\alpha/a\}}$ mit H kommutieren. Diese Produkte bilden die Elemente der neuen Raumgruppe, die als *Doppelgruppe* bezeichnet wird. Die an D_α gestellte Bedingung ist also

$$(D_\alpha S_{\{\alpha/a\}}) H(r)(D_\alpha S_{\{\alpha/a\}})^{-1} = D_\alpha H(\{\alpha|a\}r) D_\alpha^{-1} = H(r). \tag{B.27}$$

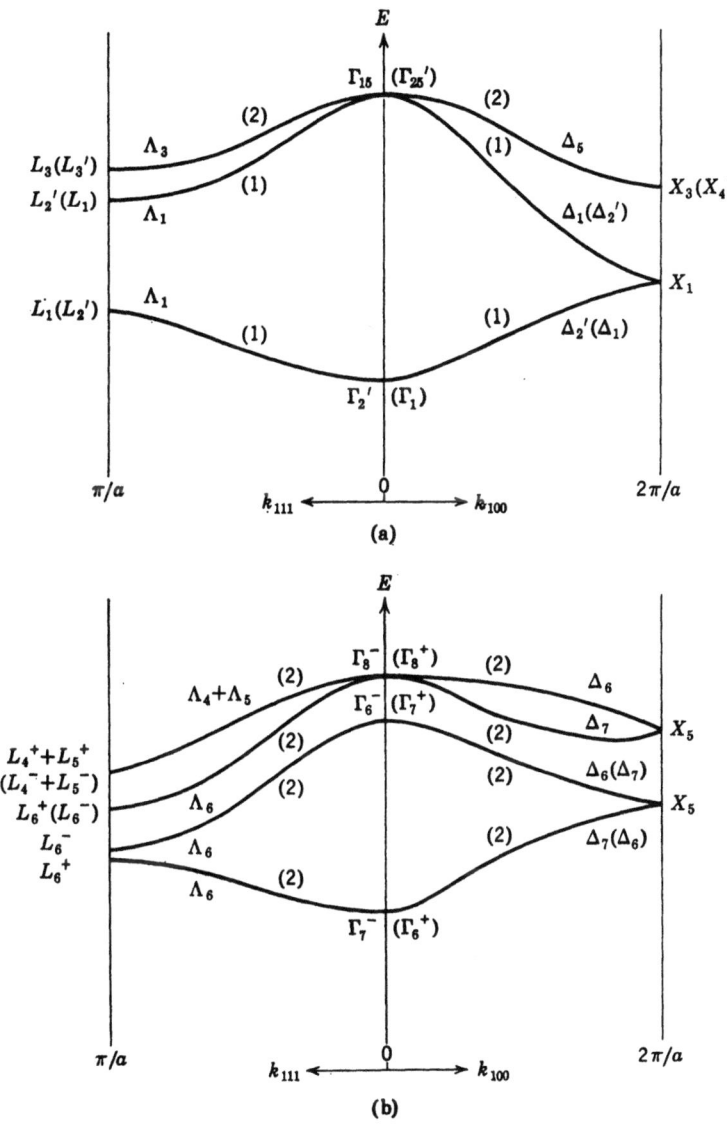

Abb. 109. (a) Verknüpfungen und Entartungen der Bänder längs der Λ- und Δ-Achsen der Diamantstruktur für den spinlosen Fall, (b) Bei Berücksichtigung des Spins werden alle Terme doppelt besetzbar. Durch Spin-Bahn-Wechselwirkung spalten einige Bänder auf. Die Symbole geben die irreduziblen Darstellungen, die in Klammer gesetzten Zahlen die Entartung des betreffenden Bandes an. Sind mehrere Symbole nebeneinander aufgeführt, so sind verschiedene irreduzible Darstellungen möglich

Dies wird erfüllt durch die Matrix

$$D_\alpha^{(\frac{1}{2})} = \begin{vmatrix} \cos\frac{\vartheta}{2} e^{-\frac{i}{2}(\chi+\varphi)} & -\sin\frac{\vartheta}{2} e^{-\frac{i}{2}(\chi-\varphi)} \\ \sin\frac{\vartheta}{2} e^{\frac{i}{2}(\chi-\varphi)} & \cos\frac{\vartheta}{2} e^{\frac{i}{2}(\chi+\varphi)} \end{vmatrix}, \quad (B.28)$$

wobei ϑ, χ, φ die Eulerschen Winkel der Drehung α sind. $D_\alpha^{(\frac{1}{2})}$ ist eine spezielle irreduzible Darstellung der vollen Drehgruppe. Die $D_\alpha^{(\frac{1}{2})}$ haben die Eigenschaft, daß eine Drehung um 2π um eine beliebige Achse $D_\alpha^{(\frac{1}{2})}$ in $-D_\alpha^{(\frac{1}{2})}$ überführt. Dann genügen aber $D_\alpha^{(\frac{1}{2})} S_{\{\alpha/a\}}$ und $-D_\alpha^{(\frac{1}{2})} S_{\{\alpha/a\}}$ der Gl. (B.27), und beide sind als verschiedene Elemente der erweiterten Gruppe aufzufassen. Die Doppelgruppe hat also die doppelte Anzahl von Elementen wie die einfache Raumgruppe. Die neu hinzukommenden Elemente kann man als Produkt der alten Elemente mit der Operation $\{\bar{E}|0\}$ (Drehung um 2π) auffassen. $\{\bar{E}|0\}$ änder das Vorzeichen von $D_\alpha^{(\frac{1}{2})}$. Erst eine Drehung um 4π ist gleichbedeutend mit der Anwendung des Einheitselements $\{E|0\}$.

Mit der Zahl der Elemente braucht sich nicht gleichzeitig die Zahl der Klassen zu verdoppeln und damit auch nicht die Zahl der irreduziblen Darstellungen. Dagegen verdoppeln sich die Dimensionen der irreduziblen Darstellungen der Einfachgruppe. Diese Darstellungen können jedoch als Darstellungen der Doppelgruppe reduzibel sein und in neue irreduzible Darstellungen kleinerer Dimension (Extradarstellungen) zerfallen. Dies entspricht der Tatsache, daß die Energie-Eigenwerte durch die Einführung des Spin doppelt besetzbar werden, durch die Spin-Bahn-Wechselwirkung dann aber möglicherweise aufspalten.

So werden z.B. die Darstellungen Γ_{15} oder Γ_{25} unseres Beispiels durch die Einführung des Spins sechs-dimensional, spalten dann aber in je eine vier-dimensionale und eine zwei-dimensionale irreduzible Extradarstellung auf. Ein Beispiel zeigt Abb. 109.

8. Gitterschwingungen

Ergänzende Symmetriebetrachtungen zu Kapitel V sind an zwei Stellen zweckmäßig.

In Abb. 48 hatten wir die Dispersionskurven $\omega_j(q)$ für Diamant angegeben. Da wir auf die Zweige des Phononenspektrums die gleichen Raumgruppensymmetrien anwenden können wie auf die Bänder des Elektronenspektrums, können wir aus unserem obigen Beispiel die folgenden Schlüsse zur Interpretation der Abb. 48 ziehen: Diamant kristallisiert in einer kubischen Struktur mit zweiatomiger Basis in der Wigner-Seitz-Zelle (Diamantstruktur). Die zugehörige Punktgruppe ist O_h.

Die Raumgruppe ist jedoch nicht symmorph. Dies bedeutet hier nur veränderte Bedingungen für den Punkt X, nicht aber für Γ und die Δ-Achsen.
Da beide Atome der Basis gleich sind, müssen die LA- und TA-Zweige bzw. die LO- und TO-Zweige in Γ miteinander entartet sein. Die Lyddane-Sachs-Teller-Aufspaltung (Gl. 36.13) erfolgt in den optischen Zweigen nur bei polaren Festkörpern. Die irreduziblen Darstellungen der akustischen und der optischen Phononen in Γ müssen also drei-dimensionale irreduzible Darstellungen von O_h sein. Alle drei-dimensionalen Darstellungen von O_h spalten längs Δ in eine zweidimensionale und eine ein-dimensionale Darstellung auf. Wir können daraus schließen, daß längs Δ die beiden transversalen Zweige (sowohl die TA-Zweige, wie auch die TO-Zweige) symmetrieentartet sein müssen. Geht man von den Achsen zu einem allgemeinen Punkt, so wird auch diese Entartung aufgehoben. Die Verträglichkeitstafeln der Punktgruppe O_h bzw. der Raumgruppe der Diamantstruktur sagen dann weiter aus, daß die beiden longitudinalen Zweige in X miteinander entartet sein müssen, daß die transversalen Zweige längs der Λ-Achsen paarweise entartet sind, längs der Σ-Achsen jedoch aufspalten. Wesentliche Aspekte der Abb. 48 sind also durch eine gruppentheoretische Analyse ableitbar.
In Abschnitt 35 hatten wir den elastischen Tensor C_{ikmn} (35.11) bzw. seine einfachere Form $C_{\alpha\beta}$ (35.13) eingeführt. In C_{ikmn} sind jeweils die ersten beiden oder letzten beiden Indizes vertauschbar und das Paar ik mit dem Paar mn. $C_{\alpha\beta}$ ist ein symmetrischer (6×6)-Tensor. Dies ergibt in beiden Fällen 21 unabhängige Komponenten, die elastischen Konstanten. Aus der Ableitung von C_{ikmn} folgt, daß eine Komponente sich wie bestimmte Produkte der Koordinaten x, y und z transformiert, z.B. C_{xxyz} wie $x^2 yz$. Die C_{ikmn} müssen unter den Symmetrieoperationen des Gitters invariant sein. Für die Punktgruppe O_h zeigen die in Unterabschnitt 5 aufgeführten Operationen, daß gegenüber C_2 (Operationen $\bar{x}\bar{y}z$, $x\bar{y}\bar{z}$, $\bar{x}y\bar{z}$) nur Produkte x^4, y^4, z^4, $yzyz$, $xzxz$, $xyxy$, x^2y^2, x^2z^2, y^2z^2 invariant sind. Von den 21 Komponenten sind hiernach nur neun ungleich Null. Die weiteren Symmetrieoperationen zeigen, daß $x^4 = y^4 = z^4$ sein muß, da bei einzelnen Transformationen diese Produkte ineinander übergehen. Das gleiche gilt für $yzyz = xyxy = xzxz$ und $x^2y^2 = x^2z^2 = y^2z^2$. Es bleiben gerade die nach Gl. (35.13) angegebenen drei elastischen Konstanten des kubischen Kristalls.
Solche Reduktionen der Anzahl der Komponenten von Tensoren höherer Ordnung durch Symmetriebetrachtungen sind auch in der *Transporttheorie* wichtig, wenn in anisotropen Medien die Transportkoeffizienten Tensoren werden. Im Magnetfeld kann die Beziehung zwischen Stromdichte und elektrischem Feld etwa in der Form

$$i_i = \sigma_{ij} E_j + \sigma_{ijk} E_j B_k + \sigma_{ijkl} E_j B_k B_l + \sigma_{ijklm} E_j B_k B_l B_m + \ldots \tag{B.29}$$

geschrieben werden. Über doppelt vorkommende Indizes ist dabei zu summieren. Die zahlreichen Tensorkomponenten lassen sich durch Symmetriebetrachtungen oft auf einige wenige reduzieren.

9. Festkörperoptik

Als ein Beispiel für die Auswahlregeln, die aufgrund der Gittersymmetrie bei Übergangs-Matrixelementen gelten, betrachten wir ein Beispiel aus Kapitel IX. Wir vergleichen die Auswahlregeln für Ein- und Zwei-Photonen-Übergänge (Abschnitte 68 und 70). Wir hatten festgestellt, daß Matrixelemente nur dann ungleich Null sind, wenn die Produktdarstellung der im Matrixelement stehenden Faktoren die triviale Darstellung enthält. Wir erläutern dies für Übergänge im Punkte Γ eines kubischen Kristalls (Punktgruppe O_h). Dann ist die Symmetrie von Ausgangs- und Endzustand gegeben durch je eine der zehn irreduziblen Darstellungen Γ_i. Der einen Übergang induzierende Impulsoperator $p \sim$ grad transformiert sich wie der Ortsvektor $r = \{x, y, z\}$, also nach der Symmetrietabelle der Γ_i gemäß der Darstellung Γ_{15}. Wir haben also zu untersuchen, ob das Produkt $\Gamma_e \otimes \Gamma_{15} \otimes \Gamma_a$ die triviale Darstellung enthält. Die Ausreduktion solcher Produkte erfolgt nach Gl. (B.5). Betrachtet man als Beispiel einen Γ_1-Ausgangszustand, so zeigt die Charaktertafel der Gruppe O_h, daß nur das Produkt $\Gamma_{15} \otimes \Gamma_{15} \otimes \Gamma_1$ die Darstellung Γ_1 enthält. Es sind also nur Übergänge von Γ_1 nach Γ_{15} erlaubt. Γ_1 hat s-Charakter, Γ_{15} p-Charakter. Die Auswahlregel entspricht der Bedingung, daß bei erlaubten Dipol-Übergängen die Quantenzahl l sich um eine Einheit ändern muß.
Von einem Zwischenzustand Γ_{15} können alle Endzustände Γ_x erreicht werden, für die das Produkt $\Gamma_x \otimes \Gamma_{15} \otimes \Gamma_{15}$ die Darstellung Γ_1 enthält. Die Charaktertafel zeigt hier, daß dies für die Darstellungen Γ_1, Γ_{12}, $\Gamma_{15'}$ und $\Gamma_{25'}$ der Fall ist.
Während bei einem direkten Ein-Photonen-Übergang von einem s-Band aus nur Bänder mit p-Symmetrie erreicht werden können, sind für Zwei-Photonen-Übergänge wegen des dabei notwendigen Zwischenzustandes vier Bänder verschiedener Symmetrie erreichbar, jedoch gerade nicht die Symmetrie des Ein-Photonen-Überganges. Ein- und Zwei-Photonen-Spektroskopie ergänzen sich genau aus diesem Grund.
Beim Vergleich der Ultrarot-Absorption mit der Raman-Streuung (Abschnitt 79) stehen im Matrix-Element des Übergangs verschiedene Operatoren, da beide Phänomene verschiedene physikalische Ursachen haben. Es ist deshalb nicht verwunderlich, daß auch hier für beide Prozesse verschiedene Auswahlregeln gelten. Man kann zeigen, daß in Gittern mit Inversionszentrum Gitterschwingungen entweder „raman-aktiv" oder „ultrarot-aktiv" sind, d.h. daß beide Möglichkeiten sich gegenseitig ausschließen.

Liste der verwendeten Symbole

a	Gitterkonstante
a_i	Basisvektor
a	nicht-primitive Translation
a_q^+, a_q	Erzeugungs- und Vernichtungsoperator für Phononen
$A(r)$	Vektorpotential
b_k^+, b_k	Erzeugungs- und Vernichtungsoperator für Polarisationsquanten
c	Lichtgeschwindigkeit
c_l, c_t	long. und transv. Schallgeschwindigkeit
c_k^+, c_k	Erzeugungs- und Vernichtungsoperator für Elektronen
$c_{\kappa\alpha}^+, c_{\kappa\alpha}$	Erzeugungs- und Vernichtungsoperator für Photonen
C_{iklm}	Komponente des elastischen Tensors
$D(R)$	Darstellung eines Gruppenelements
$D_{\mu\nu}$	Darstellungsmatrix
$-e$	Elektronenladung
e^*	effektive Ladung eines Ions
e	Einheitsvektor, Polarisationsvektor
E, E_k	Energie-Eigenwerte
$E(k)$	Bandstruktur-Funktion
E_F	Fermi-Energie, chemisches Potential
E_G	Breite der verbotenen Zone
E	elektrische Feldstärke
$f(r, k, t)$	Verteilungsfunktion der Elektronen
f_0	Fermi-Verteilung
F	freie Energie
g	g-Faktor
g	Ordnung einer Gruppe
$g(r, q, t)$	Verteilungsfunktion der Phononen
h_j	Anzahl der Elemente der j-ten Klasse einer Gruppe
$H, H_{el}, H_{el\text{-}ion}$	Hamilton-Funktion, Hamilton-Operator
i	elektrische Stromdichte
j	Zweigindex des Phononenspektrums
j	Teilchenstromdichte
k	Extinktionskoeffizient
k	k-Vektor, Wellenzahlvektor eines Elektrons

k_B	Boltzmann-Konstante
k_F	Radius der Fermi-Kugel
K	Absorptionskonstante
K	Wellenzahlvektor eines Exzitons
K_n	primitive Translation im reziproken Gitter
m	Elektronenmasse
m^*	effektive Elektronenmasse
m^{**}	effektive Polaronenmasse
M_i	Masse des i-ten Ions
n	Elektronenkonzentration
n	reeller Brechungsindex
n	Bandindex
n_k	Besetzungszahl des k-ten Zustandes
$\bar{n}_k$	mittlere Besetzungszahl des k-ten Zustandes
n_α	Dimension der α-ten irreduziblen Darstellung
N	Zahl der Wigner-Seitz-Zellen bzw. der Elektronen im Grundgebiet
N	komplexer Brechungsindex
O_R	Operator der Gruppe der Schrödinger-Gleichung
p	Impulsoperator
P_j	Kollektivimpuls eines Feldes
q	q-Vektor eines Phonons
Q	Nernst-Koeffizient
Q_j	Kollektiv-Koordinate eines Feldes
r	Ortsvektor
r_k	Ort des k-ten Elektrons
R	Hall-Koeffizient
R	Reflexionskoeffizient
R_i	Ort des i-ten Ions
R_n	primitive Translation, Bezugspunkt in der n-ten Wigner-Seitz-Zelle
$R_{n\alpha}$	Ort des α-ten Ions in der n-ten Wigner-Seitz-Zelle
s_j	Geschwindigkeit eines Phonons im j-ten Zweig
$\bar{s}$	mittlere Geschwindigkeit eines akustischen Phonons
s	Verschiebungsfeld in der Kontinuumsnäherung
$s = s_+ - s_-$	Relativverschiebung der Basisionen in einer Wigner-Seitz-Zelle
$s_{n\alpha}$	Auslenkung des α-ten Ions in der n-ten Wigner-Seitz-Zelle
S	Entropie
$S_{\{\alpha|a\}}$	Symmetrie-Operator der Raumgruppe
T	Temperatur
T_c	Sprung-Temperatur
T_R	Translations-Operator
$u_n(k, r)$	gitterperiodischer Anteil einer Bloch-Funktion
v	Geschwindigkeit
V	Volumen
V	effektive Elektron-Elektron-Wechselwirkung in der BCS-Theorie

V_{WSZ}	Volumen einer Wigner-Seitz-Zelle
V_g	Volumen des Grundgebietes
w	reduzierter Verschiebungsvektor
w	Energiestromdichte
w_s	Entropiestromdichte
w_q	Wärmestromdichte
$z(k), z(E)$	Zustandsdichte im k-Raum, auf der Energieachse
$z_{jj'}$	kombinierte Zustandsdichte
Z	Zustandssumme
α	Index des α-ten Basisions
α	Polaron-Kopplungskonstante
α	Drehspieglungs-Operator
α_k^+, α_k	Erzeugungs- und Vernichtungsoperatoren für Polaritonen, für elementare Anregungen der BCS-Theorie
$\{\alpha\|a\}$	Operator der Raumgruppe
β	Abstand zwischen Elektron und Loch im Exziton
Γ	Zentrum der Brillouin-Zone
$\Gamma(qj)$	reziproke Lebensdauer eines Phonons
Δ	Symmetrieachse der Brillouin-Zone
$\Delta(T)$	Energielücke in einem Supraleiter
ε	differentielle Thermospannung
$\varepsilon(\omega)$	Dielektrizitätskonstante, frequenzabhängige
ε_1	—, Realteil
ε_2	—, Imaginärteil
$\varepsilon_0, \varepsilon_{st}$	—, statische
ε_∞	—, bei hohen Frequenzen
$\varepsilon(k)$	Energie $E(k)$ bezogen auf E_F
$\bar{\varepsilon}(k)$	Energie einer elementaren Anregung der BCS-Theorie
ζ	chemisches Potential
η	elektrochemisches Potential
η_α	Charakter-Projektions-Operator
ϑ	Faraday-Winkel
ϑ	Hall-Winkel
κ	spez. Wärmeleitfähigkeit
κ	Wellenzahlvektor eines Photons
μ	Beweglichkeit
μ_B	Bohrsches Magneton
ν	ganze Zahl
π	Peltier-Koeffizient
ρ	Dichte, Ladungsdichte
ρ_{ij}	Projektions-Operator
σ	spez. elektrische Leitfähigkeit
Σ	lokale Entropieerzeugung
τ	Relaxationszeit

φ	elektrostatisches Potential
χ	Charakter eines Gruppenelements
$\psi, \Psi, \varphi, \chi$	Wellenfunktion
ω	Lichtfrequenz
$\omega_j(q), \omega_{qj}$	Frequenz eines Phonons der Wellenzahl q im Zweig j
ω_0	reziproke Relaxationszeit
ω_c	Cyclotron-Resonanz-Frequenz
ω_p	Plasma-Frequenz
ω_l, ω_t	long. und transv. Grenzfrequenz optischer Phononen
ω_D	Debye-Frequenz
$\vert n\,k \rangle$	Bloch-Funktion
$\vert 0 \rangle$	Wellenfunktion des Grundzustandes
$\vert z \rangle$	Wellenfunktion eines Zwischenzustandes
$\vert vac \rangle$	Wellenfunktion des Vakuumzustandes

Literaturverzeichnis

Die unter den Nummern 1.–103. genannten Titel wurden aus dem Literaturverzeichnis des ersten Bandes übernommen, die darauf folgenden Titel sind zusätzliche Literatur zu den Themen dieses zweiten Bandes.

Allgemeine Einführungen in die Festkörperphysik:

1. Kittel, C.: Einführung in die Festkörperphysik. (Übersetzung der 3. Auflage des Buches „Introduction to Solid State Physics". New York: J. Wiley & Sons 1966) München und Wien: R. Oldenbourg 1968.
1a. Kittel, C.: Introduction to Solid State Physics. 4., völlig neu bearbeitete Auflage des unter 1. genannten Buches. New York: J. Wiley&Sons 1971.

neben diesem Standardwerk auch:

2. Azaroff, L. V.: Introduction to Solids. New York-Toronto-London: McGraw-Hill 1960.
3. —, Brophy, J. J.: Electronic Processes in Materials. New York-Toronto-London: McGraw-Hill 1963.
4. Blakemore, J. S.: Solid State Physics. Philadelphia-London-Toronto: W. B. Saunders Comp. 1969.
5. Hellwege, K. H.: Einführung in die Festkörperphysik I, II. (Heidelberger Taschenbücher Band 33, 34) Berlin-Heidelberg-New York: Springer 1968, 1970.
6. Levy, R. A.: Principles of Solid State Physics. New York-London: Academic Press 1968.
7. Wert, Ch. A., Thomson, R. M.: Physics of Solids. New York-Toronto-London: McGraw-Hill 1964.

Allgemeine Einführungen in die Festkörpertheorie:

8. Anderson, P. W.: Concepts in Solids. New York: W. A. Benjamin 1963.
9. Brauer, W.: Einführung in die Elektronentheorie der Metalle. Braunschweig: Vieweg-Verlag 1966.
10. Harrison, W. A.: Solid State Theory. New York-Toronto-London: McGraw-Hill 1969.
11. Haug, A.: Theoretische Festkörperphysik. Wien: Franz Deuticke. Band I: 1964, Band II: 1970.
12. Kittel, C.: Quantum Theory of Solids. New York-London: J. Wiley & Sons 1963.
13. Kubo, R., Nagamiya, T.: Solid State Physics. New York-Toronto-London: McGraw-Hill 1969.
14. Ludwig, W.: Festkörperphysik I, II. Stuttgart: Akademische Verlagsanstalt 1970.

15. Patterson, J. D.: Introduction to the Theory of Solid State Physics. London: Addison-Wesley 1971.
16. Pines, D.: Elementary Excitations in Solids. New York: W. A. Benjamin 1963.
17. Slater, J. C.: Quantum Theory of Molecules and Solids. 3 Bände. New York-Toronto-London: McGraw-Hill 1965–1967.
18. Smith, R. A.: Wave Mechanics of Crystalline Solids (2. Auflage). London: Chapman and Hall 1969.
19. Taylor, P. L.: A Quantum Approach to the Solid State. Englewood Cliffs, N. J.: Prentice Hall 1970.
20. Ziman, J. H.: Electrons and Phonons. Oxford: Clarendon Press 1960.
21. — Principles of the Theory of Solids. Cambridge: University Press 1964.

sowie auch:

22. Beam, W. R.: Electronics of Solids. New York-Toronto-London: McGraw-Hill 1965.
23. Becker, R., Sauter, F.: Theorie der Elektrizität. Bd. 3: Elektrodynamik der Materie. Stuttgart: B. G. Teubner 1969.
24. Clark, H.: Solid State Physics. London-New York: Macmillan-St. Martin's Press 1968.
25. Goldsmid, H. J.: Problems in Solid State Physics. New York: Academic Press 1968.
26. Sachs, M.: Solid State Theory. New York-Toronto-London: McGraw-Hill 1963.
27. Weinreich, G.: Solids, Elementary Theory for Advanced Students. New York: J. Wiley & Sons 1965.

ferner die älteren, aber immer noch lesenswerten Bücher:

28. Mott, N., Jones, W.: The Theory of Properties of Metals and Alloys. Oxford: Clarendon Press 1958.
29. Peierls, R. E.: Quantum Theory of Solids. Oxford: Clarendon Press 1955.
30. Seitz, F.: The Modern Theory of Solids. New York-Toronto-London: McGraw-Hill 1940.
31. Sommerfeld, A., Bethe, H.: Elektronentheorie der Metalle (Heidelberger Taschenbuch Nr. 19). Berlin-Heidelberg-New York: Springer 1967. Nachdruck eines Artikels aus Geiger-Scheel, Handbuch der Physik, Bd. 24/2, 1933.
32. Wannier, G. H.: Elements of Solid State Theory. Cambridge: University Press 1959.
33. Wilson, A. H.: The Theory of Metals. Cambridge: University Press 1958.

Für Einführungen in Teilgebiete der Festkörperphysik vgl. die weiter unten aufgeführte Literatur und die Literaturverzeichnisse der folgenden Bände.

Sommerschulen und Tagungen; Sammelwerke mit Einzelbeiträgen:

Varenna, Proceedings of the International School of Physics. New York: Academic Press.

34. Band XXII: Semiconductors (Herausgeber: Smith, R. A.).
35. Band XXXI: Quantum Electronics and Coherent Light (Townes, C. H.).
36. Band XXXIV: Optical Properties of Semiconductors (Tauc, J.).
37. Band XXXVII: Theory of Magnetism of Transition Metals (Marshall, W.).
38. Band XLII: Quantum Optics (Glauber, R. J.).

Scottish Universities Summer School. Edinbourgh-London: Oliver and Boyd.

39. Polarons and Excitons (Kuper, C. G., Whitfield, G. D.), 1963.
40. Phonons in Perfect Lattices and in Lattices with Point Imperfections (Stevenson, R. W. H.), 1965.
41. Mathematical Methods in Solid State and Superfluid Theory (Clark, R. C., Derrick, G. H.), 1967.

Simon Frazer University, Sommerschulen. London: Gordon and Breach.

42. Modern Solid State Physics. Vol. I: Electrons in Metals (Cochran, J. F., Haering, R. R.), 1968.
43. Modern Solid State Physics. Vol. II: Phonons and Their Interactions (Enns, R. H., Haering, R. R.), 1969.

ferner:

44. Garrido, L. M.: The Many-body Problem (Sommerschule Mallorca 1969). New York: Plenum Press 1969.
45. Haidemenakis, E. D.: Electronic Structure of Solids (Sommerschule Kreta 1968). New York: Plenum Press 1969.
46. Harrison, W. A., Webb, M. B.: The Fermi-Surface (International Conference 1960). New York: J. Wiley & Sons 1960.
47. Herman, F., Dalton, N. W., Koehler, T. R.: Computational Solid State Physics (Konferenz Wildbad 1971). New York: Plenum Press 1972.
48. Landsberg, P. T.: Solid State Theory, Methods and Applications. New York: J. Wiley & Sons 1969.
49. Maradudin, A. A., Gardelli, G. F.: Elementary Excitations in Solids (Cortina d'Ampezzo 1966). New York: Plenum Press 1969.
50. Marcus, P. M., Janak, J. F., Williams, A. R.: Computational Methods in Band Theory (Konferenz Yorktown 1970). New York: Plenum Press 1971.
51. Wallis, R. F.: Lattice Dynamics (Konferenz Kopenhagen 1964). New York: Plenum Press 1965.
52. — Localized Excitations in Solids (Konferenz 1967). New York: Plenum Press 1968.
53. Witt, C. de, Bahan, R.: Many-body Physics (Sommerschule Les Houches 1967). London: Gordon and Breach 1968.
54. Zahlan, A. B.: Excitons, Magnons, Phonons in Molecular Crystals (Sommerschule Beirut 1968). Cambridge: University Press 1968.
55. Ziman, J. M.: The Physics of Metals. Part 1: Electrons. Cambridge: University Press 1969.
56. —, Bassani, F., Caglioti, G.: Theory of Condensed Matter (International Course, Triest 1967). Vienna: Atomic Agency 1968.

Buchreihen und Zeitschriften mit Übersichtsartikeln:

Zitate aus dieser Gruppe werden im Text durch Angabe der Nummer des Sammelwerkes und der Nummer des jeweiligen Bandes (z. B. [57.4] = Sammelwerk 57, Band 4) gegeben.

57. Solid State Physics, Advances and Applications (Ehrenreich, H., Seitz, F., Turnbull, D.). New York-Toronto-London: Academic Press seit 1954. Supplementbände zu dieser Reihe sind unter den Nummern 67 bis 77 aufgeführt.

58. Festkörperprobleme (Sauter, F., Madelung, O.). Braunschweig: Fr. Vieweg&Sohn, seit 1962.
59. Plenarvorträge der Physikertagungen der Deutschen Physikalischen Gesellschaft. Stuttgart: B. G. Teubner, seit 1964.
60. Handbuch der Physik, Herausgeber: Flügge, S., Berlin-Heidelberg-New York:
61. Ergebnisse der Exakten Naturwissenschaften/Springer Tracts in Physics. Berlin-Heidelberg-New York: Springer.
62. Comments on Solid State Physics. London: Gordon and Breach.
63. Advances in Physics. London: Taylor & Francis.
64. Reports on Progress in Physics. The Institute of Physics and the Physical Society, London.
65. Fortschritte der Physik. Berlin: Akademie-Verlag.
66. Physica Status Solidi. Berlin: Akademie-Verlag.

Monographien über Einzelgebiete der Festkörperphysik:

Supplementbände zu [57]:

67. Das, T. P., Hahn, E. L.: Nuclear Quadrupole Resonance Spectroscopy.
68. Low, W.: Paramagnetic Resonance in Solids.
69. Maradudin, A. A., Montroll, E. W., Weiss, G. H.: Theory of Lattice Dynamics in the Harmonic Approximation.
70. Beer, A. C.: Galvanomagnetic Effects in Semiconductors.
71. Knox, R. S.: Theory of Excitons.
72. Amelinckx, S.: The Direct Observation of Dislocations.
73. Corbett, J. W.: Electron Radiation Damage in Semiconductors.
74. Markham, J. J.: F-Centers in Alkali Halides.
75. Conwell, E.: High Field Transport in Semiconductors.
76. Duke, C. B.: Tunneling in Solids.
77. Cardona, M.: Modulation Spectroscopy.

Zur Viel-Teilchen-Theorie (kleine Auswahl):

78. Abrikosov, A. A., Gor'kov, L. P., Dzyaloshinski, I. Ye.: Quantum Field Theoretical Methods in Statistical Physics. Pergamon Student Editions. Oxford-London-Edinbourgh-New York-Paris-Frankfurt: Pergamon Press 1965.
79. Fetter, A. L., Walecka, J. D.: Quantum Theory of Many Particle Systems. New York-Toronto-London: McGraw-Hill 1971.
80. Mattuck, R. D.: A Guide to Feynman Diagrams in the Many-body-problem. New York-Toronto-London: McGraw-Hill 1967.
81. Nozières, Ph.: Theory of Interacting Fermi Systems. New York: W. A. Benjamin 1964.
82. Pines, D., Nozières, Ph.: The Theory of Quantum Liquids I. New York: W. A. Benjamin 1966.
83. Thouless, D. J.: Quantenmechanik der Vielteilchensysteme (BI-Hochschultaschenbuch Nr. 52/52a). Mannheim: Bibliographisches Institut.

Zur Gruppentheorie:

84. Hammermesh, M.: Group Theory and its Application to Physical Problems. Addison-Wesley/Pergamon 1962.
85. Heine, V.: Group Theory in Quantum Mechanics. London-Paris: Pergamon Press 1960.
86. Koster, G. F., Dimmock, J. O., Wheeler, R. G., Statz, H.: Properties of the 42 Point Groups. Cambridge/Mass.: MIT Press 1963.
87. Streitwolf, H.: Gruppentheorie in der Festkörperphysik. Leipzig: Akademische Verlagsgesellschaft 1967.
88. Tinkham, M.: Group Theory and Quantum Mechanics. New York-Toronto-London: McGraw-Hill 1964.

Weitere Monographien zu Teilgebieten, auf die im Text verwiesen wird, sind:

89. Alder, B., Fernbach, S. Rotenberg, M.: Methods in Computational Physics. Vol. 8: Energy Bands in Solids. New York: Academic Press 1968.
90. Brillouin, L.: Wave Propagation in Periodic Structures. New York: Academic Press 1960.
91. Callaway, J.: Energy Band Theory. New York: Academic Press 1964.
92. Harrison, W. A.: Pseudopotentials in the Theory of Metals. New York: W. A. Benjamin 1966.
93. Jones, H.: The Theory of Brillouin-Zones and Electronic States in Crystals. Amsterdam: North-Holland Publ. Comp. 1962.
94. Loucks, T. L.: Augmented Plane Wave Method. New York: W. A. Benjamin 1967.
95. Madelung, O.: Grundbegriffe der Halbleiterphysik (Heidelberger Taschenbuch Nr. 71). Berlin-Heidelberg-New York: Springer 1970.
96. Bak, T. A.: Phonons and Phonon Interactions. New York: W. A. Benjamin 1964.
97. Born, M., Huang, K. H.: Dynamical Theory of Crystals Lattices. Oxford: Clarendon Press 1954.
98. Morrish, A. H.: The Physical Principles of Magnetism. New York: J. Wiley & Sons 1965.
99. Mattis, D. C.: The Theory of Magnetism. New York: Harper & Row 1965.
100. Rado, G. T., Suhl, H.: Magnetism (zahlreiche Bände). New York: Academic Press.
101. Wagner, D.: Einführung in die Theorie des Magnetismus. Braunschweig: Fr. Vieweg & Sohn 1966.
102. White, R. M.: Quantum Theory of Magnetism. New York-Toronto-London: McGraw-Hill 1970.
103. Ziman, J. M.: Elements of Advanced Quantum Theory. Cambridge: University Press 1969.

Zusätzliche Literatur:

Zur Transporttheorie (Kapitel VIII):

104. Blatt, F. J.: Physics of Electronic Conduction in Solids. New York: McGraw-Hill Book Company 1968.
105. Smith, A. C., Janak, J. F., Adler, R. B.: Electronic Conduction in Solids. New York: McGraw-Hill Book Company 1967.

Zur Festkörperoptik (Kapitel IX):

106. Abeles, F. (Herausg.): International Colloquium on Optical Properties and Electronic Structure of Metals and Alloys, Amsterdam: North-Holland Publ. Company 1966.
107. Greenaway, D. L., Harbeke, G.: Optical Properties and Band Structure of Semiconductors, Oxford: Pergamon Press 1968.
108. Mitra, S. S., Nudelman, S. (Herausg.): Far Infrared Properties of Solids. New York-London: Plenum Press 1970.
109. Nudelman, S., Mitra, S. S. (Herausg.): Optical Properties of Solids. New York-London: Plenum Press 1969.
110. Willardson, R. K., Beer, A. C. (Herausg.): Semiconductors and Semimetals, Vol. 3: Optical Properties of III-V-Compounds. New York-London: Academic Press 1968.
111. Gibson, A. F., Burgess, B. E.: Progress in Semiconductors, London: Heywood (seit 1959 9 Bände). Diese Buchreihe enthält einige Artikel zu Fragen des Kapitels IX, auf die im Text hingewiesen wird.

Zur Supraleitung (Kapitel X):

Von den zahlreichen Monographien über dieses Gebiet seien genannt:

112. Blatt, J. M.: Theory of Superconductivity. New York-London: Academic Press 1964.
113. Kuper, C. G.: Introduction to the Theory of Superconductivity. Oxford: Clarendon Press 1968.
114. Lynton, E. A.: Supraleitung. Mannheim: BI-Hochschultaschenbuch Nr. 74* 1966.
115. Rickayzen, G.: Theory of Superconductivity. New York-London-Sidney: Interscience Publishers 1965.
116. Schrieffer, J. R.: Theory of Superconductivity. New York: W. A. Benjamin 1964.

Sachverzeichnis

abelsche Gruppe 166
Absorption 67
— freier Ladungsträger 95 ff.
— im Magnetfeld 98 ff.
Absorptionskante 67, 74, 87
— von Germanium 88, 89
— von supraleitendem In 140
Absorptionsspektrum von Ge 92
— von KI 94
— von ZnO 91
adiabatische Transporteffekte 35
anharmonischer Beitrag zur freien
 Energie 157 ff.
Anti-Stokes-Streuung 119
äquivalente Darstellung 167
Ausdehnung, thermische 157
ausreduzierte Darstellung 168
Auswahlregeln 176, 188
Azbel-Kaner-Resonanz 107

Bandstruktur
— des Ge im Magnetfeld 101
— des KI 93
— „freier Elektronen" 182
— im kubisch-primitiven Gitter 177
Bardeensches selbstkonsistentes
 Potential 8
Basis einer Darstellung 173
Beweglichkeit 39, 49
Bloch-Grüneisen-Relation 42
Blochsche Annahme 20
— Näherung 8
Bogoljubov-Valatin-Transformation 132
Bogolon 135
Boltzmann-Gleichung 15 ff.
— für das Elektronensystem 16, 18
— für das Phononensystem 16, 18, 161
Brechungsindex, komplexer 67

Bridgman-Beziehung 38
Brillouin-Streuung 111, 119 ff.

Charakter einer Matrix 169
Charakter-Projektions-Operator 175
Charaktertafel 170
— der Diedergruppe 171
— der Punktgruppe O_h 179
chemisches Potential 24, 26
Cooper-Paar 127 ff.
Cyclotron-Resonanz 106
Cyclotron-Resonanz-Frequenz 104

Darstellung 167
—, äquivalente 167
—, ausreduzierte 168
—, Basis 173
—, irreduzible 168
—, reduzible 168
—, treue 167
—, triviale 169
Debyesche Näherung 41
Deformations-Potential 8
Deformations-Potential-Konstante 9
Diedergruppe 166
—, Charaktertafel 171
Dielektrizitätskonstante 66
—, frequenzabhängige 66
—, komplexe 65 ff., 72, 112, 113
—, statische 96
—, wellenzahlabhängige 8
differentielle Thermospannung 33
Dipolmomente höherer Ordnung 116
direkte Summe von Matrizen 168
direkte Übergänge 71 ff., 73, 79, 84
direktes Produkt zweier Matrizen 170
diskretes Exzitonenspektrum 85
Dispersion 67

Dispersion, räumliche 65
Dispersionskurven für Polaritonen 62, 64
Dispersionsrelationen 66
Doppelgruppe 184
dressed particles 9
Drude-Lorentz-Sommerfeldsche Theorie 40, 49
Drudesche Theorie 40

effektive Elektron-Elektron-Wechselwirkung 3, 124 ff.
effektive Ionenladung 114
effektive Relaxationszeit 56
Eindringtiefe eines Magnetfeldes 148
Ein-Phonon-Absorption 111 ff.
elastischer Tensor 187
elastische Streuung 22
electron-drag 56
elektrische Leitfähigkeit 38 ff.
— von Cu 50
elektrische Stromdichte 26, 47
elektrochemisches Potential 24, 26
Elektron-Elektron-Wechselwirkung, effektive 3, 124 ff.
Elektron-Loch-Paar, Erzeugung 2
—, Rekombination 2
Elektron-Phonon-Wechselwirkung 1 ff., 4 ff.
— in polaren Festkörpern 9 ff.
—, Kopplungsparameter 12
Elektron-Photon-Wechselwirkung 68 ff.
Element einer Gruppe 165
Energieerzeugung, lokale 27
Energielücke im Supraleiter 136
Energiestromdichte 26, 27, 29
Entropieerzeugung, lokale 27
Entropiestromdichte 27, 31
Enveloppe-Funktion 86
erlaubte Übergänge 75, 85
Erzeugungs- und Vernichtungsoperatoren für Polaritonen 62
— für Photonen 59
Ettingshausen-Effekt 37
Extinktions-Koeffizient 37, 67
Extradarstellung 186
Exzitonen-Absorption 83 ff.
Exzitonenspektrum 85
— von Cu_2O 90

Exzitonenspektrum von Ge 89
Exziton-Polariton 63, 122

Faraday-Effekt 107
— in n-GaAs 109
Flüsse und Kräfte 28
Fluß-Quantisierung 144
formale Transporttheorie 26 ff.
freie Energie, anharmonische Beiträge 157 ff.
freie Ladungsträger, Absorption 95 ff.
freie Weglänge 54
frequenzabhängige Dielektrizitätskonstante 66
Frequenzverschiebung bei Phononen 152 ff.

galvanomagnetische Effekte 34
Ginzburg-Landau-Theorie 149
Gitteranharmonizitäten 117
Gitterschwingungen 186
—, ultrarot-aktive 121, 188
—, raman-aktive 121, 188
Gitterwärmeleitung 49, 159 ff.
GLAG-Theorie 149
Gleichgewicht, lokales 27
—, räumliches 26
Graphen für Drei-Phonon-Prozesse 154
—, für Elektron-Phonon-Wechselwirkung 1, 2
—, für Elektron-Photon-Wechselwirkung 70
—, für Phonon-Phonon-Wechselwirkung 154, 156
—, für Phonon-Photon-Wechselwirkung 60, 110
großes Polaron 9
Gruppe
—, abelsche 166
—, Element 165
—, homomorphe 166
—, isomorphe 166
—, Klasse 166
—, Ordnung 166
— der Schrödinger-Gleichung 173
Gruppengeschwindigkeit eines Wellenpakets 18
gruppentheoretische Methoden 165

Hall-Effekt 37
Hall-Koeffizient 37
Hall-Winkel 35
Hochfrequenz-Leitfähigkeit 95
homomorphe Gruppe 166, 167
Hopping 55
hyperkomplexe Zahl 173

indirektes Exziton 86
indirekte Übergänge 71, 76 ff., 79
Interband-Übergänge 71 ff.
—, Beitrag zur Dispersion 108
inter-valley-scattering 54
intra-valley-scattering 54
Ionenladung, effektive 114
irreduzible Darstellung 168
irreversible Prozesse 28
isomorphe Gruppe 166
isotherme Transporteffekte 35
Isotopie-Effekte 139
Isotropie der Streuwahrscheinlichkeit 52

Josephson-Effekt 141
Joulesche Wärme 31, 33

Klasse einer Gruppe 166
kleines Polaron 9
Kohärenzlänge 149
Kohn-Anomalie 15
kombinierte Zustandsdichte 74
komplexe Dielektrizitätskonstante 65 ff., 72, 112, 113
komplexer Brechungsindex 67
konjugierte Elemente 166
Kopplungsparameter für Elektron-Phonon-Wechselwirkung 12
Kramers-Kronig-Relationen 66
kritische Punkte 76
kritisches Magnetfeld 141
kubische Harmonische 180

Lebensdauer eines Phonons 152 ff.
Leitfähigkeit, elektrische 31
—, im Magnetfeld 36
lineare Optik 65
lokale Energieerzeugung 27
lokale Entropieerzeugung 27
lokales Gleichgewicht 27
Londonsche Gleichungen 149

Lorentz-Kraft 28
Lorenz-Zahl 49
Lyddane-Sachs-Teller-Beziehung 63

Magneto-Absorption 71
— in Germanium 102, 103
Magnetooptik freier Ladungsträger 71, 103 ff.
Magneto-Plasma-Reflexion 107
— in InAs 108
Magneto-Reflexion 71
Mathiessensche Regel 54
Matrizen, Charakter 169
—, direktes Produkt 170
Meissner-Ochsenfeld-Effekt 141, 144 ff.
Modell starrer Ionen 4
Multi-Phonon-Absorption 111, 116 ff.
Multi-Phonon-Spektrum von AlSb 118
Multiplikationstabelle 166

Näherung, Blochsche 8
Nernst-Effekt 37
nicht-abelsche Gruppe 167
Normalprozesse 5, 6, 160

Ohmsches Gesetz 39
Onsager-Beziehungen 28, 38
optische Konstanten 67
Ordnung einer Gruppe 166
— eines Elements 166

Peltier-Effekt 31
Peltier-Koeffizient 32
— im Magnetfeld 36
Phonon, Frequenzverschiebung 152 ff.
—, Lebensdauer 152 ff.
phonon-drag 56
Phonon-Phonon-Wechselwirkung 151 ff.
Phonon-Polariton 63
Phononen-Absorption 7
Photon 58 ff.
Photon-Magnon-Kopplung 64
Photon-Phonon-Wechselwirkung 109 ff.
Plasma-Reflexion 96
polare optische Wechselwirkung 54
Polarisationsquant 59
Polariton 57, 59 ff.
Polaron 3, 9 ff., 54
—, effektive Masse 12

Polaron, Energieabsenkung 12
—, großes 9
—, kleines 9
Potential, chemisches 24, 26
—, elektrochemisches 24, 26
Potentialgradient, Thomsonscher 33
Projektionsoperator 174

Quasi-Teilchen 3, 9, 135
—, Lebensdauer 152 ff.

raman-aktive Gitterschwingung 121, 188
Raman-Effekt 120
Raman-Spektrum von AlSb und InP 121
Raman-Streuung 111, 119 ff., 188
räumliche Dispersion 65
räumliches Gleichgewicht 26
reduzible Darstellung 168
Reflexion 67
— im Magnetfeld 98 ff.
Reflexions-Koeffizient von GaAs 114
Reflexionsspektrum von Ge 69
Relaxationszeit 22
—, effektive 56
—, energieunabhängige 50
Relaxationszeit-Näherung 21
Renormierung 13
Restwiderstand 55
Righi-Leduc-Effekt 37
rigid-ion-model 4

Sättigung der Widerstandsänderung 52
Seebeck-Effekt 33
spezifischer Widerstand von Metallen 43
— von Na 55
spezifische Wärme eines Supraleiters 141
spezifische Wärmeleitfähigkeit 32
Sprungtemperatur 138
statische Dielektrizitätskonstante 96
Stokes-Streuung 119
Stoßterm der Boltzmann-Gleichung 18, 40
Streumechanismen 52
Streuung, elastische 22
Streuwahrscheinlichkeit, Isotropie 52
Stromdichte, elektrische 26, 47
supraleitendes Elektronengas
—, angeregte Zustände 135 ff.
—, Grundzustand 130 ff.

Supraleitung 123 ff.
Suszeptibilität, verallgemeinerte 66

Teilchenstromdichte 27
Temperaturabhängigkeit der Energielücke 138, 143
thermische Ausdehnung 157
Thermodynamik irreversibler Prozesse 28
thermoelektrische Effekte 34
Thermoelement 32
Thermokraft im Magnetfeld 36
thermomagnetische Effekte 34
Thermospannung 32
—, differentielle 33
Thomson-Beziehung 33
Thomson-Koeffizient 33
Thomsonscher Potentialgradient 33
— Wärmestromkoeffizient 33
Thomson-Wärme 33
Transporteffekte, adiabatische 35
—, isotherme 35
Transporterscheinungen 16 ff.
Transportgleichungen 26 ff.
Transportkoeffizienten im Magnetfeld 34 ff., 187
— ohne Magnetfeld 30 ff.
— in Relaxationszeit-Näherung 47 ff.
Transportphänomene 1 ff., 38 ff.
Transporttheorie, formale 26 ff.
transversale Widerstandsänderung von Cu 53
treue Darstellung 167
triviale Darstellung 169
Tunneleffekt im Supraleiter 139
Typ-I-Supraleiter 150
Typ-II-Supraleiter 150

Übergänge, direkte 71 ff., 73, 79, 84
—, erlaubte 75, 85
—, indirekte 71, 76 ff., 79
—, verbotene 75, 85
ultrarot-aktive Gitterschwingungen 121, 188
Ultraschall-Dämpfung 141
Umklapp-Prozesse 5, 6, 20, 160
Untergruppe 166

Variationsverfahren 24 ff., 44
verallgemeinerte Suszeptibilität 66

verbotene Übergänge 75, 85
Verteilungsfunktion 17
Verträglichkeitstafel 181
virtueller Phononenaustausch 2, 125
virtueller Zwischenzustand 3, 69
Voigt-Effekt 107

Wärmeleitfähigkeit, spezifische 32
— im Magnetfeld 36
— von Cu 50
— in Ge 163
Wärmestromdichte 29, 47
Wechselwirkung, Elektron-akustisches Phonon 3
—, Elektron-Phonon- 1 ff., 4 ff., 9 ff.
—, Elektron-Photon- 68 ff.
—, mit Photonen 57
—, Phonon-Phonon- 151 ff.

Wechselwirkung, polare optische 54
Weglänge, freie 54
Wellenpaket, Gruppengeschwindigkeit 18
wellenzahlabhängige Dielektrizitätskonstante 8
Widerstandsänderung im Magnetfeld 51
—, Sättigung 52
Wiedemann-Franzsches Gesetz 39, 48

Zustandsdichte eines supraleitenden Elektronengases 140
Zustandsdichte, kombinierte 74
Zwei-Flüssigkeiten-Modell 137
Zwei-Photonen-Absorption 81 ff., 91, 188
Zwischenzustand, virtueller 3, 69

Heidelberger Taschenbücher

12 van der Waerden: Algebra I. 8. Auflage. DM 10,80
15 Collatz/Wetterling: Optimierungsaufgaben. 2., veränderte Auflage. DM 14,80
23 van der Waerden: Algebra II. 5. Auflage. DM 14,80
26 Grauert/Lieb: Differential- und Integralrechnung I. 2., verbesserte Auflage. DM 12,80
30 Courant/Hilbert: Methoden der mathematischen Physik I. 3. Auflage. DM 16,80
31 Courant/Hilbert: Methoden der mathematischen Physik II. 2. Auflage. DM 16,80
36 Grauert/Fischer: Differential- und Integralrechnung II. DM 12,80
38 Henn/Künzi: Einführung in die Unternehmensforschung I. DM 10,80
39 Henn/Künzi: Einführung in die Unternehmensforschung II. DM 12,80
43 Grauert/Lieb: Differential- und Integralrechnung III. DM 12,80
44 Wilkinson: Rundungsfehler. DM 14,80
49 Selecta Mathematica I. Verfaßt und herausgegeben von K. Jacobs. DM 10,80
50 Rademacher/Toeplitz: Von Zahlen und Figuren. DM 8,80
51 Dynkin/Juschkewitsch: Sätze und Aufgaben über Markoffsche Prozesse. DM 14,80
64 Rehbock: Darstellende Geometrie. 3. Auflage. DM 12,80
65 Schubert: Kategorien I. DM 12,80
66 Schubert: Kategorien II. DM 10,80
67 Selecta Mathematica II. Herausgegeben von K. Jacobs. DM 12,80
73 Pólya/Szegö: Aufgaben und Lehrsätze aus der Analysis I. 4. Auflage. DM 12,80
74 Pólya/Szegö: Aufgaben und Lehrsätze aus der Analysis II. 4. Auflage. DM 14,80
80 Bauer/Goos: Informatik: Eine einführende Übersicht I (Sammlung Informatik). DM 9,80
85 Hahn: Elektronik-Praktikum für Informatiker (Sammlung Informatik). DM 10,80
86 Selecta Mathematica III. Herausgegeben von K. Jacobs. DM 12,80
87 Hermes: Aufzählbarkeit, Entscheidbarkeit, Berechenbarkeit. 2., revidierte Auflage. DM 14,80
91 Bauer/Goos: Informatik. Eine einführende Übersicht II. (Sammlung Informatik). DM 12,80
98 Selecta Mathematica IV. Herausgegeben von K. Jacobs
103 Diederich/Remmert: Funktionentheorie I. DM 14,80
105 Stoer: Einführung in die Numerische Mathematik I. DM 14,80
107 W. Klingenberg: Eine Vorlesung über Differentialgeometrie. In Vorbereitung
108 F. W. Schäfke/D. Schmidt: Gewöhnliche Differentialgleichungen. DM 14,80
109 O. Madelung: Festkörpertheorie II. DM 14,80
110 W. Walter: Gewöhnliche Differentialgleichungen. DM 14,80

MIX
Papier aus verantwortungsvollen Quellen
Paper from responsible sources
FSC® C105338

If you have any concerns about our products,
you can contact us on
ProductSafety@springernature.com

In case Publisher is established outside the EU,
the EU authorized representative is:
**Springer Nature Customer Service Center GmbH
Europaplatz 3, 69115 Heidelberg, Germany**

Printed by Libri Plureos GmbH
in Hamburg, Germany